Feiyou Ziyuan de Zaisheng Liyong Yanjiu
—— Jiyu Lengning Xitong de Xinjishu

废油资源的再生利用研究
—— 基于冷凝系统的新技术

主 编 牟 瑛 张贤明

副主编 陈国强 王立存 陈 彬 刘 阁 焦昭杰

西南财经大学出版社
Southwestern University of Finance & Economics Press

中国·成都

图书在版编目(CIP)数据

废油资源的再生利用研究:基于冷凝系统的新技术/牟瑛,张贤明主编.—成都:西南财经大学出版社,2021.12
ISBN 978-7-5504-4824-7

Ⅰ.①废… Ⅱ.①牟…②张… Ⅲ.①工业废物—废油再生—研究
Ⅳ.①X74

中国版本图书馆 CIP 数据核字(2021)第 053446 号

废油资源的再生利用研究——基于冷凝系统的新技术

主 编:牟瑛 张贤明
副主编:陈国强 王立存 陈彬 刘阁 焦昭杰

策划编辑:王琳
责任编辑:刘佳庆
责任校对:植苗
封面设计:张姗姗
责任印制:朱曼丽

出版发行	西南财经大学出版社(四川省成都市光华村街 55 号)
网 址	http://cbs.swufe.edu.cn
电子邮件	bookcj@swufe.edu.cn
邮政编码	610074
电 话	028-87353785
照 排	四川胜翔数码印务设计有限公司
印 刷	郫县犀浦印刷厂
成品尺寸	170mm×240mm
印 张	15.25
字 数	382 千字
版 次	2021 年 12 月第 1 版
印 次	2021 年 12 月第 1 次印刷
书 号	ISBN 978-7-5504-4824-7
定 价	89.00 元

前　言

人类赖以生存的石油资源，在地球上的储量是有限的，随着石油开采技术的进步，更多的石油被人类所获得。同时随着人类整体发展，全球石油年消耗量逐年加大。近年来，我国国民经济飞速发展，取得举世瞩目的成就，人民生活水平显著提高。伴随着国民经济的各种活动，石油主要产品燃油和机械油使用量也激剧增加，国家每年要花大量外汇从国外购买石油。当前石油资源供需矛盾突出，能源安全已经成为制约我国经济发展的重要因素。同时，我们知道工业机械用油常常因受到固体颗粒、水分、气体和其他杂质的污染而失去原有的使用价值，最后被人类丢弃。废油按国家危险废物名录规定属于危险废物，不规范处理不但会有违法风险，同时会对自然环境造成污染和生态破坏。在当前国家和社会越来越重视资源节约和保护环境的大背景下，如何对废油进行处理后资源化显得特别重要。

众所周知，目前环境污染治理技术主要集中于废水、废气、废渣等方面的处理。在废水治理方面对含油废水的处理已有较多研究，但以废油本身为处理对象的研究还较少，对工业废油的处理处置技术研究还应深入。目前，工业废油处理工艺主要是利用过滤与分离等基本原理，降低污染油液中污染物的含量，控制油中污染物的产生，从而恢复油液使用性能。根据污染油液再生净化的方法不同，可以设计制造不同的污染油液净化设备，通常简称为“滤油机”。目前国内外市场上有较多专业的废油处理技术，其中重庆工商大学科技开发公司的一系列油处理技术处于领先地位。该公司有液压油滤油机、透平油滤油机、磷酸酯抗燃油滤油机、蒽油滤油机、真空滤油机、离心滤油机等产品，这些设备能较好地实现废油的净化与再生。废油的处理程序是先将废油加热到一定温度，以此来增加油的流动性，降低黏度，再将油液注入真空室进行过滤实现废油的净化，处理后的油通过自然冷却或用自来水冷却。废油处理设备通常在温带、亚热带地区使用。如果在热带地区，面对高温、高湿的气候环境，处理后的油还用自然冷却或自来水循环冷却，就不能达到连续动态处理废油的目的，所以如果在热带地区使用滤油机，需要在设备的末端对过滤后的油进行强制、大批量、连续冷却处理。涡旋式流体机械在性能与结构上具备诸多优点，其应用领域越来越广泛，并已在制冷与空调、泵送液体、增压气体等方面获得工业化应用。采用以涡旋压缩机为核心的冷凝系统可更好实现强制冷却目的。对压缩机的优化研究既可解决滤油机的产品生产成本问题，同时也可以节约水资源、保护环境、节约能源。

“废油资源的再生利用研究——基于冷凝系统的新技术”作为专业基础技术课程，融合了基础课和专业课，本书在两者之间起着承前启后的作用，既有大量基础理论知识，又有专业性较强的机械工程知识。本书从废油处理的理论基础入手，按照由易到难的认识过程，紧扣先进技术成果，全面阐述了废油处理技术的应用，内容包括废油再生的基本理论，废油的物理、化学处理技术。在上述大量基础理论之上，本书还着重介绍了废油再生设备之冷凝系统的最新研究进展和研究成果，全面阐述了在废油再生设备中十分重要的关键冷凝设备的作用、研究进展及对冷凝设备型线的优化及环境经济性能。

本书共分 11 章：第 1 章概要介绍了废油的概念及处理意义；第 2 章介绍了废油处理的物化理论，主要对两相及多相流分离原理等进行阐述；第 3 章主要从吸附、分子蒸馏、沉降等方面阐述油中污染物处理技术；第 4 章介绍典型工业废油处理工艺；第 5 章介绍了工业废油的典型处理设备及其应用；第 6 章介绍废油再生装备冷凝系统通用线型理论；第 7 章介绍了基于冷凝系统压缩机通用涡旋型线变化规律及优化；第 8 章主要对通用涡旋型线压缩机关键部件进行了力学分析；第 9 章是冷凝系统关键设备涡旋型线建模及有限元分析；第 10 章为压缩机在仿真环境下的运动检查和驱动模式分析；第 11 章介绍冷凝系统的经济与环境关系。

本书由牟瑛、陈国强、王立存、陈彬、刘阁、焦昭杰分别承担相关章节的编写工作。张贤明、龚海峰教授参加了本书的审阅工作，并提出了很多宝贵的意见，在此向张贤明、龚海峰教授对本书给予的关心和支持表示诚挚的谢意。本书参考了《工业废油处理技术》《环境工程中的过滤与分离技术》等国内外众多工业油液污染及处理技术方面的文献，在此向这些著作者致以真诚的谢意。

本书可作为环保、化学等相关专业本科生和研究生教学参考教材，以及供相关专业的技术和科研人员参考。

废油资源的再生利用研究是一门与时俱进的学科，其理论探索与工业化产品具有很大的发展空间，需要大批热心环保事业的人士投入其中，使之日臻成熟与完善。

由于编者水平有限，书中不妥之处在所难免，敬请有关专家、同仁和使用者提出批评和改进意见，以备来日修改。

编者

2021年5月

目　录

1　绪论／ 1

1.1　工业废油的概念／ 1

1.2　工业废油经济价值与环境危害／ 4

2　废油处理的物化理论／ 6

2.1　两相及多相流分离原理／ 6

2.1.1　两相与多相流分离评判标准／ 6

2.1.2　两相流原理／ 8

2.1.3　分离过程的动力学原理／ 21

2.1.4　微作用力原理／ 26

2.1.5　分离过程的热力学原理／ 29

2.2　润滑原理／ 35

2.2.1　润滑油的润滑性及流动性／ 35

2.2.2　流体润滑机理／ 39

3　油中污染物处理技术／ 40

3.1　油液净化的方法／ 42

3.2　吸附法／ 42

3.2.1　吸附的基本原理和分类／ 42
3.2.2　常见的油液吸附剂特点／ 43
3.2.3　吸附影响因素及典型吸附装置／ 45
3.3　分子蒸馏法／ 47
3.3.1　分子蒸馏处理技术原理／ 47
3.3.2　分子蒸馏典型应用／ 50
3.4　沉降分离法／ 52
3.4.1　沉降分离的原理／ 52
3.4.2　沉降速度的计算／ 54
3.4.3　影响沉降速度的因素／ 55
3.4.4　重力沉降-降尘室／ 56
3.5　过滤分离法／ 58
3.5.1　过滤的定义／ 58
3.5.2　过滤有关基本理论／ 60
3.5.3　典型过滤设备／ 68
3.6　离心分离法／ 71
3.6.1　离心分离基本参数／ 71
3.6.2　常见的离心分离设备／ 72
3.7　油品调和及添加剂技术／ 79
3.7.1　抗氧化剂／ 79
3.7.2　防锈剂／ 81
3.7.3　破乳化剂／ 82
3.8　油处理其他典型技术／ 83
3.8.1　酸洗／ 83
3.8.2　碱中和／ 85
3.8.3　凝聚处理／ 85

3.8.4 破乳 / 87

4 典型工业废油处理工艺 / 96

4.1 废油再精制典型工艺 / 96

4.1.1 废润滑油传统再生工艺 / 97

4.1.2 Kleen 工艺 / 97

4.1.3 KTI 工艺 / 98

4.2 废油再净化典型工艺 / 98

5 工业废油典型处理设备及应用 / 100

5.1 工业废油处理设备 / 100

5.1.1 变压器油专用滤油机 / 100

5.1.2 透平油滤油机 / 102

5.1.3 抗燃油专用滤油机 / 104

5.1.4 真空专用滤油机 / 106

5.1.5 机油处理专用滤油机 / 112

5.1.6 三级精密通用过滤机 / 113

5.2 工业废油处理典型工程应用 / 115

5.2.1 废机械油的典型处理过程 / 115

5.2.2 废油再净化工艺具体应用 / 116

5.2.3 导热油典型处理工艺 / 118

5.2.4 Tacoma 港口装备油液监测和污染控制 / 119

5.2.5 其他有关公司处理工艺应用 / 120

6 废油再生装备冷凝系统通用型线理论 / 122

6.1 国内外压缩机研究现状 / 122

6.1.1 压缩机发展历程分析／ 122
6.1.2 涡旋压缩机未来重点研究方向预测／ 124
6.2 压缩机通用曲线的几何特性／ 130
6.2.1 平面曲线的局部特性／ 130
6.2.2 平面曲线的整体特性／ 133
6.2.3 涡旋型线向量形式分析／ 133
6.2.4 涡旋型线泛函表征分析／ 136
6.2.5 通用涡旋型线举例／ 139
6.3 压缩机通用型线包络原理研究／ 141
6.4 压缩机通用涡旋型线坐标变换分析／ 143
6.5 压缩机通用涡旋型线共轭啮合理论研究／ 145
6.5.1 通用涡旋型线构成原则／ 145
6.5.2 通用涡旋型线判定方法／ 147

7 通用涡旋型线变化规律及优化／ 148
7.1 基于 GA 算法的通用型线优化研究／ 148
7.1.1 遗传算法概述／ 148
7.1.2 实验部分／ 153
7.2 基于 NSGA-II 算法的通用型线优化研究／ 160
7.2.1 NSGA-Ⅱ 简述／ 160
7.2.2 适应度函数的确定／ 164
7.2.3 NSGA-Ⅱ应用／ 165
7.2.4 用 NSGA-Ⅱ方法求解／ 171
7.2.5 本节小结／ 172
7.3 基于泛函的涡旋压缩机结构参数优化／ 173
7.3.1 涡旋压缩机能效比优化／ 173

7.3.2 遗传算法原理以及数学模型的建立 / 176
7.3.3 算例 / 177
7.3.4 本节小结 / 180

8 通用涡旋型线压缩机关键部件力学分析 / 181
8.1 泛函通用涡旋型线的特殊涡旋型线 / 181
8.2 涡旋压缩机关键部件——动涡旋盘的力学分析 / 183
8.2.1 动涡盘的切向气体作用力分析 / 184
8.2.2 动涡盘的径向气体作用力分析 / 187
8.2.3 动涡盘的轴向气体作用力分析 / 190
8.2.4 作用在动涡盘的倾覆力矩作用力分析 / 193
8.2.5 作用在动涡盘的自转力矩作用力分析 / 196
8.3 计算实例 / 200
8.4 本节小结 / 201

9 冷凝系统关键设备涡旋型线建模及有限元分析 / 203
9.1 泛函通用涡旋型线的特殊涡旋型线 / 203
9.2 利用 MATLAB 软件取得型线空间数据 / 204
9.3 Pro/E 建模和装配 / 208
9.3.1 Pro/E 软件简介 / 208
9.3.2 利用数据文件画涡旋型线 / 209
9.3.3 涡旋压缩机其他零部件建模 / 212
9.3.4 涡旋压缩机的装配 / 213
9.4 有限元模型建立及分析 / 214

10 通用涡旋型线制冷压缩机仿真分析 / 218

10.1 涡旋制冷压缩机运动仿真检查 / 218

10.2 变频和定频两种驱动模式分析 / 219

10.2.1 变频模式研究 / 219

10.2.2 定频模式研究 / 222

10.3 本节小结 / 225

11 冷凝系统的经济与环境分析 / 227

11.1 环境分析 / 227

11.1.1 废油（能源）再生装备上的利用 / 227

11.1.2 涡旋压缩机制冷系统的环境问题 / 228

11.2 经济效益分析 / 228

参考文献 / 231

1 绪论

人类赖以生存的石油资源，在地球上的储量非常有限，随着工业技术的快速发展和开采能力的提高，石油资源紧缺现象越来越明显。人类一方面要节约石油能源，另一方面又要保护环境，避免排放废油造成环境污染。

从废油污染环境的角度来看，目前环境工程学科的治理技术主要是三废治理，即针对废水、废气、废渣的处理处置技术。虽然对含油废水的处理已有较多研究，但以废油本身为处理对象的研究还较少，对工业废油的处理处置技术研究还须深入。

1.1 工业废油的概念

通常来说，油液污染的原因有被外来杂质污损、被水分混浊、热分解、氧化和燃料油稀释几种情况。

各种油液在炼制、储存、运输和使用过程中，由于呼吸作用或者其他原因，可能会有水分和杂质进入；由于温度与空气的氧化作用，可能会老化、变质；油中污染物的产生会促进油液进一步劣化、分解，产生有害气体，使油液颜色、酸值、黏度等性质发生变化。从这个意义上说，油中有污染物不可避免。根据油液使用用途来分，部分油品中污染物的含量在一定比例范围以内时，对油液的使用并没有大的影响，此含量的油中污染物是可以接受的。但随着时间的推移，油中污染物含量进一步提升，可能会大大降低油液的使用性能，或者在油液使用过程中产生很大的副作用。当使用性能的降低或者副作用的增大达到一定程度时，就必须停止使用污染油液。例如润滑油中的固体颗粒含量较多时，可能会破坏起润滑作用的油膜，从而增大设备零件之间的摩擦，引起机器故障。当使用含水量较多的汽油作为燃料时，可能造成较严重后果，如积炭增加、停止燃烧、爆炸等。

根据1998年7月1日起在全国实施的《废润滑油回收与再生利用技术导则》规定了废润滑油的定义、分级、回收与管理、再生与利用。润滑油在各种机械、设备使用过程中，由于受到氧化、热分解作用和杂质污染，其理化性能达到各自的换油指标，被换下来的油统称废润滑油。其中引用润滑剂、工业用油和有关产品（L类）的分类标准（GB/T 7631.1）将废油分为以下四类：废内燃机油、废齿轮油、废液压油、废专用油（废变压器油、废压缩机油、废汽轮机油、废热处理油等）。废油按变质程度、被污染情况、水分含量及轻组分含量来划分等级，废油分为一级、二级，二级以下的废油称为废混杂油，分级指标见表1.1。

表1.1 废油分级表

类别	检测项目	一级	二级	试验方法
废内燃机油	外观	油质均匀，色棕黄，手捻稠滑，无微粒感，无明水、异物	油质均匀，色黑，手捻稠滑无微粒感，无刺激性异味，无明水、异物	感观测试
	滤纸斑点试验（α值）①	扩散环呈浅灰色，油环呈透明到浅黄色。1≤α值≤1.5	扩散环呈灰黑色，油环呈黄色至黄褐色，2≤α值≤3.5	滤纸斑点试验法（GB/T8030）
	比较黏度试验温度40℃	试样中钢球落下的速度慢于下限参比油，快于上限参比油。 下限参比油： $\upsilon_{100}=8\ mm^2/s$ 上限参比油： $\upsilon_{100}=18\ mm^2/s$	试样中钢球落下的速度快于下限参比油，慢于上限参比油。 下限参比油： $\upsilon_{100}=8\ mm^2/s$ 上限参比油： $\upsilon_{100}=18\ mm^2/s$	采用滚动落球比较黏度计（GB/T 8030）
	闪点（开）/℃	≥120	≥80	GB/T3536石油产品闪点和燃点的测定（克利夫兰开口杯法）
	闪点（闭）/℃	≥70	≥50	GB/T261石油产品闪点测定法（闭口杯法）
	蒸后损失/%	≤3	≤5	

表1.1(续)

类别	检测项目	一级	二级	试验方法
废齿轮油	外观	油质黏稠均匀，色棕黑，手捻无微粒感，无明水异物	油质黏稠均匀，色黑，手捻有微粒感，无明水异物	感观测试
	比较黏度、试验温度40℃	试样中钢球落下的速度慢于下限参比油，快于上限参比油 下限参比油：υ_{100} = 5 mm²/s 上限参比油：υ_{100} = 25 mm²/s	试样中钢球落下的速度快于下限参比油，慢于上限参比油 下限参比油：υ_{100} = 5 mm²/s 上限参比油：υ_{100} = 25 mm²/s	采用滚动荡球比较黏度计(GB/T8030)
	蒸后损失/%②	≤3	≤5	
废液压油	外观	油质均匀，色黄稍混浊，手捻无微粒感，无明水异物	油质均匀，色棕黄混浊，手捻无微粒感，无明水异物	感官测试
	比较黏度，试验温度30℃	试样中钢球落下的速度慢于下限参比油，快于上限参比油 下限参比油：υ_{100} = 10 mm²/s 上限参比油：υ_{100} = 50 mm²/s	试样中钢球落下的速度快于下限参比油，慢于上限参比油 下限参比油：υ_{100} = 10 mm²/s 上限参比油：υ_{100} = 50 mm²/s	采用滚动落球比较黏度计(GB/T8030)
	蒸后损失/%	≤3	≤5	

注：①斑点试验 α 值为油环直径 D 与扩散环直径 d 的比值，即 D/d 。当油环颜色明显加深呈褐色、α 值也明显增大时，说明混有较多重柴油和齿轮油，应列为废杂油。

②蒸后损失（%）是废油经室温静置24h，除去容器底部明水后的油为试油进行测定的，测定方法是取油1L，充分搅动后量取油100g（准确至0.01g）盛在干燥清洁的200mL烧杯中，用控温电炉缓缓加热并搅拌，使油温缓慢升至160℃，待油面由沸腾状逐渐转为平静为止。此时，试油所减少的重量（克数）与充分搅动后量取重量的比，即为该油的蒸后损失（%），因蒸出物中含有轻质可燃组分，测定时应注意防火安全。

从表1.1可知，一级废油变质程度低，包括因积压变质及混油事故而不能使用的油。二级废油变质程度较高，在表1.1以外的各类废油，可按蒸后损失的百分率划分等级：≤3%为一级，(3%，5%] 为二级。

1.2 工业废油经济价值与环境危害

有关数据统计，我国是仅次于美国和俄罗斯的世界第三大润滑油消费国，并且用量趋势还在持续增长。根据“十三五”期间我国润滑油需求的实际增长情况和我国国民经济发展计划安排，2017 年我国润滑油表观消费量约为 670 万吨，预计 2020 年可达 730 万吨。随着现代社会的不断进步，对工业用油的需求量迅猛增长，汽车年产量的激增使得润滑油用量大幅增加。汽车润滑油用量几乎占润滑油用量的 50%。从石油中提炼的润滑油，成品率很低，制成 10 吨润滑油至少需要 50 吨原油，从某种意义上讲，再生利用废油要比开发原油简单得多，并且可以节省大量再投入资金。2018 年中国的汽车保有量为 3.19 亿辆，美国为 2.5 亿辆、日本为 0.74 亿辆，人均保有量日本最高，但中国的润滑油消费却远远超过美国。作为润滑油最大消费领域的汽车行业（占 50%以上），油品消耗量如此之巨，说明我国在提高油品质量、节能降耗和资源再利用方面与美日尚有相当的差距，同时也印证了废油再生在节约能源方面所具有的空间。

在首届“中美清洁能源务实合作战略论坛”上，美国安洁集团（Safety-Kleen）北美营销副总裁迈克·索马表示，90%以上废油都可以回收，废油再生的市场机会巨大。索马说：“采用安洁集团的废油再生技术，废油回收率可以达到 70%，而能耗仅为从原油中提炼润滑油的 15%”。废油再生是解决目前能源困境的有效途径。如果按 30%回收率再生，每年可再生 200 多万吨，由此可产生较大的经济价值。

污染油液的丢弃对环境具有污染性。例如油液对水有很强的污染力。据计算，100L 的油液流入水中，可以污染 1.75 平方千米的水面。受到污染的水域由于受到油膜的覆盖，阻碍了水中溶解气体与大气的交换，影响了水中动植物的呼吸。同时油液与水发生反应，能够生成有毒性的水溶性物质。即使不丢弃污染油液，将污染油液存放起来，由于大多数油液自然降解和挥发的速度很慢，而污染油液的量很大，因此污染油液的存放也是非常棘手的问题。

实际上废油并不“废”，而用过的润滑油真正变质的只是其中的百分之几，因此如何有效地去除废油中的这些杂质，是废油再生的关键。一般来说，可供回收的废润滑油量应为消费量的 40%～45%，然而目前我国污染废润滑油回收率非常低，每年回收再生的油品占新油使用量比例不明显。因此对污染的废润滑油进行回收和再生，不仅可以节约石油资源，而且是保护环境防止废油污染的主要措施。

人类居住在地球上，每天都在大量使用石油，但地球上石油的储量有限，随着工业的发展和开采技术的提高，石油资源正在日趋减少，石油紧缺危机正在到来。掌握废油资源循环利用的技术，不仅是中国的发展之需，也是事关千秋万代的大事。

2 废油处理的物化理论

工业废油处理主要涉及环境化学工程基础、油液的流体力学理论、润滑与摩擦理论、两相与多相流理论、油中污染物的颗粒理论、油气储运工程、油液传输工程、真空技术、管道工艺技术、环境工程仿真与控制、防爆与安全技术等学科理论知识，因涉及内容较多，本章节不一一论述，有关内容读者可参考相关理论书籍，本章重点对两相与多相流理论、润滑理论等进行简要阐述。

2.1 两相及多相流分离原理

混合与分离是相对立的，混合是遵从热力学第二定律的，所以从总原则来说，分离是与热力学第二定律相逆的。对一个混合物体系而言，分离这一逆过程能否进行，可进行到何种程度，哪些组分能被分离，这是首先需要回答的问题。同时，由于分离不是自发过程，又需要做功，如何找出实现一个分离过程最省功的方法，这又是一类问题。对于这些问题的回答，目前基本上可借助于分子学原理、热力学理论和动力学方法，并根据各分离法的特征归纳出相应的规律，建立起一些关系式。

2.1.1 两相与多相流分离评判标准

2.1.1.1 分离因子

$$a_{i/j} = \frac{X^{i1} / Y^{j1}}{X^{i2} / Y^{j2}} \tag{2.1}$$

式中，X^i 、Y^j ——分离组分 i、j 在 1、2 相（上标 1、2）的摩尔分数，即 i、j 二组分的分离好坏取决于平衡时 i、j 在 1、2 相中的摩尔分数比（严格地说是活度比）。

分离因子的数值越大，分离效果越好，也可表示目标组分和被分离组分的分离程度。凡涉及相间分配平衡的所有方法均与此有类似的表达式。

2.1.1.2 分配常数

$$k^0 = e^{\frac{\mu^{0.1}\mu^{0.2}}{RT}} \quad (2.2)$$

式中，K^0——分配常数，表示组分在两组间的浓度的比值；

$\mu^{0.1}$、$\mu^{0.2}$——组分在1、2相的标准化学位。

所以，K^0同样也可表示目标组分和被分离组分的分离程度。

2.1.1.3 分离效率

当组分在各项的化学位相等时即达分离平衡，此时的分配常数K^0，同样可能来表征分离效率，即：

$$\alpha_{i/j} = \frac{K_i^0}{K_j^0} \quad (2.3)$$

2.1.1.4 分配系数

在溶剂萃取过程中“相似相溶”原理的数学表达式为

$$2.3R\log_{10} K_D = \nabla_{S[(\delta_S-\delta_1)^2-(\delta_2-\delta_S)^2]} \quad (2.4)$$

式中，K_D——分配系数，表示溶质组分在两溶剂的溶解度大小；

∇_S——溶质的摩 尔体积；

δ_S、δ_1、δ_2——溶质、溶剂1和溶剂2的溶解度参数。

式（2.4）表明，分配系数K_D取决于溶质和两个互不相溶的溶剂的溶解度参数δ，δ值接近则相溶。

2.1.1.5 离子交换平衡中平衡常数

$$RM_1 + M_2^{m_2} \rightleftharpoons RM_2 + M_1^{m_1}$$

$$K_{m_1/m_2} = \frac{\alpha_{RM_2} \cdot \alpha_{M_1}^{m_1}}{\alpha_{M_2}^{m_2} \cdot \alpha_{RM_1}} \quad (2.5)$$

式中，K_{m_2/m_1}——热力学平衡常数；

α_{RM_2}、α_{RM_1}——平衡时树脂M_2型M_1型的活度；

α_{M_1}、α_{M_2}——平衡时金属离子M_1、M_2的活度；

m——离子的价数。

此式表示热力学平衡常数或M_1对M_2的选择系数取决于固液相的离子活度。

2.1.1.5 色谱分离效率

$$c_s/c_0 = 1-(1-K)\, e^{-K\frac{Z}{I}\times\frac{\rho}{\rho^t}} \quad (2.6)$$

式中，c_s ——在距棒顶端 Z 处的杂质浓度；

Z——流动相距棒顶端的距离；

C_0——杂质在棒中的平均浓度；

K——分凝系数；

I——溶区长度；

ρ ——固体密度；

ρ^t ——熔融体密度。

此式表示熔融操作一次，杂质的分配情况。经实验证明，当棒长为 L 、溶区长为 I 时，经过 2（L/I）+1 次的处理，一般可达最优分离效果。

2.1.1.6 泡沫分离效率

$$K = \frac{m}{c} = -\frac{1}{RT} \times \frac{dr}{dc} \tag{2.7}$$

式中：K——分配系数；

m——单位面积吸附溶质物质的量，

r——表面张力；

c——溶质在液相的浓度。

此式表明了分配系数与表面张力（r）和浓度（c）的关系。

上述这些表达式只是一些典型的分离效率表述方式，采用不同的分离手段可以用不同的表达方式来表示。从这里也可看出，对分离过程中物理化学原理的探讨已到了较为成熟的阶段，特别是在近十几年中，由于计算机控制程序、数学模拟等在分离化学中的应用，开创了更加良好的发展局面。但是为了判定分离方法的可行性、分离装置以及组成装置的工作状况和效果，给它们的运行和改进提供依据，必须对它们的工作分离过程进行热力学分析。

2.1.2 两相流原理

2.1.2.1 两相流的类型

两相流（two phase flow）是指两相物质（至少一相为流体）所组成的流动系统。若流动系统中物质的相态多于两个，则称为多相流，两相或多相流是化工生产中为完成相际传质和反应过程所涉及的最普遍的黏性流体流动。如有相变时的传热，塔设备中的气体吸收、液体精馏等过程，都涉及两相流。自然界和其他工程领域中两相流也广泛存在，如雨、雪、云、雾的飘流，生物体中的血液循环，水利工程中的泥沙运动和高速掺气水流，环境工程中烟尘对空气的污染等。

两相流类型通常是根据构成系统的相态分为气液系、液液系、液固系、气固系等。气相和液相可以连续相的形式出现，如气体—液膜系统；也可以离散的形式出现，如气泡—液体系统、液滴—液体系统。固相则通常以颗粒或团块的形式处于两相流中。两相流的流动形态有多种，除了同单相流动那样区分为层流和湍流外，还可以依据两相相对含量（常称为相比）、相界面的分布特性、运动速度、流场几何条件（管内、多孔板上、沿壁面等）划分流动形态。管内气液系统随两相速度的变化，可产生气泡流、塞状流、层状流、波状流，冲击流、环状流、雾状流等形态；多孔板上的气液系可以产生自由分散的气泡、蜂窝状泡沫、活动泡沫，喷雾等形态。常见流体形态的分类如下：

（1）流体的流动型态——层流和湍流

层流（或滞流）流体质点仅沿着与管轴平行的方向做直线运动，质点无径向脉动，质点之间互不混合；湍流（或紊流），流体质点除了沿管轴方向向前流动外，还有径向脉动，各质点的速度在大小和方向上都随时变化，质点互相碰撞和混合。

（2）流型判据——雷诺数

流体的流动类型可用雷诺数 R_e 判断，

$$R_e = \frac{d\rho u}{\mu} \tag{2.8}$$

式中，d——管内径，m；

ρ——流体的密度，kg/m^3；

u——流速，m/s；

μ——流动黏度，Pa · s。

雷诺数是一个无量纲的数群。大量的试验结果表明，流体在直管内流动时：

①当 $R_e \leqslant 2\ 000$ 时，流动为层流，此区称为层流区；

②当 $R_e \geqslant 4\ 000$ 时，一般出现湍流，此区称为湍流区；

③当 $2\ 000 < R_e < 4\ 000$ 时，流动可能是层流，也可能是湍流，与外界干扰有关，该区称为不稳定的过渡区。

雷诺数 R_e 反映了流体流动中惯性力与黏性力的对比关系，标志着流体流动的湍动程度。R_e愈大，流体的湍动愈剧烈，内摩擦力也愈大。

2.1.2.2　两相流的研究方法

两相流研究的一个基本课题是判断流动形态及其相互转变。流动形态不同，则热量传递和质量传递的机理和影响因素也不同。例如多孔板上气液两相处于鼓泡状态时，正系统混合物（浓度增加时表面张力减低）的板效率高于负系统混合物（浓度增加时表面张力增加）；而喷射状态下恰好相反。两相流研究的另一个基本课题，是关于分散相在连续相中的运动规律及其对传递和反应过程的影响。当分散相有液滴或气泡时，有很多特点。例如液滴和气泡在运动中会变形，在液滴或气泡内出现环流，界面上有波动，表面张力梯度会造成复杂的表面运动等。这些都会影响传质通量，进而影响设备的性能。两相流研究的课题，还有两相流系统的摩擦阻力、系统的振荡和稳定性等。

两相流的理论分析比单相流困难得多，描述两相流的通用微分方程组至今尚未建立。大量理论工作采用的是两类简化模型：

①均相模型，将两相介质看成一种混合得非常均匀的混合物，假定处理单相流动的概念和方法仍然适用于两相流，但需对它的物理性质及传递性质做合理的假定。

②分相模型，认为单相流的概念和方法可分别用于两相系统的各个相，同时考虑两相之间的相互作用。

两种模型的应用都还存在不少困难，但在计算机技术发展的推动下颇有进展。

两相流的实验研究，是掌握两相流规律的基本方法。目前广泛应用光学法（包括光的吸收、散射、干涉、折射等）、其他辐射吸收和散射法、示踪法以及电容和电导法等测定两相流中的重要参数，如压力、空隙率、平均膜厚、液滴直径、运动速度等。在某种意义上说，对两相流规律进行更深入的了解，有赖于实验技术的进步。两相流虽然比单相流复杂，但二者又有共同之处，所以在两相流的研究中，可以参考单相流体的特性。

2.1.2.3　流体的基本特性

（1）流体的密度是指单位体积流体的质量，即

$$\rho = \frac{m}{V} \tag{2.9}$$

式中，ρ——流体的密度，kg/m^3；

m——流体的质量，kg；

V——流体的体积，m^3。

①液体密度。在研究流体流动时，若压力与温度变化不大，则可认为液体的密度为常数。密度为常数的流体称为不可压缩流体。严格来说，真实的流体都是可压缩流体，不可压缩流体只是在研究流体流动时，对于密度变化较小的真实流体的一种简化。

②气体密度。一般来说气体是可压缩的，为可压缩流体。但是，在压力和温度变化率很小的情况下，也可将气体当作不可压缩流体来处理。

当气体的压力不太高，温度又不太低时，可近似按理想气体状态方程来计算密度。

由
$$pV = \frac{m}{M}RT \Rightarrow \rho = \frac{pM}{RT} \tag{2.10}$$

式中，p——气体的绝对压强，kPa 或 kN/m^2；

M——气体的摩 尔质量，kg/ kmol；

T——气体的绝对温度，K；

R——气体常数，8.314kJ/（kmol·K）。

③混合物密度

a. 液体混合物。各组分的浓度常用质量分率来表示。若混合前后各组分体积不变，则1kg 混合液的体积等于各组分单独存在时的体积之和。混合液体的平均密度 ρ_m 为

$$\frac{1}{\rho_m} = \frac{x_{m1}}{\rho_1} = \frac{x_{m2}}{\rho_2} + \cdots + \frac{x_{mn}}{\rho_n} \tag{2.11}$$

式中，ρ_1，ρ_2，ρ_3，…，ρ_n——液体混合物中各纯组分的密度，kg/m^3；

x_{m1}，x_{m2}，…，x_{mn}——液体混合物中各组分的质量分率。

b. 气体混合物。各组分的浓度常用体积分率来表示。若混合前后各组分的质量不变，则 1 m^3混合气体的质量等于各组分单独存在时的质量之和。混合气体的平均密度 ρ_m 为

$$\rho_m = \rho_1 x_{v1} + \rho_2 x_{v2} + \cdots + \rho_n x_{vn} \tag{2.12}$$

式中，ρ_1，ρ_2，…，ρ_n——气体混合物中各纯组分的密度，kg/m^2；

x_{v1}，x_{v2}，…，x_{vn}——气体混合物中各组分的体积分率。

（2）流体的压强

流体垂直作用于单位面积上的力，称为压强，或称为静压强，其表达

式为

$$p = \frac{F_V}{A} \tag{2.13}$$

式中，p ——流体的静压强，Pa；

F_V ——垂直作用于流体表面上的压力，N；

A ——作用面的面积，m^2。

①压强的单位

a. 按压强的定义，压强是单位面积上的压力，其单位为 Pa。1Pa 的 10^5倍称为巴（bar），即 $1bar = 10^5 Pa$。常用单位有：Pa、kPa、MPa。

b. 直接以液柱高表示：m H_2O、cm CCl_4、mm Hg 等。

c. 以大气压强表示：atm（物理大气压）、at（工程大气压）。$1atm = 1.013 \times 10^5 Pa = 10.33\ mH_2O = 760\ mmHg$，

$1at = 9.81 \times 10^4\ Pa = 10\ mH_2O = 735\ mmHg$。

②压强的表示方法。绝对压强（ata）：以绝对真空为基准量得的压强。表压强（atg）：以大气压强为基准量得的压强。

表压强以大气压为起点计算，所以有正负，负表压强就称为真空度。

（3）流体的黏度

①牛顿黏性定律。流体的典型特征是具有流动性，但不同流体的流动性能不同，这主要是因为流体内部质点间做相对运动时，存在不同的内摩擦力。这种表明流体流动时产生内摩擦力的特性称为黏性。黏性是流动性的反面，流体的黏性越大，其流动性越小。流体的黏性是流体产生流动阻力的根源。

$$F = \mu A \frac{du}{dy} \tag{2.14}$$

式中，F ——内摩擦力，N；

$\frac{du}{dy}$ ——法向速度梯度，即在与流体流动方向相垂直的 y 方向流体速度的变化率，1/s；

μ ——比例系数，称为流体的黏度或动力黏度，Pa · s。

一般，单位面积上的内摩擦力称为剪应力，以 τ 表示，单位为 Pa，则式（2.14）变为

$$\tau = \mu \frac{du}{dy} \tag{2.15}$$

式（2.14）、式（2.15）即为牛顿黏性定律，表明流体层间的内摩擦力或剪应力与法向速度梯度成正比。剪应力与速度梯度的关系符合牛顿黏性定律的流体，称为牛顿型流体，包括所有气体和大多数液体；不符合牛顿黏性定律的流体称为非牛顿型流体，如高分子溶液、胶体溶液及悬浮液等。

②流体的黏度。黏度是指流体流动时，在与流动方向垂直的方向上产生单位速度梯度所需的剪应力，黏度是反映流体黏性大小的物理量。黏度也是流体的物性之一，其值由实验测定。液体的黏度随温度的升高而降低，压力对其影响可忽略不计。气体的黏度随温度的升高而增大，一般情况下，也可忽略压力的影响，但在极高或极低的压力条件下需考虑其影响。

在国际单位制下，黏度单位为 Pa · s，在一些工程手册中，黏度的单位常用物理单位制下的 cP（厘泊）表示，它们的换算关系为

$$1\text{cP} = 10^{-3}\text{Pa}\cdot\text{s}$$

运动黏度又称相对黏度，可用黏度 μ 与密度 ρ 的比值表示，即

$$v = \frac{\mu}{\rho} \tag{2.16}$$

其单位为 m^2/s。显然运动黏度也是流体的物理性质。

③剪应力与动量通量。流体沿方向相邻的两流体层流动，由于速度不同，动量也就不同。高速流体层中一些分子在随机运动中进入低速流体层，与速度较慢分子碰撞使其加速，动量增大。同时，低速流体层中一些分子也会进入高速流体层，使其减速，动量减小。流体层之间的分子交换使动量从高速流体层向低速流体层传递。由此可见，分子动量传递是由于流体层之间速度不等，动量从速度大处向速度小处传递。

剪应力可写为以下形式：

$$\tau = \frac{F}{A} = \frac{ma}{A} = \frac{m}{A} \times \frac{du}{d\theta} = \frac{d(mu)}{Ad\theta} \tag{2.17}$$

式中，mu ——动量；

A ——相邻流体的接触面积；

θ ——时间。

所以剪应力表示了单位时间、通过单位面积的动量，即动量通量，牛顿黏性定律也反映了动量通量的大小。

$$\tau = \mu \frac{du}{dy} = \frac{\mu}{\rho} \times \frac{d(\rho u)}{dy} \tag{2.18}$$

式中，ρu ——单位体积流体的动量，$\rho u = \frac{mu}{V}$，称为动量浓度。

2.1.2.4 流体流动的基本方程

（1）流体的流量与流速

①流量。体积流量：单位时间内流经管道任意截面的流体体积，称为体积流量，以 V_s 表示，单位为 m^3/s 或 m^3/h。

质量流量：单位时间内流经管道任意截面的流体质量，称为质量流量，以 m_s 表示，单位为 kg/s 或 kg/h。

体积流量与质量流量的关系为

$$m_s = V_s\rho \tag{2.19}$$

②流速。平均流速是指单位时间内流体质点在流动方向上所流经的距离。习惯上，把平均流速简称为流速。实验发现，流体质点在管道截面上各点的流速并不一致，而是形成某种分布。在工程计算中，为简便起见，常用平均流速表征流体在该截面的流速。平均流速的定义为流体的体积流量与管道截面积之比，即

$$\mu = \frac{V_s}{A} \quad (m/s) \tag{2.20}$$

质量流速是指单位时间内流经管道单位截面积的流体质量，以 G 表示，单位为 kg/（m^2·s）。质量流速与流速的关系为

$$G = \frac{m_s}{A} = \frac{V_s\rho}{A} = \mu\rho \tag{2.21}$$

流量与流速的关系为

$$m_s = V_s\rho = \mu A\rho = GA \tag{2.22}$$

（2）流体系统的质量守恒——连续性方程

流体流经任意截面都有

$$m_s = \rho_1\mu_1A_1 = \rho_2\mu_2A_2 = \cdots = \rho\mu A = 常数 \tag{2.23}$$

表明在流动系统中，流体流经各截面时的质量流量恒定。

对不可压缩流体，ρ 为常数，连续性方程可写为

$$V_s = \mu_1A_1 = \mu_2A_2 = \cdots = \mu A = 常数 \tag{2.24}$$

式（2.24）表明，不可压缩性流体流经各截面时的体积流量不变，流速 μ 与管截面积成反比，截面积越小，流速越大；反之，截面积越大，流速越小。

对于圆形管道，式（2.24）可变形为

$$\frac{\mu_1}{\mu_2}=\frac{A_2}{A_1}=\left(\frac{d_2}{d_1}\right)^2 \tag{2.25}$$

上式说明不可压缩流体在圆形管道中，任意截面的流速与管内径的平方成反比。

（3）流动过程的机械能守恒——伯努利方程

伯努利方程反映了流体在流动过程中，各种形式机械能的相互转换关系。伯努利方程的推导方法有多种，以下介绍较简便的机械能衡算法。

①总能量衡算。如图 2.1 所示的定态流动系统中，流体从 1-1′截面流入，2-2′截面流出。衡算范围是 1′-1′和 2-2′截面以及管内壁所围成的空间。以 1kg 流体作为衡算基准，以 0-0′水平面为基准其水平面。根据能量守恒原则，对于划定的流动范围，其输入的总能量必等于输出的总能量。在图 2.1 中，在 1-1′、2-2′截面之间的衡算范围内，有

$$U_1+z_1g+\frac{1}{2}u_1^2+p_1v_1+W_e+q_e=U_2+z_2g+\frac{1}{2}u_2^2+p_2v_2 \tag{2.26}$$

或

$$W_e+q_e=\Delta U+\Delta zg+\frac{1}{2}\Delta\mu^2+\Delta pu \tag{2.27}$$

在以上能量形式中，可分为两类：一类是机械能，即位能、动能、静压能以及外功，可用于输送流体；第二类是内能与热，不能直接转变为输送流体的机械能。

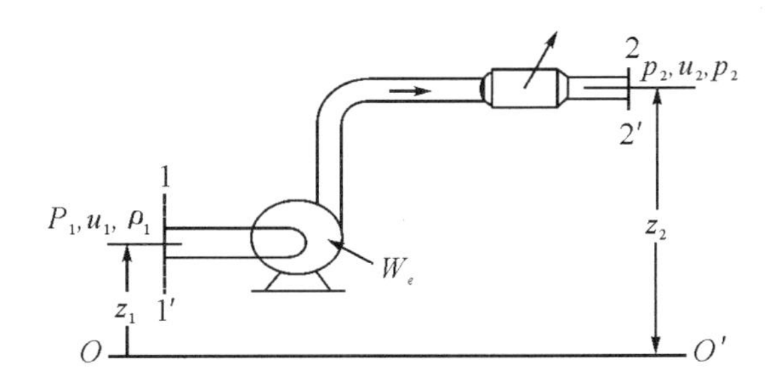

图 2.1　流动系统示意图

②实际流体的机械能衡算

a. 以单位质量流体为基准

$$z_1g+\frac{1}{2}u_1^2+\frac{p_1}{\rho}+W_e=z_2g+\frac{1}{2}u_2^2+\frac{p_2}{\rho}+\sum W_f \tag{2.28}$$

式（2.28）即为不可压缩实际流体的机械能衡算式，其中每项的单位均为J/kg。

b. 以单位重量流体为基准

$$z_1 + \frac{1}{2g}u_1^2 + \frac{p_1}{\rho g} + H_e = z_2 + \frac{1}{2g}u_2^2 + \frac{p_2}{\rho g} + \sum h_f \tag{2.29}$$

上式中各项的单位均为$\frac{\mathrm{J/kg}}{\mathrm{N/kg}}=\mathrm{J/N}=\mathrm{m}$，表示单位重量（1N）流体所具有的能量。虽然各项的单位为m，与长度的单位相同，但在这里应理解为m液柱，其物理意义是指单位重量的流体所具有的机械能。习惯上将zg，$\frac{u^2}{2g}$，$\frac{p}{\rho g}$分别称为位压头、动压头和静压头，三者之和称为总压头，$\sum h_f$称为压头损失，H_e为单位重量的流体从流体输送机械所获得的能量，称为外加压头或有效压头。

③理想流体的机械能衡算。理想流体是指没有黏性（即流动中没有摩擦阻力）的不可压缩流体，这种流体实际上并不存在，是一种假想的流体，但这种假想对解决工程实际问题具有重要意义。对于理想流体又无外功加入时，式（2.28）、式（2.29）可分别简化为

$$z_1g + \frac{1}{2}u_1^2 + \frac{p_1}{\rho} = z_2g + \frac{1}{2}u_2^2 + \frac{p_2}{\rho} \tag{2.30}$$

$$z_1 + \frac{1}{2g}u_1^2 + \frac{p_1}{\rho g} = z_2 + \frac{1}{2g}u_2^2 + \frac{p_2}{\rho g} \tag{2.31}$$

通常式（2.28）、式（2.29）称为伯努利方程式，式（2.30）、式（2.31）是伯努利方程的引申，习惯上也称为伯努利方程式。

2.1.2.5 流体流动的能量损失

（1）流体在直管中的流动阻力

$$W_f = \lambda \frac{i}{d} \times \frac{u^2}{2} \tag{2.32}$$

式（2.32）为流体在直管内流动阻力的通式，称为范宁（Fanning）公式。式中λ为无量纲系数，称为摩擦系数或摩擦因数，与流体流动的Re及管壁状况有关，l为流体流过的长度。

根据伯努利方程的其他形式，也可写出相应的范宁公式表示式：

压头损失

$$h_f = \lambda \frac{l}{d} \times \frac{u^2}{2g} \tag{2.33}$$

压力损失

$$\Delta p_f = \lambda \frac{l}{d} \times \frac{\rho u^2}{2g} \tag{2.34}$$

范宁公式对层流与湍流均适用，只是两种情况下摩擦系数 λ 不同。以下对层流与湍流时摩擦系数 λ 分别讨论。

①层流时的摩擦系数。流体在直管中做层流流动时，可得

$$p_1 - p_2 = \frac{32\mu l u}{d^2}$$

即

$$\Delta p_f = \frac{32\mu l u}{d^2} \tag{2.35}$$

式（2.35）称为哈根-泊肃叶（Hagen-Poiseuille）方程，是流体在直管内做层流流动时压力损失的计算式。结合式（2.35），流体在直管内层流流动时能量损失或阻力的计算式为

$$W_f = \frac{p_1 - p_2}{\rho}$$

$$W_f = \frac{32\mu l u}{\rho d^2} \tag{2.36}$$

式（2.36）表明层流时阻力与速度的一次方成正比。式（2.36）也可改写为

$$W_f = \frac{32\mu l u}{\rho d^2} = \frac{64\mu}{d\rho u} \times \frac{l}{d} \times \frac{u^2}{2} = \frac{64}{Re} \times \frac{l}{d} \times \frac{u^2}{2} \tag{2.37}$$

将式（2.36）与式（2.37）比较，可得层流时摩擦系数的计算式

$$\lambda = \frac{64}{Re} \tag{2.38}$$

即层流时摩擦系数 λ 是雷诺数 Re 的函数。

②湍流时的摩擦系数。层流流动阻力的计算式是根据理论推导所得，湍流流动阻力由于情况要复杂得多，目前尚不能得到理论计算式，但通过试验研究，可获得经验关系式，这种实验研究方法是化工中常用的方法。在试验时，每次只能改一个变量，而将其他变量固定，如过程涉及的变量很多，工作量必然很大，并且将实验结果关联成形式简单便于应用的公式

也很困难。若采用化工中常用的工程研究方法——量纲分析法，可将几个变量组合成一个无量纲数群（如雷诺数 Re ，即是由 d ，ρ ，u ，μ 四个变量组成的无量纲数群），用无量纲数群代替个别的变量进行试验，由于数群的数目总是比变量的数目少，就可以大大减少试验的次数，关联数据工作也会有所简化，而且可将在实验室规模的小设备中用某种物料试验所得的结果应用到其他物料及实际的化工设备中去。与范宁公式（2.38）相对照，可得

$$\lambda = \varphi\left(Re,\ \frac{\varepsilon}{d}\right) \tag{2.39}$$

式（2.39）即湍流时摩擦系数 λ 与 Re 及相对粗糙度 $\frac{\varepsilon}{d}$ 的函数。如图 2.2 所示，称为莫狄（Moody）摩擦系数图。根据 Re 不同，图 2.2 可分为以下四个区域。

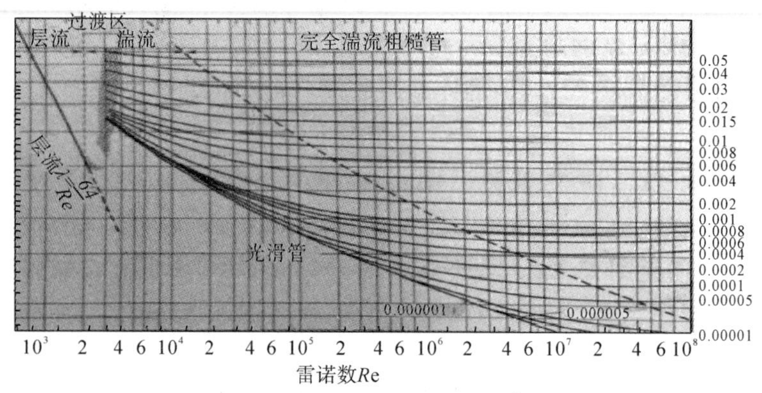

图 2.2　摩擦系数 λ 与 Re 及相对粗糙度 $\frac{\varepsilon}{d}$ 的函数

a. 层流区（ $Re \leqslant 2\ 000$ ），λ 与 $\frac{\varepsilon}{d}$ 无关，与 Re 为直线关系，即 $\lambda = \frac{64}{Re}$ ，此时 $W_f \propto u$ ，即 W_f 与 u 的一次方成正比。

b. 过渡区（$2\ 000 < Re < 4\ 000$）在此内域内层流或湍流的 $\lambda - Re$ 曲线均可应用，对于阻力计算，宁可估计大一些，一般将湍流时的曲线延伸，以查取 λ 值。

c. 湍流区（$\mathrm{Re} \geqslant 4\ 000$ 以及虚线以下的区域），此时 λ 与 Re ，$\frac{\varepsilon}{d}$ 都有

关，当 $\frac{\varepsilon}{d}$ 一定时，λ 随 Re 的增大而减小，Re 增大至某一数值后，λ 下降缓慢，当 Re 一定时，λ 随 $\frac{\varepsilon}{d}$ 的增加面增大。

d. 完全湍流区（虚线以上的区域），此区域内各曲线都趋近于水平线，即 λ 与 Re 无关，只与 $\frac{\varepsilon}{d}$ 有关。对于特定管路，$\frac{\varepsilon}{d}$ 一定，λ 为常数，根据直管阻力通式可知，$W_f \propto u^2$ ，所以此区域又称为阻力平方区。从图中也可以看出，相对粗糙度 $\frac{\varepsilon}{d}$ 愈大，达到阻力平方区的 Re 值愈低。对于湍流时的摩擦系数 λ ，除了用 Moody 图查取外，还可以利用一些经验公式计算。

（2）非圆形管道的流动阻力

对于非圆形管内的湍流流动，仍可用在圆形管内流动阻力的计算式，但需用非圆形管道的当量直径代替圆管直径。当量直径定义为

$$d_e = 4 \times \frac{\text{流通截面积}}{\text{润湿周边}} = 4 \times \frac{A}{\pi} \tag{2.40}$$

对于套管环隙，当内管的外径为 d_1 ，外管的内径为 d_2 时，其当量直径为

$$d_e = 4 \times \frac{\frac{\pi}{4}(d_2^2 - d_1^2)}{\pi d_2 + \pi d_1} = d_2 - d_1$$

对于边长分别为 a 、b 的矩形管，其当量直径为

$$d_e = 4 \times \frac{ab}{2(a + b)} = \frac{2ab}{a + b}$$

在层流情况下，当采用当量直径计算阻力时，还应对式（2.38）进行修正，改写为

$$\lambda = \frac{C}{Re} \tag{2.41}$$

式中 C 为无量纲常数，一些非圆形管的 C 值可查相关手册。

（3）局部阻力

局部阻力的大小有两种计算方法，分别是阻力系数法和当量长度法。

①阻力系数法。克服局部阻力所消耗的机械能，可以表示为动能的某

一倍数，即

$$W'_f = \zeta \frac{u^2}{2} \tag{2.42}$$

或

$$h'_f = \zeta \frac{u^2}{2g} \tag{2.43}$$

式中 ζ 为局部阻力系数，一般由实验测定。当流体自容器进入管内，$\zeta_{进口}=0.5$，称为进口阻力系数；当流体自管子进入容器或从管子排放到管外空间，$\zeta_{出口}=1$，称为出口阻力系数。

当流体从管子直接排放到管外空间时，管出口内侧截面上的压强可取为与管外空间相同，但出口截面上的动能及出口阻力应与截面选取相匹配。若截面取管出口内侧，则表示流体并未离开管路，此时截面上仍有动能，系统的总能量损失不包含出口阻力；若截面取管出口外侧，则表示流体已经离开管路，此时截面上动能为0，而系统的总能量损失中应包含出口阻力。由于出口阻力系数 $\zeta_{出口}=1$，两种选取截面方法计算结果相同。

②当量长度法

将流体流过管件或阀门的局部阻力，折合成直径相同，长度为 l_e 的直管所产生的阻力，即

$$W_f' = \lambda \frac{l_e}{d} \times \frac{u^2}{2} \tag{2.44}$$

或

$$h_f' = \lambda \frac{l_e}{d} \times \frac{u^2}{2g} \tag{2.45}$$

式中 l_e 为管件或阀门的当量长度。同样，管件与阀门的当量长度也是由实验测定，有时也以管道直径的倍数 $\frac{l_e}{d}$ 表示。

（4）流体在管路中的总阻力

管路系统是由直管和管件、阀门等构成的，因此流体流经管路的总阻力应是直管阻力和所有局部阻力之和。计算局部阻力时，可用局部阻力系数法，亦可用当量长度法。对同一管件，可用任一种方法计算，但不能用两种方法重复计算。当管路直径相同时，总阻力为

$$\sum W_f = W_f + W_f' = \left(\lambda \frac{l}{d} + \sum \zeta\right) \frac{u^2}{2} \tag{2.46}$$

或

$$\sum W_f = W_f + W_f' = \lambda \frac{l + \sum l_e}{d} \times \frac{u^2}{2} \tag{2.47}$$

式中，$\sum \zeta$、$\sum l_e$ 为管路中所有局部阻力系数和当量长度之和。若管路由若干直径不同的管段组成时，各段应分别计算再加和。

2.1.2.6 两相流的危害

液体介质的工作温度超过其闪点时，在通过调节阀时由于节流，阀后的管路中就会形成两相流。两相流是指管道物料中既有气态介质也有液态介质，即部分液体气化。既然液体气化，体积必然膨胀许多倍，在阀后的管道中形成气阻，后果就是液体不能到达调节阀后的设备，使生产暂时中断。如果长期不能恢复，生产系统就无法正常运行。两相流容易使管道产生抖动，需要对管道进行有效的固定。两相流对于流体的管道输送非常不利。气相中出现凝液时在管道底部会出现液体推动前进的现象，可能会产生振动；液相中出现气体时，会产生气泡，气泡聚集到一定程度会将液体隔开形成节涌，产生振动。两种情况都会增加管道压强，增加耗能。

2.1.3 分离过程的动力学原理

一个体系达到平衡之前，体系内存在各种梯度，有外场作用下的梯度，如压力梯度、浓度梯度、电位梯度和温度梯度，也有内部分子间相互作用引起的化学势梯度。在分离过程中，溶质分子在外场或内部化学势作用下向趋于平衡的方向迁移，在空间上重新分配。与此同时，溶质分子的随机运动又会使溶质从高浓度区域向低浓度区域扩散，使溶质又趋向重新混合。定向迁移与非定向扩散，即分离与混合，是两种相伴而生的趋势。利用扩散原理可进行分离，不过一般来说分离是设法强化定向迁移和减小非定向扩散。分离过程动力学的研究内容就是物质在输运过程中的运动规律，即分离体系中组分迁移和扩散的基本性质和规律。

2.1.3.1 分子扩散与菲克定律

溶质的迁移速度与整个分离速度是密切相关的，传质过程是在适当的介质中，在化学势梯度的驱动下物质分子发生相应位移的过程，物质的扩散运动是在梯度驱动下，物质分子自发输运的过程。分子迁移的表征是研究分离过程动力学的基础。目前，人们还只能通过物质的机械运动和分子统计学间的相互关系来了解迁移过程的规律。

分子无规则的运动使该组分由浓度较高处传递至浓度较低处，这种现象称为分子扩散。扩散进行的快慢用扩散通量来衡量，即单位时间内通过垂直于扩散方向的单位截面积扩散的物质的量，称为扩散通量（扩散速率），以符号 J 表示，单位为 kmol/（m^2·s）。

菲克第一扩散定律：

$$J = -\frac{RT}{\tilde{f}} \times \frac{dc}{dx} = -D\frac{dc}{dx} \tag{2.48}$$

式中，$\tilde{f}$——摩擦阻力力系数；

D——扩散系数，m^2/s；

J——沿的扩散通量，kmol/（m^2.s）；

$\frac{dc}{dx}$—— 在 x 轴方向上的浓度梯度，$kmol/m^4$。

菲克第一扩散定律的物理意义：扩散系数一定时，单位时间扩散通过单位截面积的物质的量与浓度梯度成正比，负号表示扩散方向与浓度梯度方向相反。

菲克第一扩散定律是假设溶质浓度 c 在扩散方向上不随时间变化，但实际上浓度是随时间变化的。式（2.49）就是既无外场梯度，也无内部化学势梯度时（$Y=0$），只存在一维扩散情况下的菲克第二定律。

$$\frac{dc}{dt} = D\frac{d^2c}{dx^2} \tag{2.49}$$

同理可推导出多维扩散情况下的菲克第二定律：

二维

$$\frac{dc}{dt} = D\left(\frac{\partial^2 C}{\partial x^2} + \frac{\partial^2 c}{\partial y^2}\right) \tag{2.50}$$

三维

$$\frac{dc}{dt} = D\left(\frac{\partial^2 C}{\partial x^2} + \frac{\partial^2 c}{\partial y^2} + \frac{\partial^2 c}{\partial z^2}\right) \tag{2.51}$$

2.1.3.2　对流传质

对流传质为依靠流体微团宏观运动所进行的质量传递，一般也包括分子扩散对传质的作用。由于传质设备中和反应器中的流体总是流动的，所以对流传质成为质量传递的最重要方式。

（1）对流传质的常见类型

根据质量传递的范围，对流传质可分为单相对流传质和相际对流传质。①单相对流传质，质量传递仅在运动流体的一相（气相或液相）中发生，根据流体运动的原因，又分为自然对流传质和强制对流传质，前者一般可忽略，后者按流体运动状态还可分为层流对流传质和湍流对流传质。②相际对流传质，质量传递发生于两相间，这是在生产中均相混合物分离操作时最常见的情况，如在蒸馏、吸收，萃取等单元操作中。在非均相反应器中，相际传质也起着重要作用。

（2）对流传质的机理

当某组分在流动流体与接触的固体表面之间发生传递时（如固体的升华，固体表面水分的汽化），表面附近的浓度边界层和流动边界层中流体的流动状态对传质产生决定性的影响，当边界层中的流动完全处于层流状态时，质量传递只能通过分子扩散。但流动增大了浓度梯度，强化了传质。当边界层中的流动处于湍流状态时，表面附近的流动结构包括湍流区、过渡区和层流底层。在湍流区内的质量传递主要依靠湍流脉动造成流体剧烈混合，在层流底层则仍靠分子扩散，但由于流体主体的浓度分布被均化，层流底层的浓度梯度增大，因而湍流有效地强化了传质。当质量传递发生在相互接触的两流体相之间时，各相主体与相界面间的传质仍是决定性的步骤。由于两流动流体相界面处的情况十分复杂，因此对于这种传质了解甚少。目前，只有一些简化模型直接用来描述两流体相间的相际传质。

（3）对流传质的传质速率

在层流情况下，若已知流动的速度分布，求解对流扩散方程，得出浓度分布，进而可求得传质通量。由于速度场的非线性，可求解的范围很有限。在湍流情况下，由于湍流引起各部位流体间剧烈混合，流体依靠湍动和旋涡进行质量传递，此时的传质通量为

$$J_A = -(D + D_E)\frac{d c_A}{dz} \tag{2.52}$$

式中，J_A ——组分 A 在扩散方向 z 上的扩散通量，kmol/（m^2 · s）；

$\frac{d c_A}{dz}$ ——组分 A 在扩散方向 z 上的浓度梯度，kmol/m^4；

D ——分子扩散系数，m^2/s；

D_E ——涡流扩 散系数，m^2/s。

式中负号表示扩散方向与浓度梯度方向相反，扩散沿着浓度降低的方向进行。

对于在圆管中流动的空气，当雷诺数为 10 000~ 175 000 时，测得涡流扩散系数为（3~40）$\times 10^{-4}\ m^2/s$。涡流扩散系数既随着流动情况而变，又随着位置趋近壁面而迅速减小。若将涡流扩散系数近似取为常数，即可

得到湍流情况下的传质通量。由于湍流现象极为复杂，湍流质量传递的理论还很不成熟，传质通量主要是靠实验来测定的。仿照对流传热，流体与界面间的传质速率可用类似于牛顿冷却定律的规律来表示。

对于气相与界面间的传质通量为

$$N_A = K_G(p - p_i) \tag{2.53}$$

而对于液相与界面之间的传质通量为

$$N_A = K_L(c_i - c) \tag{2.54}$$

式中，p、p_i——组分 A 在气相中的分压和界面处的分压；

c_i，c——组分 A 在界面处和液相中的浓度；

K_G，K_L——气相和液相的传质分系数。

这种计算方法是将一相中的浓度与界面处的浓度差作为对流传质的推动力，将所有其他影响对流传质的因素概括在传质系数中。

2.1.3.3　传质过程总传质速率与总传质系数

(1) 双膜理论

双膜理论基于双膜模型，它把复杂的对流传质过程描述为溶质以分子扩散形式通过两个串联的有效膜，认为扩散所遇到的阻力等于实际存在的对流传质阻力。其模型如图 2.3 所示。

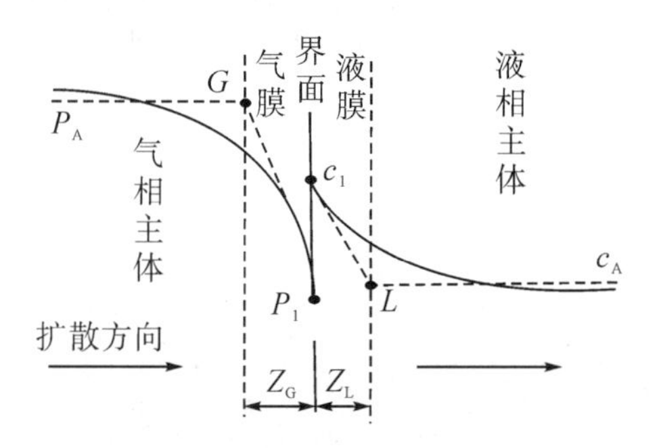

图 2.3　双膜理论示意图

双膜模型的基本假设如下：

①相互接触的气液两相存在一个稳定的相界面，界面两侧分别存在着稳定的气膜和液膜。膜内流体流动状态为层流，溶质 A 以分子扩散方式通过气膜和液膜，由气相主体传递到液相主体。

②相界面处，气液两相达到相平衡，界面处无扩散阻力。

③在气膜和液膜以外的气液主体中，由于流体的充分湍动，溶质 A 的

浓度均匀，溶质主要以涡流扩散的形式传质。

（2）吸收过程的总传质速率方程

①用气相组成表示吸收推动力时，总传质速率方程称为气相总传质速率方程，具体如下

$$N_A = K_G(p_A - p_A^*) \tag{2.55}$$

$$N_A = K_y(y - y^*) \tag{2.56}$$

$$N_A = K_Y(Y - Y^*) \tag{2.57}$$

式中，K_G ——以气相分压差 $p_A - p_A^*$ 表示推动力的气相总传质系数，kmol/（m^2 · s · kPa）

K_y ——以气相摩尔分数差 $y - y^*$ 表示推动力的气相总传质系数，kmol/（m^2 · s）；

K_Y ——以气相摩尔比差 $Y - Y^*$ 表示推动力的气相总传质系数，kmol/（m^2 · s）。

②用液相组成表示吸收推动力时，总传质速率方程称为液相总传质速率方程，具体如下

$$N_A = K_L(c_A^* - c_A) \tag{2.58}$$

$$N_A = K_x(x^* - c_A) \tag{2.59}$$

$$N_A = K_X(X^* - X) \tag{2.60}$$

式中，K_L ——以液相浓度差 $c_A^* - c_A$ 表示推动力的液相总传质系数，m/s；

K_x ——以液相摩尔分数差 $x^* - c_A$ 表示推动力的液相总传质系数，kmol/（m^2 · s）；

K_X ——以液相摩尔比差 $X^* - X$ 表示推动力的液相总传质系数，kmol/（m^2 · s）。

③总传质系数与单相传质系数之间的关系及吸收过程中的控制步骤如下：

若吸收系统服从亨利定律或平衡关系在计算范围为直线，则

$$p_A^* = Ex \text{ 或 } c_A = Hp_A^* \tag{2.61}$$

根据双膜理论，界面无阻力，即界面上气液两相平衡，对于稀溶液，则

$$c_{Ai} = Hp_{Ai} \tag{2.62}$$

将式（2.61）、式（2.62）代入 $N_A = k_G(p - p_i)$ 、$N_A = k_L(c_i - c)$ 得

$$\frac{1}{K_G} = \frac{1}{H k_L} + \frac{1}{k_G} \tag{2.63}$$

用类似的方法得到式（2.64）、式（2.65）、式（2.66）

$$\frac{1}{K_L} = \frac{1}{k_L} + \frac{H}{k_G} \tag{2.64}$$

$$\frac{1}{K_y} = \frac{m}{k_x} + \frac{1}{k_y} \tag{2.65}$$

$$\frac{1}{K_x} = \frac{1}{k_x} + \frac{1}{m k_y} \tag{2.66}$$

通常传质速率可以用传质系数乘以推动力表示，也可用推动力与传质阻力之比表示。从以上总传质系数与单相传质系数的关系式可以得出，总传质阻力等于两相传质阻力之和，这与两流体间壁换热时总传热热阻等于对流传热所遇到的各项热阻加和相同。但要注意总传质阻力和两相传质阻力必须与推动力相对应。

2.1.4 微作用力原理

分子间相互作用是联系物质结构与性质的桥梁。在分离中涉及的分子间相互作用范围很广泛，包括带相反电荷的离子间的静电作用、离子与偶极分子间的相互作用、范德华力、氢键和电荷转移相互作用等。分子间相互作用的大小通常用势能或分子间力表征。

2.1.4.1 微观粒子间作用力

（1）静电作用

静电力是一种分子间作用力，存在于极性分子中，静电作用是离子键的本质。假设两个分子所带电量分别为 Q_i 和 Q_j，ε 为静电力常数，又称介电常数，这两个分子间的静电力遵循库伦定理

$$F = \frac{Q_i Q_j}{4\pi\varepsilon r^2} \tag{2.67}$$

式中，F——静电作用力，N；

Q——电量，C；

r——微粒间距，m；

ε——静电力常数，C^2/（J·m）。

利用静电作用实现分离的场合很多，如利用静电吸附可以除掉油中污染物，计算油液中污染物静电力的大小，判断能否完成油液的净化过程。

（2）范德华力

范德华力是存在于分子间的一种吸引力，它比化学键弱得多。一般来说，某物质的范德华力越大，它的熔点、沸点就越高。对于组成和结构相似的物质，范德华力一般随着相对分子质量的增大而增强。

范德华力也叫分子间力。分子型物质能由气态转变为液态，由液态转变为固态，这说明分子间存在着相互作用力，这种作用力称为分子间力或范德华力。分子间力有三种来源，即色散力、诱导力和取向力。范德华力主要包括永久偶极相互作用力、诱导偶极相互作用力和色散力。不同类型分子间三种相互作用力的大小不同。

色散力是分子的瞬时偶极间的作用力，它的大小与分子的变形性等因素有关。

一般分子量越大，分子内所含的电子数越多，分子的变形性越强，色散力亦越大。诱导力是分子的固有偶极与诱导偶极间的作用力，它的大小与分子的极性和变形性等有关。取向力是分子的固有偶极间的作用力，它的大小与分子的极性和温度有关，极性分子的偶极矩越大，取向力越大；温度越高，取向力越小。在极性分子间有色散力、诱导力和取向力；在极性分子与非极性分子间有色散力和诱导力；在非极性分子间只有色散力。实验证明，对大多数分子来说，色散力是主要的；只有偶极矩很大的分子（如水），取向力才是主要的；而诱导力通常是很小的。

（3）氢键

在有些化合物中，氢原子可以同时和两个电负性很大而原子半径较小的原子（O、F、N 等）相结合，一般表示为 X-H…Y，其中 H…Y 的结合力就是氢键。关于氢键的本质，直到目前还没有完全公认的解释。一般认为 X-H…Y 里，X-H 键基本是共价键，而 H…Y 则是一种强有力的有方向性的范德华力。把氢键归入范德华力是因为它在本质上是带有部分负电荷的原子 Y 与极性很强的极性键 X- H 之间的静电吸引作用。因为 X- H 的极性很强，H 的半径很小，且又无内层电子，所以允许带有部分负电荷的 Y 原子无空间阻碍地来充分接近它，产生静电吸引作用而构成氢键。这种吸引作用的能量，一般在 41.84kJ/mol 以下，比化学键的键能要小得多，但和范德华力的数量级相同，所以有人把氢键归入范德华力。但是氢键有两个与一般的范德华力不同的特点，即它的饱和性和方向性。其饱和性表现在X-H只能再和一个 Y 原子相结合，即一个氢原子不可能同时形成两个氢键。如果另有一个 Y 原子来接近它们，则将受 X 和 Y 的排斥力要比受到 H 的吸引力来得大，所以 X-H 不能和两个 Y 原子相结合。由于 X-H 与 Y 的相互作用，只有当 X-H…Y 在同一直线上的时候最强烈，所以，在可能范围内要尽量使 X-H…Y 在同一直线上，这是氢键具有方向性的原因。并且，Y 一般含有孤对电子，在可能的范围内，氢键的方向要和孤对电子的对称轴相一致。这样可使 Y 原子中负电荷分布得最多的部分最接近于 H 原子。

2.1.4.2 物质溶解与溶剂特性

大多数物质是在溶液状态下进行分离的，在使用溶剂的分离方法中，溶剂不仅提供分离所需的介质，而且还要参与分离过程，溶剂极性的大小也是影响分离的一个重要因素。

（1）物质的溶解过程

物质的溶解过程大致分为三个基本步骤：首先溶质分子 A 克服自身分子间的相互作用而单离成独立的分子。同时溶剂分子 B 之间的键断裂，并生成空隙以容纳溶质分子。最后溶质分子与溶剂分子之间形成新的化学键。溶解过程的能量变化为

$$\Delta H_{A-B} = H_{A-A} + H_{B-B} - 2H_{A-B} \tag{2.68}$$

从能量变化的角度来看溶解过程的难易程度，可以归纳为：若 $\Delta H_{A-B} > 0$，则物质难溶于该溶液中；若 $\Delta H_{A-B} < 0$，则易溶；若 $\Delta H_{A-B} \approx 0$，溶解过程可能比较缓慢，但可溶解。

溶质 A 和溶剂 B 分子间的相互作用势能之和的大小在很多情况下与 A 和 B 的极性有关，即极性相似相溶规律，这是用来解释溶解现象的有力工具，它从溶质分子与溶剂分子化学结构的类似程度或极性的接近程度做出判断，这在很多情况下是正确的，但也有其局限性和解释不通的溶解现象。

溶质溶解到溶剂中，由于溶质分子和溶剂分子之间的相互作用，每一个被溶解的溶质分子被一层或松或紧的束缚的溶剂分子所包围，这一现象被称为溶剂化作用，水为溶剂时也称为水合作用。

（2）溶剂的极性

溶剂的极性的定义至今未统一，表征和比较溶剂极性大小的参数很多，主要有偶极矩、介电常数、分配系数、溶解度参数和罗氏极性参数等。判断溶剂的溶解能力常遵循以下的原则。

①极性相似原则。非极性溶质能溶于非极性或弱极性溶剂中，而极性溶质溶于极性溶剂中。

②溶解度参数相近原则。溶解度参数相近的溶质和溶剂可以互相溶解，溶剂和溶质的溶解度参数的差值小于 1.3~1.8 的，可以溶解；大于 1.8 的不能溶解。混合溶剂的溶解度参数是混合溶剂中各种单一溶剂的溶解度参数同该溶剂在混合溶剂中的质量分数的乘积之和。

③溶剂化原则。聚合物分子和溶剂接触，如果溶剂对聚合物表面分子的作用力大于聚合物内聚力，则聚合物可落解，这种作用就是溶剂化作用。它主要是高分子的酸性基团（或碱性基团）能与溶剂中的碱性基团（或酸性基团）起溶化作用而溶解。酸（H^+）是亲电子体（电子接受体），而碱（OH^-）是亲核体（电子给予体）。

亲电子基团的强弱排布如下：$-SO_2OH > -COOH > -C_6H_4OH > =CHCN > =CHNO_2 > CH_2CI > =CHCI$。

亲核基团的强弱排布如下：$-CH_2NH_2 > -C_6H_4NH_2 > CON(CH_3)_2 > -CONH > \equiv PO_3 > -CH_2COCH_2- > -CH_2OCOCH_2- > -CH_2-O-CH_2-$。

判断溶剂的溶解度能力应当把上述三个原则结合起来考虑。例如：聚碳酸酯的溶解度参数 δ 为 9.5，PVC 的 $\delta=9.7$，按溶解度参数相近相溶原则，氯仿（$\delta=9.3$）、二氯甲烷（$\delta=9.7$）、环已酮（$\delta=9.9$）都与 PC、PVC 相近，能溶解，但实际上 PC 不溶于环已酮，只溶于氯仿和二氯甲烷，而 PVC 只溶于环已酮，不溶于氯仿和二氯甲烷。这是由于 PC 是给电子性的，PVC 是弱亲电子性的，而二氯甲烷是亲电子性的，环已酮是给电子性的，PVC 同环已酮发生了溶剂化作用，而 PC 同二氯甲烷发生了溶剂化作用的缘故。

因此，在分离过程中溶质溶解到溶剂，一般是选择与溶质极性相等的溶剂，在维持极性相等的前提下，更换溶剂种类，使分离的选择性更高。

2.1.5 分离过程的热力学原理

在平衡分离过程中，相平衡占十分重要的地位，因为系统与热力学平衡状态的差距是平衡分离过程的推动力。速率控制分离过程为不可逆过程，通常发生在均相状态下并存在物流量。对于这种不可逆过程，可用耗散函数来表达推动力，而耗散函数是不可逆热力学与平衡热力学的连接点。因此，引进耗散函数后，平衡热力学仍然是速率控制分离过程的基础。

2.1.5.1　热力学基本概念

热力学的宏观理论，是从能量转化的观点研究物质的热性质，阐明能量从一种形式转换为另一种形式时应遵循的宏观规律。热力学是根据实验结果综合整理而成的系统理论，它不涉及物质的微观结构和微观粒子的相互作用，也不涉及特殊物的具体性质，是一种唯象的宏观理论，具有高度的可靠性和普遍性。

热力学的完整理论体系是由几个基本定律以及相应的基本状态函数构成的，这些基本定律是以大量实验事实为根据建立起来的。热力学第一定律就是能量守恒定律，其中描述系统热运动能量的状态函数是内能。通过做功、传热，系统与外界交换能量，内能发生改变，即

$$\Delta U = Q - W$$

热力学第二定律指出一切涉及热现象的宏观过程是不可逆的。它阐明了在这些过程中能量转换或传递的方向、条件和限度。相应的状态函数是熵，熵的变化指明了热力学过程进行的方向，熵的大小反映了系统所处状态的稳定性，即：$\Delta S \geqslant 0$。

热力学第三定律指出绝对零度是不可能达到的。

上述热力学定律以及三个基本状态函数温度、内能和熵构成了完整的热力学理论体系。为了在各种不同条件下讨论系统状态的热力学特性，还引入了一些辅助的状态函数，如焓、亥姆霍兹函数（自由能）、吉布斯函数等。当一个体系的宏观性质不随时间而变化时，这个体系所处的状态可定义为平衡态；当一个体系尚未达到平衡时，它的各部分状态必发生变化并趋向平衡态。即使达到平衡态，系统也是动态的，溶质仍可以不断地从一相变为另一相，只是变化速率相等而已。由热力学第一定律和第二定律，对单相、定常组成的均匀流体体系，在非流动条件下，其基本方程为

$$dU = TdS - pdV$$

$$dH = TdS + Vdp$$

$$dF = - pdV - SdT$$

$$dG = Vdp - SdT$$

上述四式称为热力学基础方程，U、H、F、G、S 分别为整个系统的内能、焓、功焓、自由能和熵，T、p、V 分别表示温度、压强、体积，从热力学的基本定律出发，应用这些状态函数，利用数学推演得到系统平衡状态各种特性的相互联系，是热力学方法的基本内容。从四个基本公式可以导出

$$T = \left(\frac{\partial U}{\partial S}\right)_V = \left(\frac{\partial H}{\partial S}\right)_P$$

$$P = -\left(\frac{\partial U}{\partial V}\right)_S = -\left(\frac{\partial F}{\partial V}\right)_T$$

$$V = \left(\frac{\partial H}{\partial P}\right)_S = \left(\frac{\partial G}{\partial P}\right)_T$$

$$S = -\left(\frac{\partial F}{\partial T}\right)_V = -\left(\frac{\partial G}{\partial T}\right)_P$$

2.1.5.2 多组分体系中物质的偏摩尔量和化学势

因传质过程中总会有组分含量的变化，而且各种条件下实际过程的方向判据以及自发性的判据，都和体系的容量性质的改变相关，所以必须讨论多组分体系中物质的偏摩尔量和化学势，以便讨论和判别一个分离过程的方向和能否自发进行。

（1）多组分体系中物质的偏摩尔量

对于一个含有多种不同物质的均相系统，其任一容量性质 Z（如 H、G、U 和 S 等），除了与 T、p 有关外，还与系统中每一组分的物质的量 n_1，n_2，…，n_k有关，写成函数形式为 $Z=Z(T, p, n_1, n_2, \cdots, n_k)$。等温等压下，在大量的体系中，保持除 i 组分外的其他组分的量不变，加入 1mol$i$ 组分时所引起的体系容量性质 Z 的改变；或者在有限量的体系中加入 dn_i 摩尔的 i 后，体系容量性质改变了 dZ，dZ 与 dn_i的比值就是 Zi（Zi 代表体系的任何容量性质），则有

$$dZ = \sum_i^K Z_i d n_i \tag{2.69}$$

多组分体系中物质的化学势

$$U = \sum_i n_i \bar{U}_i \qquad \bar{U}_i = \left(\frac{\partial U}{\partial n_i}\right)_{T, P, n_j}$$

$$H = \sum_i n_i \bar{H}_i \qquad \bar{H}_i = \left(\frac{\partial H}{\partial n_i}\right)_{T, P, n_j}$$

$$F = \sum_i n_i \bar{F}_i \qquad \bar{F}_i = \left(\frac{\partial F}{\partial n_i}\right)_{T, P, n_j}$$

$$G = \sum_i n_i \bar{G}_i \qquad \bar{G}_i = \left(\frac{\partial G}{\partial n_i}\right)_{T, P, n_j}$$

$$S = \sum_i n_i \bar{S}_i \qquad \bar{S}_i = \left(\frac{\partial S}{\partial n_i}\right)_{T, P, n_j}$$

（2）多组分体系中物质的化学势

当某均相体系含有不止一种物质时，它的任何性质都是体系中各种物质的量及 p、V 、T、S 等热力学函数中任意两个独立变量的函数，令

$$\mu_i \equiv \left(\frac{\partial U}{\partial n_i}\right)_{S,\ V,\ n_i} \tag{2.70}$$

μ_i 称为第 i 种组分的化学势，在熵、体积及除 i 组分以外其他各组分的物质的量 n_i 均不变的条件下，若增加 dn_i 的 i 组分，用相应的内能变化为 dU，dU 与 $d\,n_i$的比值就等于 μ_i 。

根据上述方法，可按 G、H 、F 的定义分别选 T，p，n_1，n_2，…，n_k和 S，p，n_1，n_2，…，n_k及 T，V，n_1，n_2，…，n_k为独立变量，于是得到化学势的另一些表示式为

$$\mu_i = \left(\frac{\partial U}{\partial n_i}\right)_{S,\ V,\ n_j} = \left(\frac{\partial H}{\partial n_i}\right)_{S,\ P,\ n_j} = \left(\frac{\partial F}{\partial n_i}\right)_{T,\ V,\ n_j} = \left(\frac{\partial U}{\partial n_i}\right)_{T,\ P,\ n_j} \tag{2.71}$$

对单一组分的体系来说，组分的偏摩尔性质就是体系的摩尔性质。但不是所有的化学势都是偏摩尔量，只有偏摩尔自由能才与化学势在数值上相等。

$$\mu = \left(\frac{\partial G}{\partial n_i}\right)_{T,\ P,\ n_j} = \bar{G}_i \tag{2.72}$$

一个体系的偏摩尔自由能的总和等于该体系自由能的变化。

$$\Delta G = \sum_i \Delta\,\overline{G_i}\Delta n_i \tag{2.73}$$

平衡体系的各相组分性质间的变化关系常可以用化学势来描述和计算，但化学势也和内能、焓一样，其绝对值无法确定。为此可仿照 U 和 H 的计算，选择一个基准态，有时基准态可能是假想的状态，但计算过程中，基准态必定相互抵消。所以平衡体系的各相组分性质用化学势来计算。

对气体混合物 $$\mu = \mu^0(p,T) + RT\ln y_i \tag{2.74}$$

对液体混合物 $$\mu = \mu^0(p,T) + RT\ln x_i \tag{2.75}$$

式中，y_i ，x_i ——气相和液相组分摩尔分数。

对基准态和给定状态之间的化学位差 $\Delta\mu_i$ 的计算，则需要引入活度系数，对逸数的概念进行修正。

2.1.5.3 相之间平衡

物质的状态包括气态、液态，固态和超临界状态，相平衡是从热力学的

角度研究物质从一种相转变为另一种相的规律。物质从一种聚集态转变成另一种聚集态的过程称作相变，引起相变的条件主要是温度、压力、溶剂和化学反应，相图和相律是研究相平衡的两种重要方法。相图是以图形研究多相体系状态随浓度、温度、压力等条件的变化，比较直观，但不够精确；相律研究的是平衡体系中的相数、独立组分数与描述该平衡体系变量数目之间的关系。相律只能对体系进行定性描述，只讨论数目而不涉及数值。吉布斯推导出来的相律公式为

$$F = C - P + 2 \tag{2.76}$$

式中，C——体系中的独立组分数；

P——相的个数；

F——自由度，即能够维持系统相数不变的情况下可以独立改变的量（如温度、压力等）。只要 C 和 P 给定，则可根据相律判断出彼此独立的变量数目。

常见的相平衡分离方法有溶解、蒸馏、结晶、凝结等。相平衡分离适合体系中仅含有少数几种组分的简单混合物的分离。

单组分体系的相平衡，单组分体系的组分数 $C=1$，所以 $F=3-P$，单组分体系最多只可能三相共存，如图 2.4 所示为纯水的相图。

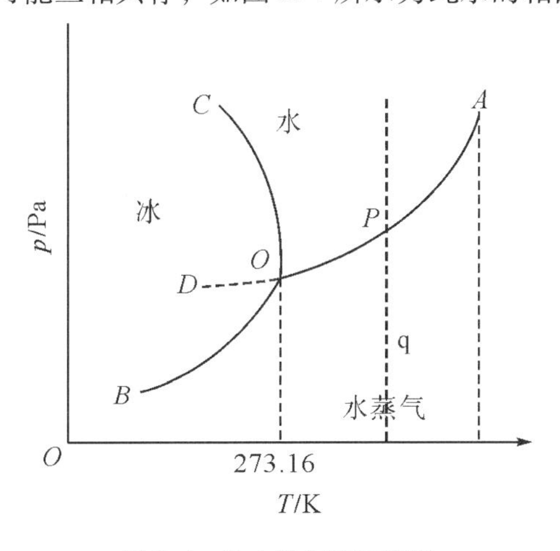

图 2.4　纯水的相图示意图

图 2.4 中 OA 是气—液两相平衡线，即水的蒸气压曲线。它不能任意延长，终止于临界点。临界点 $T=647\text{K}$，$p=2.2\times10^{7}\text{Pa}$，这时气—液界面消失，高于临界温度，不能用加压的方法使气体液化。OB 是气—固两相平衡线，即冰的升华曲线。OC 是液—固两相平衡线，当 C 点延长至压力

大于2×10^8Pa 时，相图变得复杂，由不同结构的冰生成。OD 是 AO 的延长线，表示过冷水的饱和蒸气压与温度的关系曲线。因为在相同温度下，过冷水的蒸气压大于冰的蒸气压，所以 OD 线在 OB 线之上。过冷水处于不稳定状态，一旦有凝聚中心出现，就立即全部变成冰。O 点是三相点（triple point）。

气—液—固相共存，$P=3$，$F=0$。三相点的温度和压力皆由体系自定。在一定温度和压力下，任何纯物质达到两相平衡时，蒸汽压随温度的变化率可用下式表示

$$\frac{dp}{dT}=\frac{\Delta H}{T\Delta V} \tag{2.77}$$

式中，ΔH——相变时的焓的变化值；

ΔV——相应 的体积变化值。

这就是克拉贝龙方程式（Clapeyron equation）。变化值就是单组分相图上两相平衡线的斜率。

①对于气—液两相平衡，假设气体为 1mol 理想气体，将液体体积忽略不计，则

$$\frac{dp}{dT}=\frac{\Delta_{vap}H_m}{TM_m(g)}=\frac{\Delta_{vap}H_m p}{RT^2} \tag{2.78}$$

这就是 Clausius -Clapeyron 方程，$\Delta_{vap}H_m$ 是摩尔气化热，V_m为气体的摩尔体积，假定 $\Delta_{vap}H_m$ 的值与温度无关，积分得

$$\ln\frac{P_2}{P_1}=\frac{\Delta_{vap}H_m}{R}\left(\frac{1}{T_1}-\frac{1}{T_2}\right) \tag{2.79}$$

此公式可用来计算不同温度下的蒸气压或摩尔蒸发热。

②对于气固两相平衡，假设气体为 1mol 理想气体，将固体体积忽略不计，则

$$\frac{dp}{dT}=\frac{\Delta_{sub}H_m}{TM_m(g)}=\frac{\Delta_{sub}H_m p}{RT^2} \tag{2.80}$$

$$\ln\frac{P_2}{P_1}=\frac{\Delta_{sub}H_m}{R}\left(\frac{1}{T_1}-\frac{1}{T_2}\right) \tag{2.81}$$

③对于液-固两相平衡，有

$$\frac{dp}{dT}=\frac{\Delta_{fus}H_m}{\Delta_{fus}V_m}\times\frac{1}{T} \tag{2.82}$$

$$p_2 - p_1 = \frac{\Delta_{fus} H_m}{\Delta_{fus} V_m} \times \frac{T_2 - T_1}{T_1} \tag{2.83}$$

热力学理论是普遍性的理论，对一切物质都适用，这是它的特点，在涉及某种特殊物质的具体性质时，需要把热力学的一般关系与相应的特殊规律结合起来。例如：讨论理想气体时，需要利用理想气体的状态方程等。平衡态的热力学理论已经相当完善，并且得到了广泛的应用。热力学中一个重要的基本现象是趋向平衡状态，这是一个不可逆的过程。例如，使温度不同的两个物体接触，最后到达平衡态，两物体便有相同的温度。但其逆过程，即具有相同温度的两个物体，不会自行回到温度不同的状态。平衡态热力学的理论已很完善，并有广泛的应用。但在自然界中，处于非平衡态的热力学系统（物理的、化学的、生物的）和不可逆的热力学过程是大量存在的。因此，这方面的研究工作十分重要。非平衡态热力学领域提供了对不可逆过程宏观描述的一般纲要。对非平衡态热力学或者说对不可逆过程热力学的研究，涉及广泛存在于自然界中的重要现象，是正在探讨的一个领域。

2.2 润滑原理

2.2.1 润滑油的润滑性及流动性

润滑油最基本的功能是润滑，但也有冲洗磨屑或污染物、冷却、减震、密封等辅助性能，在某些情况下，这些辅助功能也可能转变为基本的功能，这些功能都和润滑油的流动性有关。润滑，就是减少摩擦副之间的摩擦，这是靠润滑油在摩擦副之间形成的油膜将金属表面隔开而实现的。润滑主要分为流体润滑和边界润滑两种类型，还有一种两类型间的过渡阶段，叫混合润滑。这三种类型主要取决于油膜厚度、流体润滑时油膜厚度以及来自油膜中润滑油层间剪切的流体内阻力。判断是否达到流体润滑状态的条件是膜厚比 λ 值是否足够大。膜厚比 λ 的定义为两表面间的最小膜厚 h 与两个摩擦面综合粗糙度 σ 之比。

$$\lambda = \frac{h}{\sigma} \tag{2.84}$$

综合粗糙度 σ 的定义为

$$\sigma = \sqrt{\sigma_1^2 + \sigma_2^2} \tag{2.85}$$

式中 σ_1 及 σ_2 为摩擦副两个表面微观不平度的均方根偏差值。它是表面的轮廓上各点至其中线距离的平方平均值的平方根，σ_1 与轮廓的平均算术偏差 R_1 在数值上的关系随表面加工方法而有些不同，粗略地可取

$$\sigma_1 = 1.25R_1 \tag{2.86}$$

同样，σ_2 与轮廓的平均算术偏差 R_2 的关系为

$$\sigma_2 = 1.25R_2 \tag{2.87}$$

一般至少当 $\lambda>(3\sim4)$ 时，属于流体润滑状态；$\lambda<1$ 时，属于边界润滑状态；而 $(3\sim4)\geqslant\lambda\geqslant1$ 时，属于混合润滑状态。摩擦副间油膜的厚度，不仅取决于油的性质，也取决于摩擦副表面的运动情况、宏观及微观的几何形状、表面形貌、材质以及环境条件等因素。但油的性质无疑是很重要的，这个性质就是黏度，在工作温度下的黏度越大，油膜越厚，所以为机器选择润滑油首先就是选择黏度。太小的黏度不足以保持流体润滑所需的油膜厚度，太大的黏度会损失大量的动能，所以各类润滑油都要划分为若干个黏度等级，以适应各种机器的需要。一般低速重荷的部位需用黏度大的油，高速轻荷的部位需用黏度小的油。当然有些特殊油品的等级是按其他质量项目如凝点等划分的。

最常用的黏度为运动黏度，其测定方法见 GB/T265-88。现在各种内燃机油、开式齿轮油、车辆齿轮油、汽缸油的黏度等级，是按照 100℃运动黏度划分黏度等级的。而各种工业润滑油如机械油、工业齿轮油、空气压缩机油、真空泵油、扩散泵油、冷冻机油、液压油、导轨油、轴承油、蜗轮蜗杆油、白油等，则是按 40℃运动黏度划分黏度等级的，其黏度等级的数值就等于其 40℃运动黏度范围的中心值。但要注意的是，内燃机油等由于历史原因，其黏度等级不等于其 100℃运动黏度的中心值。

运动黏度的测定仪器较为复杂，所以流行一些条件黏度试验，运动黏度与三种常用的条件黏度的换算式如下：

$$\upsilon = 0.0022S - \frac{1.80}{S} \tag{2.88}$$

$$\upsilon = 0.00147E - \frac{3.74}{E} \tag{2.89}$$

$$\upsilon = 0.0026R - \frac{1.715}{R} \tag{2.90}$$

式中，υ——运动黏度，mm^2/s；

S——赛氏黏度，s；

E——恩氏黏度，s；

R——雷氏粘度，s。

美国标准局对于运动黏度与赛氏黏度有一个转换式：

$$\upsilon = 0.219t - \frac{149.7}{t} \tag{2.91}$$

式中，t——赛氏黏度，s。

在再生厂生产基础油时，只生产很少几个黏度等级的基础油，用以调制各种黏度的润滑油，国际通用的黏度调和计算方法是以黏度的对数与体积之积的加成性为基础的，即

$$lg\mu_{混} = V_1 lg\mu_1 + V_2 lg\mu_2 + \cdots + KV_n lg\mu_n \tag{2.92}$$

式中，$\mu_{混}$——混合油的粘度；

$\mu_1 \cdots \mu_n$——1，…，n 组分油的粘度；

$V_1 \cdots V_n$——1，…，n 组分的体积分数。

国内在应用中，将上式中的体积分数用质量分数代替，也得到了满意的结果，调和油的黏度计算值与实测值相差在±0.1 mm^2/s 范围内。

国内应用的另一方法是将黏度调和计算的对数式改为乘积加和式，使计算简易化，这个方法叫黏度系数法，是以黏度系数 C 与体积分数之积的可加性为基础的，计算式如下

$$C_{混} = V_1 C_1 + V_2 C_2 + \cdots + V_n C_n \tag{2.93}$$

式中，$C_{混}$——几个组分混合后的黏度系数；

C_1，C_2，…，C_n——组分 1，2，…，n 的黏度系数；

V_1，V_2，…，V_n——组分 1，2，…，n 的体积分数。

C_1，C_2，…，C_n 可根据组分 1，2，…，n 的黏度，查相关手册，代入式（2.93）中，计算出 $C_{混}$ 来。再根据 $C_{混}$ 的数值，查出对应的黏度值，即为混合油的黏度。

黏度系数 C 的物理意义见下式

$$C = 10\,001g\,(\upsilon + 0.8) \tag{2.94}$$

式中，υ——油品的运动黏度，mm^2/s；

0.8——黏度的校正常数。

许多润滑油要在很宽的温度范围内工作，而黏度又是随温度变化的，

为了保证良好的润滑，就希望润滑油的黏度随温度的变化尽量小些，黏度与温度的关系称为黏温性质。但由于油的黏度越低，黏度比就越小，所以不能很好地反映油的黏温性质，未获得广泛应用。现在世界上最常用的表征黏温性质的是黏度指数。因为黏度指数能较好地表征黏温性质，不受油品黏度大小的影响，而且还与油品的化学组成有关，所以最新的基础油分类已将原来按照原油的基来分类，改为按照黏度指数来分类，具体如下：

①很高黏度指数（$V_l \geqslant 120$）；

②高黏度指数（$90 \leqslant V_l < 120$）；

③中黏度指数（$40 \leqslant V_l < 90$）；

④低黏度指数（$V_l < 40$）。

最新的黏度指数计算方法，是按照油品的40℃运动黏度及100℃运动黏度计算的，其具体算法见《石油产品黏度指数计算法》（GB/T1995-88）及《石油产品黏度指数算表》（GB/T2541-81）。

有些油品要在低温下工作，因此要考虑其低温流动性，凝点及倾点都是表征低温流动性的质量项目。凝点表示油品失去流动性的最高温度，倾点表示油品仍能保持流动性的最低温度；曾有人测定过许多油的凝点与倾点，同一油的倾点比凝点高1~5℃，大多数高3℃。但实际上油品并不是在高于凝点或高于倾点的温度就能用，往往油品在远高于凝点及倾点的温度就已不能顺利地泵送到摩擦面上去了。能较好地表征油品的低温流动性的是低温黏度和边界泵送温度，有的油品规格中规定了在某个低温下油品的黏度应不大于某一数值，这就意味着低温黏度不超过该规范的油在该温度下是可以使用的，有的规格中规定了边界泵送温度，边界泵送温度能更好地表征低温泵送性，因为边界泵输送温度是能把油品连续地、充分地供给发动机油泵入口的最低温度。

对于加有增黏添加剂的润滑油，其黏度还与油所受的剪切率有关。随着所受剪切率的上升，黏度下降。所加增黏添加剂越多，相对分子质量越大，则剪切后黏度下降的幅度也越大。测定剪切后油黏度变化的方法是《含聚合物油剪切安定性测定法》（SH/T0505-92），要求加有增黏添加剂的油，黏度下降不能超过一定的幅度。有的产品规格要求不超过规格中黏度等级的范围值，有的则稍宽，允许下降不超过20%。

黏度与压力也有关系，一般在10~20 MPa以内黏度增大不多，但在呈线接触或点接触并承受较大载荷的两个零件，例如，齿轮的啮合区或滚动轴承的滚动体与滚道的受力区等，压力可高达 400 ~ 2 000 MPa，夹在摩擦面间的润滑剂的黏度得到成千倍的增长，而接触区材料的弹性变形也是重要的因素，这种状态下的润滑叫弹性流体润滑。

2.2.2 流体润滑机理

流体润滑可由流体动压（包括弹性流体动压）和流体静压原理形成。

①流体动压润滑是利用摩擦副表面的相对运动，将流体带进摩擦面间，自行产生足够厚的压力油膜把摩擦面分开并平衡外载荷的流体润滑。显然，形成流体动压润滑能保证两相对运动摩擦表面不直接接触，从而完全避免了磨损，因而在各种重要机械和仪器中获得了广泛的应用。

②流体静压润滑利用外部供油（气）装置，将一定压力流体强制送入摩擦副之间，以建立压力油膜的润滑。

③弹性流体动力润滑。生产实践证明，在点、线接触的高副机构（齿轮、滚动轴承和凸轮等）中，也能建立分隔摩擦表面油膜，形成动压润滑。但接触区内压强很高（比低副接触大 1 000 倍左右），这就使接触处产生相当大的弹性变形，同时也使其间的润滑剂黏度大为增加。考虑弹性变形和压力对黏度的影响这两个因素的流体动力润滑称为弹性流体动力润滑（Elasto Hydrodynamic Lubrication），简称“弹流”（EHL）。

因此流体润滑机理是指在设备运行过程中，润滑油作为载体，将离子吸附分子带到运动副表面，在压力和温度的双重作用下，激活油（脂）内特有的离子化合物，渗入金属表面 3 ~ 5 μm ，吸附磨损微粒填补在摩擦副凹凸不平的表面，并在摩擦力作用下紧密附着在摩擦副凹凸不平的表面。在摩擦力和摩擦热的重复作用下，在金属表面形成一层保护膜，使摩擦副的运动达到最佳运行状态，这就叫“离子吸附”。在摩擦副表面形成保护膜，提高了设备摩擦副的光滑程度和强度，保护膜有极强的抗磨、抗极压性能，极大降低了运动副表面的摩擦阻力，增强极压抗磨性能，减少磨损，降低功率损耗和运行温度，在冷启动和短时间的无油状态下也能对设备提供保护，提高设备运行效率，达到节能降耗的目的。

3 油中污染物处理技术

润滑系统在工作中外界的污染物不断侵入，而系统内部又不断产生污染物，如元件磨损和油液氧化变质产物。油液中常见的污染物有固体颗粒、胶状物、水、空气和有害化学物质等，这些污染物对系统的工作可靠性和元件的寿命有直接的影响。为了保证系统的正常工作，必须采取有效的处理措施清除油液中的各种污染物以保持油液必需的清洁度。

对于废油的处理，根据其劣化程度的不同又分为以物理方法为主的再净化和以化学方法为主的再精制。对于劣化程度比较严重的废润滑油，由于侧重点不同，促使废油再精制的加工工艺朝两个不同方向发展，产生了不同的加工工艺路线。如传统的沉降→酸洗→白土工艺、蒸馏→酸洗→碱洗→白土精制工艺，该工艺的优点是工艺简单、设备费用低、应用范围广，缺点是会产生二次污染如酸渣、酸水、二氧化硫、恶臭气体等，对环境会造成一定的污染。针对传统工艺的不足，一些无酸工艺应运而生，如美国能源部能源研究中心开发的 BERC 工艺，主要是用混合溶剂对废油进行萃取，后加氢精制或白土精制即得基础油组分。又如意大利的丙烷抽提工艺，该工艺的特点是在溶剂抽提塔中使废油与丙烷基溶剂直接混合，由于丙烷基溶剂对碳氢化合物有良好的溶解选择性，水、金属及胶质、沥青质等被脱除。油和溶剂的混合物经溶剂分离塔将溶剂蒸出循环使用，油品进入普通减压蒸馏塔蒸馏，分离出燃料油和基础油。

对劣化程度不是很严重的废油，再净化工艺也有所不同。如第二届欧洲废油利用大会上，有研究人员提出将磨合内燃机油进行收集，集中到专门的废油回收厂，采用一些复杂的组合工艺将废油中的基础油进行回收，然后再补充不同的添加剂，将新生产的油液使用到其他场合。日本曾报道，将磨合废内燃机油送入离心机高速离心，脱去水杂。将磨合废内燃机油加热，进行水蒸气汽提，除去水及汽油。美国有一篇与此相关的专利技术的报道：将磨合废内燃机油加热后送入旋风流动的容器，使水及汽油汽化，与内燃机油分离，脱去水及汽油的废油再经过一个过滤器滤去机械杂质。国外废油净化并不是全部净化废磨合内燃机油，以美国为例，1985 年净化加工处理的磨合内燃机油仅占废油的 4%，其余作为燃料或排放、丢弃。德国净化磨合内燃机油则由 10%增加到 20%。国外在滤油机方面的研究从 20 世纪 80 年代之后也加快了步伐，韩国的 SOK YONG HO（KR）在 1989 年申请了“油压真空过滤装置”的韩国专利，*Filter. Sep.* 在 1995 年第 9 期报道了英国 Headline Filters Ltd. 开发的真空泵滤油机，但这些滤油机采用手动操作，因而同样存在一定的问题。

目前根据不同的污染物和对油液性能的要求，可采用不同的处理方法。其中物理处理方法包括过滤、离心、惯性、聚结、静电、磁性、真空和吸附等。各种方法的原理和应用见表 3.1。

表 3.1 油液净化的方法

净化方法	原理	应用
过滤	利用多孔可渗透性介质滤除油液中的不溶性物质	分离固体颗粒（1 μm 以上）
离心	通过机械能使油液做环形运动，利用产生的径向加速度分离与油液密度不同的不溶性物质	分离固体颗粒和游离水（离心机）
惯性	通过液压能使油液做环形运动，利用产生的径向加速度分离与油液密度不同的不溶性物质	分离固体颗粒和游离水（旋流器）
聚结	利用两种液体对某一多孔介质润湿性（或亲和作用）的差异，分离两种不溶性液体的混合液	从油液中分离水
静电	利用静电场力使绝缘油液中非溶性污染物吸附在静电场内的集尘体上	分离固体颗粒
磁性	利用磁场力吸附油液中的铁磁性颗粒	分离铁磁性颗粒（金属屑）
真空	利用负压下饱和蒸气压的差别，从油液中分离其他液体和气体	分离水、空气和其他挥发性物质
吸附	利用分子附着力分离油液中的可溶性物质和不可溶性物质	分离固体颗粒、水和胶状物等

3.1 油液净化的方法

废油处理过程中常需要将废油（混合物）中的组分进行分离，而废油的物理处理方法可按照非均相系混合物的方法进行。均相系（homogeneous system）是指物系内部各处物料组成和性质均匀，内部不存在相界面，如溶液中溶质和溶剂的分离可通过蒸发或膜技术等手段。非均相系（non-homogeneous system）是指物系内部有隔开两相的界面存在，界面两侧物料性质截然不同，如悬浮液、乳状液、泡沫液以及气溶胶等。一种或几种物质分散在另一种介质中所形成的体系称为分散体系，其中被分散的物质称为分散相，而分散其他物质的物质称为连续相。分散相和连续相可以利用机械方法进行分离，如油液中含有的杂质可采用过滤的方法进行分离。沉降、离心、过滤是脱除润滑油中的水分与机械杂质（以下简称"机杂"）最常用的方法，或作为再净化工艺的主要部分，或作为各种再生工艺的第一个步骤。

3.2 吸附法

油中的吸附法是指利用具有吸附能力的多孔性固体物质脱除油中的微量污染物等杂质的一种处理工艺，其本质是一种或几种物质（称为吸附质）的浓度在另一种物质（称为吸附剂）表面上自动发生变化（累积或浓集）的过程。吸附的作用是将油中的沥青、胶状物质、酸性化合物、酯及类似的产物吸附在表面上，用过滤的方法将吸附剂连同吸附在其表面上的物质从油中除去，以改善油的酸值、残炭、灰分等指标及油的颜色。吸附法可以作为离子交换、膜分离等方法的预处理，以去除有机物、胶体等，也可以作为二级处理后的深度处理手段，以保证回用油的质量。

3.2.1 吸附的基本原理和分类

溶质从油中移向固体颗粒表面发生吸附，是油、溶质和固体颗粒三者相互作用的结果。引起吸附的主要原因在于溶质的疏油特征和溶质对固体的高度亲和力。溶质的溶解程度是确定第一种原因的重要因素。溶质的溶解度越大，则向表面运动的可能性越小；相反，溶质的憎油性越大，向吸附界面移动的可能性越大。吸附作用的第二种原因主要为由溶质和吸附剂之间的静电引力、范德华引力或化学键力所引起。与此相对应，吸附可以分为以下三种类型：

（1）交换吸附。交换吸附指溶质的离子由于静电引力作用聚集在吸附剂表面的带电点上，并置换出原先固定在带电点上的其他离子。

（2）物理吸附。物理吸附指溶质与吸附剂之间由于分子间力（范德华引力）而产生的吸附。物理吸附的特点是没有选择性，吸附质不固定在吸附剂表面的特定位置上，能在界面范围内自由移动，因而其吸附的牢固程度不如化学吸附。

（3）化学吸附。化学吸附指溶质与吸附剂发生化学反应，形成牢固的化学键和表面络合物，吸附质分子不能进行自由移动。

物理吸附后容易再生，并且能回收吸附质。化学吸附因结合牢固，再生较困难，必须在高温下才能脱附，脱附下的物质可能是原来的吸附质，也可能是新的物质。利用化学吸附处理毒性强的污染物更安全。在实际的吸附过程中，三种类型往往同时存在，难以区分。

吸附法在工业废油处理中应用很广，常用的吸附剂包括白土、硅胶、硅铝胶、偏硅酸钙、铝矾土、水矾土、氧化铝、活性炭、分子筛等。硅胶、硅铝胶、氧化铝、偏硅酸钙等合成吸附剂的吸附性能一般比活性白土强，而活性白土的吸附性能又比天然白土强，但价格则相反，所以选用哪一种吸附剂，应根据技术经济指标和具体情况而定。

3.2.2 常见的油液吸附剂特点

吸附剂的物理结构是多孔性的固体，活性表面不仅是颗粒的外表面，主要是由穿透入吸附剂颗粒内部的无数各种孔径的微孔、毛细管的表面所构成。因此，吸附剂的颗粒应具有相当大的表面积，每 1g 吸附剂粉表面的面积为数百平方米。例如，1 g 活性炭的内表面积可达 1 000 m^2，1 g 白土的内表面积为 100 m^2～300 m^2，1 g 硅胶内表面积为 300 m^2～450 m^2。吸附粉末的研磨度越细，表面积越大，吸附能力就越强。

3.2.2.1 802-B2 分子筛高效吸附剂特点

802-B2 分子筛高效吸附剂是在 801 分子筛吸附剂基础上，根据油处理工程技术要求而研究开发的，它除保留了 801 分子筛的所有优点外，还具有如下特点：

①大幅度降低变压器油等油品中的介质损耗，其介损降低率为90%以上。

②降低变压器油的酸值，其降低率为60%~70%。

③提高变压器油的pH值，提高幅度为0.8以上。

④对轻质油如汽油、煤油、柴油、变压器油等具有明显的脱色作用，一般可降低1~2个色号。

⑤802-B2型吸附剂对变压器油的绝缘性能有较好的提升作用，一般可提高到35~50 KV。

⑥强力吸附气态及液态物质中的水分，其吸附量可达24%左右。

⑦802-B2吸附剂再生（精制）油品，油品的回收率高于98%。

该吸附剂具有优良的吸附能力，尤其是对目前变压器油使用单位深感棘手的高介损变压器油具有良好的精制作用，无论是废旧变压器油，还是未经使用但介损偏高的新变压器油，均可精制处理，一般介损在2%以下的变压器油经一次处理介损可降到0.3%以下，达到变压器油的使用要求，同时变压器油的酸值等其他理化指标也将有很大改善。

3.2.2.2　802-B2分子筛高效吸附剂的用途

由于802-B2分子筛高效吸附剂具有较好的选择吸附功能，例如对油中的T-501抗氧化剂、T-746防锈剂等油液添加剂消耗不明显，而对油中的酸质、水分、色素、皂化物、胶质、油泥等老化产物有较强的吸附作用，因此，日常人们广泛地将802-B2分子筛高效吸附剂用于再生（精制）废透平油、废变压器油、废抗燃油、废液压油、废机油等。

802-B2还可用于其他石油产品及天然气的净化以及植物油除酸，其再生成本低、工艺简单、操作方便，不排污。

3.2.2.3　802-B2分子筛高效吸附剂的主要技术指标

802-B2分子筛高效吸附剂的主要技术指标见表3.2。

表3.2　802-B2分子筛高效吸附剂的主要技术指标

项目	质量指标	试验方法
灼烧质量比/%	≥5	Q/Sy208082-81
比表面积/（m^2/g）	<550	Q/Sy208088-81
孔体积/（mL/g）	0.55~0.75	Q/Sy208840-81

表3.2(续)

项目	质量指标	试验方法
粒度（1~6mm）/%	<90	Q/Sy208843-81
强度/（kg/cm^2）	2	
苯吸附量/（mg/g）	180	北大化学系测定
水吸附量/（mg/g）	240（湿度50%，气压0.2MPa）	北大化学系测定

3.2.2.4　802-B2分子筛高效吸附剂的使用方法

用802-B2吸附剂处理（精制）油品，主要通过BZ-4型油再生装置、ZL-A系列多功能真空滤油机、TY-II系列透平油专用滤油机、KRZ系列抗燃油专用滤油机配套实现，802-B2仅仅作为这些设备的一种耗材。

若没有以上配套专机，也可采用固定床法和搅拌法。对于劣化程度不深的油品，可采用固定床法；对于劣化程度较深的油品则建议使用搅拌法。

3.2.2.5　802-B2分子筛高效吸附剂的储运

本产品应严格密闭包装，在储运中应防水防潮，可在密封条件下长期保存不变质。使用后的802-B2吸附剂废渣，可在下次处理时作预处理用。预处理的方法与新802-B2吸附剂使用方法相同，经过2~3次预处理以后的废渣可以当作燃料，亦可再生利用。其再生利用方法是：将废渣中的油滤去，然后点火使之燃烧，待燃烧尽后将其120℃烘干2~4小时，即可再次使用，但经再生过的吸附剂，其吸附效率略有下降。

3.2.3　吸附影响因素及典型吸附装置

3.2.3.1　影响因素

影响吸附的因素很多，归纳起来有内因和外因两个方面。内因包括：①吸附剂的性质，如吸附剂的种类、比表面积、孔隙尺寸、孔隙分布、表面性质（表面氧化物的种类）等。②吸附质的性质，如分子量、分子粒径大小、溶解度、离解常数、偶极矩、极性、官能团、支链、空间结构、吸附质的浓度等。外因包括：①吸附系统的环境条件，如pH值、温度、压力、溶液的离子强度、溶剂的性质、竞争吸附质的存在、生物协同作用等。②吸附系统的运行条件，如运行方法、接触时间、水力条件等。

3.2.3.2　吸附装置

根据水流状态，吸附装置可以分为静态吸附和动态吸附两种。被处理水在不流动的条件下进行的操作称为静态吸附。静态操作通常在搅拌吸附装置中进行。动态吸附是被处理水在流动条件下进行的操作，常用的动态吸附装置有固定层吸附装置（固定床）和流动层吸附装置（流化床）。

（1）搅拌吸附装置

将一定量的吸附剂加到被处理水中，经过一定时间的混合搅拌，使吸附达到平衡，然后用沉淀或过滤的方法使水和吸附剂分离。经过一次吸附后，出水水质达到要求时，则需采取多次静态吸附操作，即往出水中再投加吸附剂，混合搅拌，再使出水分离，直至达到水质要求。因此，这种静态吸附操作也称为间歇式操作。

静态吸附常用的处理设备是水池或桶，搅拌可用机器或人工，装置比较简单，一般多用于实验室的吸附剂选择实验中。对于生产规模较大的企业，由于占地面积大、初建费用高、投资大，目前已经较少采用，当生产水处理规模较小时也可采用。

（2）固定层吸附装置

动态吸附操作中，水是连续流动的，而吸附剂则可以是固定的，也可以是流动的。固定层吸附装置中的吸附剂就是被固定的。

固定层吸附装置根据水流方向可以分为升流式和降流式两种。降流式固定层吸附装置的出水水质好，但是经过吸附层的水头损失较大，特别是在处理含悬浮物较多的污油时，为了防止悬浮物堵塞吸附层，需定期进行反冲洗，有时还可设表面冲洗设备。升流式固定层吸附装置在水头损失增大时，可适当提高进水流速，使填充层稍有膨胀（以控制上下层不相互混合为度）而达到自清的目的。升流式吸附塔的构造基本相同，仅省去上部表面冲洗设备。

（3）移动床和流化床吸附装置

①移动床。移动床的运行操作方式是原水从吸附塔底部流入和吸附剂逆流接触，处理后的水从塔顶流出，再生后的吸附剂从塔顶加入，接近吸附饱和的吸附剂从塔底间歇地排出。

相对于固定床，移动床能够充分利用吸附剂的吸附容量，水头损失小。由于采用升流式，污水自塔底流入，从塔顶流出，被截留的悬浮物可随饱和的吸附剂间歇地从塔底排出，因此，不需要反冲洗设备，但这种操作方式上下层不能相互混合。

②流化床吸附装置。这种吸附装置不同于固定床和移动床的地方在于吸附剂在塔内处于膨胀状态，常用于处理悬浮物含量较大的污油。

3.3 分子蒸馏法

3.3.1 分子蒸馏处理技术原理

分子蒸馏技术与一般蒸馏技术不同，它是一种利用不同物质分子运动自由程的差别，对含有不同物质的物料在液—液状态下进行分离的技术。它能使液体在远低于其沸点的温度下将其所含的不同物质分离。鉴于其在高真空下运行，且因其特殊的结构形式，因而它又具备蒸馏压强低、受热时间短、分离程度高等特点，能大大降低高沸点物料的分离成本，极好地保护热敏性物质的品质，从而能解决大量常规蒸馏技术所不能解决的问题。

为了实现分子蒸馏，各国研制了多种结构的分子蒸馏体系，主要有三种类型：一是降膜式；二是刮膜式；三是离心式。降膜式装置为早期形式，结构简单，但由于液膜厚，效率差，现在世界各国很少采用。刮膜式分子蒸馏装置，形成液膜薄，分离效率高，但较降膜式结构复杂。离心式分子蒸馏装置借助离心力形成薄膜，蒸发效率高，但结构复杂，制造及操作难度大，为了提高分离效率，往往需要多级串联使用。离心薄膜式和转子刷膜式，前一种体系的处理量大，适用于工业；实验室用的多为刮（刷）膜蒸发器。不管何种形式的分子蒸馏，其原理都是相同的。

3.3.1.1 分子运动平均自由程

分子之间存在范德华力及电荷作用力等，常温或相对低温下液态物质由于分子间引力作用较大，其分子的活动范围相对于气态分子要小些。当两分子间的距离较远时，分子间的作用力以吸引力为主，使得两分子逐渐被拉近，但当分子间距近到一定程度后，分子间力又以相互排斥力为主，其作用力大小随距离的接近而迅速增大，该作用力的结果又会使两分子分开。这种接近→分离的过程就是分子的碰撞过程。而在每次的碰撞中，两分子的最短距离被称为分子的有效直径力，一个分子在相邻两次分子碰撞间隔内所走的距离为分子自由程。不同的分子，有着不同的分子有效直径，在同一外界条件下也有着不同的分子运动自由程。即使是同一分子，在不同的时刻其分子运动自由程的大小也不完全相等。由热力学原理推导出的某时间间隔内分子运动的平均自由程为

$$\lambda_m = V_m/f \tag{3.1}$$

式中，V_m——分子的平均运动速度；

f——分子碰撞频率。

由热力学原理可知$f = \frac{\sqrt{2}V_m \pi d^2 p}{KT}$，则得到

$$\lambda_m = \frac{K}{\sqrt{2}\pi} \times \frac{T}{d^2 p} \tag{3.2}$$

式中，λ_m——分子运动平均自由程；

d——分子平均直径；

P——分子所处环境压强；

T——分子所处环境温度；

K——波尔兹曼常数。

从式（3.2）可知，λ_m与温度成正比，而与压强及分子直径成反比，所以设计时要考虑真空度越高越利于蒸发，而温度不能过高，以避免热分解。另一个重要的因素是分子蒸馏利用液膜受热使分子扩散而不同于沸腾蒸发，液膜厚度不能太厚，一般在几十到几百微米，所以设计研制分子蒸馏的技术关键是真空度和液膜。

分子蒸馏技术的核心是分子蒸馏装置。液体混合物为达到分离的目的，首先进行加热，能量足够的分子逸出液面，轻分子的平均自由程大，重分子的平均自由程小。若在离液面小于轻分子的平均自由程而大于重分子平均自由程处设置一捕集器，使得轻分子不断被捕集，从而破坏了轻分子的动平衡而使混合液中的轻分子不断溢出，而重分子因达不到捕集器很快趋于动态平衡，不再从混合液中逸出，这样，液体混合物便达到了分离的目的。分子蒸馏装置在结构设计中，必须充分考虑液面内的传质效率、加热面与捕集面间距内的传质效率及加热面与捕集面的间距。

3.3.1.2　分离原理

分子蒸馏是在高真空条件下进行的非平衡蒸馏，根据组分间的相对挥发度不同而进行分离。分离操作是在混合物的沸点温度下进行的，依据不同物质分子运动平均自由程的差别，在高真空下实现物质间的分离。当设备冷凝

表面与蒸发表面有温度差时，分离操作就能进行。由式（3.2）可知，在分子蒸馏操作过程中，轻组分分子的平均自由程大，重组分分子的平均自由程小。若在离蒸发面小于轻组分分子的平均自由程而大于重组分分子平均自由程处设置一冷凝面，使得轻组分分子落在冷凝面上被冷凝，使其流出，而重组分分子因到达不了冷凝面而返回原来液面，混合物中的不同组分就能分离开来。分子蒸馏原理如图 3.1 所示。

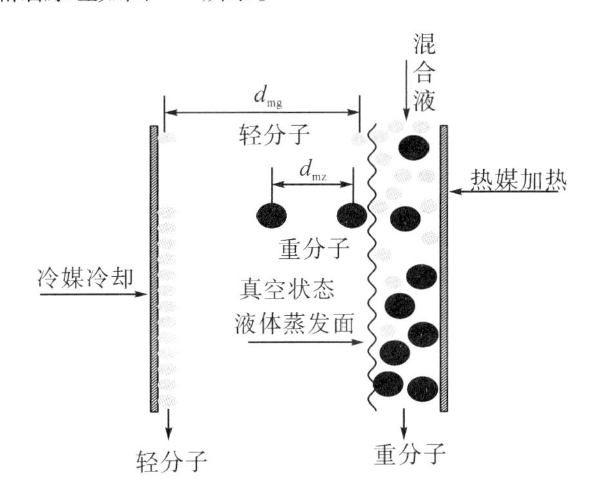

图 3.1　分子蒸馏原理示意图

3.3.1.3　分子蒸馏的特征

分子蒸馏是一种非平衡状态下的蒸馏，由其原理来看，它又根本区别于常规蒸馏。它具备许多常规蒸馏无法比拟的优点。

（1）操作温度低

常规蒸馏是靠不同物质的沸点差进行分离的，而分子蒸馏是靠不同物质的分子运动平均自由程的差别进行分离的，也就是说后者在分离过程中，蒸汽分子一旦由液相中逸出（挥发）就可实现分离，而非达到沸腾状态。因此，分子蒸馏是在远离沸点下进行操作的。

（2）蒸馏压强低

由分子运动平均自由程公式可知，必须通过降低蒸馏压强来获得足够大的平均自由程。另外，由于分子蒸馏装置独特的结构形式，其内部压强极小，可获得很高的真空度。尽管常规真空蒸馏也可采用较高的真空度，但由于内部结构上的制约（特别是填料塔或板式塔），其阻力较分子蒸馏装置大得多，因而难以达到高的真空度。一般常规真空蒸馏其真空度仅达

5kPa，而分子蒸馏真空度可达 0.1~100 Pa。由上述可知，分子蒸馏是在极高真空度下操作，又远离物质的沸点，因此分子蒸馏的实际操作温度比常规真空蒸馏低得多，一般可低 50~100 ℃。

（3）受热时间短

鉴于分子蒸馏是基于不同物质分子运动平均自由程的差别而实现分离，因而装置中加热面与冷凝面的间距要小于轻分子的运动平均自由程（间距很小），这样，由液面逸出的轻分子几乎未发生碰撞即达到冷凝面，所以受热时间很短。另外，若采用较先进的分子蒸馏器结构，使混合液的液面形成薄膜状，这时液面与加热面的面积几乎相等，那么物料在设备中的停留时间很短，因此蒸余物料的受热时间也很短。假定真空蒸馏需受热数十分钟，则分子蒸馏受热仅为几秒或几十秒。

（4）分离程度及产品收率高

分子蒸馏常常用来分离常规蒸馏难以分离的物质，而且就两种方法均能分离的物质而言，分子蒸馏的分离程度更高。从两种方法相同条件下的挥发度不同可以看出这一点。

另外，众多学者在研究分子蒸馏分离过程中传热、传质阻力的影响因素后，认为因其液膜很薄，加之在非平衡状态下操作，传热、传质阻力的影响较常规蒸馏小得多。因此，其分离效率要远远高于常规蒸馏。

鉴于以上众多因素，可见分子蒸馏操作温度低，被分离物质不易分解或聚合；受热时间短，被分离物质可避免热损伤；分离程度高，可提高分离效率。因此，总体上说，分子蒸馏产品的收率较传统蒸馏会大大提高。

3.3.2 分子蒸馏典型应用

3.3.2.1 废机油的回收

由于引擎内机油的不完全燃烧而产生的炭以胶体和粗糙粒子的形式存在，它的存在将大大损害废油的重新精馏回收过程。利用分子蒸馏的方法不但能使机油的回收率达到了 72%，而且能把废油中的含灰量从 0.83%降到接近 0，含炭量从 2.30%降到 0.06%，达到了使用标准。

3.3.2.2 高黏度润滑油的制造

硅氧烷类化合物是很好的润滑油，常用于光盘的制造中，可提高光盘的光滑性以及光盘在不同湿度和高温下的稳定性，延长了光盘的使用寿命。由于硅氧烷类化合物属热敏性物质，且沸点均在 200℃ 以上，常规蒸馏的分离方法容易使其变性，而通过分子蒸馏不但可使润滑油中成色物质的含量大大减少，而且使蒸馏相同量的硅氧烷的时间减少了40%。

3.3.2.3 德国的VTA废油的工业化处理

目前国外代表性的企业是德国的VTA（见图3.2、图3.3），处理废油已实现了规模化的工业生产，处理后的润滑油品质得到很大提高，油中成色物质也得到较大的改观。

图3.2 VTA单级分子蒸馏试验装置

图3.3 VTA短程分子蒸馏废油再生设备

3.4 沉降分离法

3.4.1 沉降分离的原理

3.4.1.1 沉降分离的定义

沉降分离是指流固两相物系中固体颗粒与流体间的相对运动。在流固两相物系中，不论作为连续相的流体处于静止还是做某种运动，只要固体颗粒的密度大于流体的密度，那么在重力场中，固体颗粒将在重力方向上与流体做沉降运动。常见沉降类型见表 3.3。

表 3.3 沉降过程类型和作用力

沉降过程	作 用 力	特征
重力沉降	重力	沉降速度小，适用于较大颗粒分离
离心沉降	离心力	适用于不同大小颗粒的分离
电沉降	电场力	带电微细颗粒（< 0.1μm）的分离
惯性沉降	惯性力	适用于 10~20μm 以上粉尘的分离
扩散沉降	热运动	微细粒子（< 0.1μm）的分离

3.4.1.2 颗粒在流体中的运动阻力

当流体相对于静止的固体颗粒流动时，或者固体颗粒在静止流体中移动时，由于流体的黏性，两者之间会产生作用力，这种作用力通常称为曳力（drag force）或阻力，通常用 F_d表示。F_d与颗粒运动的方向相反，而且只要颗粒与流体之间有相对运动，就会产生阻力。对于一定的颗粒和流体，只要相对运动速度相同，流体对颗粒的阻力就一样。如图 3.4 所示。颗粒所受的阻力 F_d可用下式计算

$$F_d = \zeta A \frac{\rho u^2}{2}, \zeta = \varphi(R_e) = \varphi(\frac{d_p u \rho}{\mu}) \tag{3.3}$$

式中，p ——流体密度；

μ ——流体黏度；

d_p ——颗粒的当量直径；

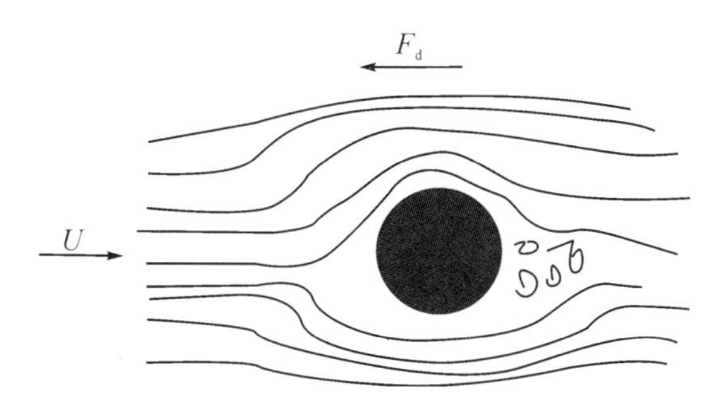

图 3.4　物体绕过颗粒的流动

A ——颗粒在运动方向上的投影面积；

u ——颗粒与流体相对运动速度；

ζ ——阻力系数，是雷诺数 Re 的函数，由实验确定。

在不同的流态下，颗粒所受的阻力大小各不相同，即不同雷诺数条件下的阻力大小是不相同的，如图 3.5 所示。

图 3.5 中曲线可分为三个区域，各区域的曲线可分别用不同的计算式表示为（其中斯托克斯区的计算式是准确的，其他两个区域的计算式是近似的）：

层流区　［斯托克斯（Stokes）区，$Re<1$］

$$\zeta = 24/Re_t \tag{3.4}$$

过渡区　［艾仑（Allen）区，$1<Re<500$］

$$\zeta = 18.5/Re_t^{0.6} \tag{3.5}$$

湍流区　［牛顿（Newton）区，$500<Re<1.5\times10^5$］

$$\zeta = 0.44 \tag{3.6}$$

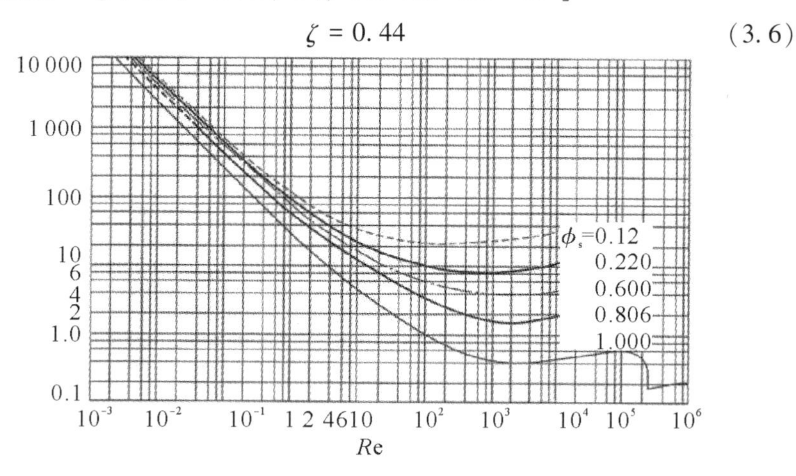

图 3.5　不同雷诺数条件下的阻力大小

3.4.2 沉降速度的计算

由重力作用而发生的颗粒沉降过程，称为重力沉降（gravity settling）。单个颗粒在流体中沉降，或者颗粒群在流体中分散得较好而颗粒之间互不接触、互不碰撞条件下的沉降称为自由沉降（free settling）。如图 3.6 所示重力沉降的颗粒受力为

$$F_g = \frac{\pi}{6} d_p^3 \rho_p g \tag{3.7}$$

$$F_d = \frac{\pi}{6} d_p^3 \times \rho g \tag{3.8}$$

根据牛顿第二定律，颗粒的重力沉降运动基本方程式应为

$$F_g - F_b - F_d = m\frac{du}{dt} \tag{3.9}$$

将式（3.6）~式（3.8）代入式（3.9）可得

$$\frac{du}{dt} = (\frac{\rho_p - \rho}{\rho_p})g - \frac{3\xi\rho}{4d_p\rho_p}u^2 \tag{3.10}$$

可见，随着颗粒向下沉降，u 逐渐增大，du/dt 逐渐减少。当 u 增加到一定数值 u_i 时，$du/dt=0$，颗粒开始做匀速沉降运动。从而颗粒的沉降过程分为加速下降和匀速运动两个阶段。

小颗粒的比表面积很大，使得颗粒与流体间的接触面积很大，颗粒开始沉降后，在极短的时间内阻力便与颗粒所受的净重力（重力减浮力）接近平衡。因此，颗粒沉降时加速阶段时间很短，对整个沉降过程来说往往可以忽略。当 $du/dt=0$ 时，令 $u=u_t$，则式（3.11）可得匀速沉降速度

$$u_t = \sqrt{\frac{4g\, d_p(\rho_p - \rho)}{3\xi\rho}} \tag{3.11}$$

u_t也称为终端速度，是匀速阶段颗粒相对于流体的运动速度。

将不同流动区域的阻力系数分别代入上式，得球形颗粒在各区相应的沉降速度分别如下：

层流区（$Re<1$）

$$u_t = \frac{gd_p^2(\rho_p - \rho)}{18\mu} \tag{3.12}$$

过渡区（$1<Re<500$）

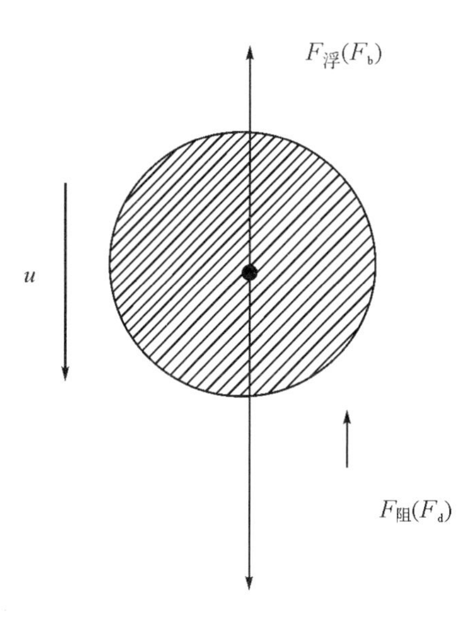

图 3.6　重力沉降过程作用

$$u_t = 0.155\left[\frac{d_p^{1.6}(\rho_p - \rho)g}{\mu^{0.6}\rho^{0.4}}\right]^{\frac{5}{7}} \tag{3.13}$$

湍流区（$500<Re<10^5$）

$$u_t = \sqrt{\frac{3g(\rho_p - \rho)d_p}{\rho}} \tag{3.14}$$

可见 u_t 与 d_p 有关。d_p 越大，u_t 则越大。层流区与过渡区中，u_t 还与流体黏度有关。液体黏度约为气体黏度的 50 倍，故颗粒在液体中的沉降速度比在气体中的小很多。球形颗粒在流体中的沉降速度可根据不同流型，分别选用上述三式进行计算。由于沉降操作中涉及的颗粒直径都较小，操作通常处于滞流区，因此，斯托克斯公式应用较多。

3.4.3　影响沉降速度的因素

如果流体中颗粒的含量很低，颗粒之间距离足够大，那么容器壁面的影响可以忽略；如果分散相的体积分率较高，颗粒间有明显的相互作用，那么容器壁面对颗粒沉降的影响不可忽略，这时的沉降称为干扰沉降或受阻沉降。以层流区 $u_t = \dfrac{gd_p^2(\rho_p - \rho)}{18\mu}$ 为例，影响沉降速度的因素如下：

（1）颗粒直径 d_p。随着 d_p 增大，u_t 增大，则易于分离。

（2）连续相的黏度 μ。加酶：清饮料中添加果胶酶，使 μ 降低，u_t 增大，易于分离。若浓饮料中添加增稠剂，使 μ 增大，则 u_t 降低，不易分层。

（3）两相密度差（$\rho_p-\rho$）。u_t 随着（$\rho_p-\rho$）的增大而增大。

（4）颗粒形状对流体阻力系数有一定的影响。非球形颗粒的形状可用球形度 φ_s 来描述。

$$\varphi_s = \frac{s}{s_p} \tag{3.15}$$

式中，φ_s——球形度；

S——颗粒的表面积，m^2；

S_p——与颗粒体积相等的圆球的表面积，m^2。

不同球形度下阻力系数与 Re 的关系见图 3.6，Re 中的 d_p 用当量直径 d_e 代替。球形度 φ_s 越小，阻力系数 ζ 越大，但在层流区不明显。非球形 u_t < 球形 u_t。对于细微颗粒（d<0.5mm），应考虑分子热运动的影响，不能用沉降公式计算 u_t，沉降公式可用于沉降和上浮等情况。

（5）壁效应（wall effect）。当颗粒在靠近器壁的位置沉降时，由于器壁的影响，其沉降速度较自由沉降速度小，这种影响称为壁效应。当容器尺寸远远大于颗粒尺寸时（例如 100 倍以上），器壁效应可以忽略，否则，则应考虑器壁效应对沉降速度的影响。

3.4.4 重力沉降-降尘室

利用重力降分离含尘气体中尘粒的设备，是一种最原始的分离方法，一般作为预分离之用，分离粒径较大的尘粒。如图 3.7 所示，气体入室后，因流通截面扩大而速度减慢。气流中的尘粒一方面随气流沿水平方向运动，其速度与气流速度 u 相同；在重力作用下以沉降速度 u_t 垂直向下运动。只要气体室内所经历时间大于尘粒从室顶沉降到室底所用时间，尘粒便可分离出来。

假设沉降室长度为 L，高度为 H，宽度为 b，则颗粒运动的水平分速度与气体的流速 u 相同，则颗粒在沉降室内的停留时间 $t=L/u$，沉降时间 $t_0=H/u_t$；颗粒分离出来的条件是：$L/u \geqslant H/u_t$。

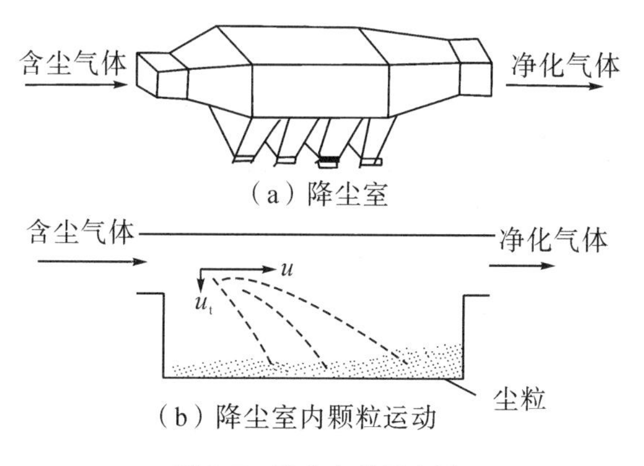

图 3.7　降尘室的示意图

临界粒径 d_{pc}（critical particle diameter）：能 100%除去的最小粒径。当含尘气体的体积流量为 V 时，$u=V/(Hb)$，满足沉降时间和停留时间相等时，可以实现除尘，即满足 $L/u=H/u_t$ 条件的粒径。故与临界粒径 d_{pc} 相对应的临界沉降速度为：$u_{tc}=Hu/L=V/(bl)$，临界沉降速度 u_{tc} 是流量和底面积的函数。

当尘粒的沉降速度小，处于斯托克斯区时，$\mu_t=\dfrac{d^2(\rho_p-\rho)g}{18\mu}$，则临界粒径为：$d_{pc}=\sqrt{\dfrac{18\mu}{(\rho_p-\rho)g}}\times\dfrac{V_s}{bl}$。可知，粒径一定的颗粒，沉降室的生产能力 V 只与底面积 bl 和 u_{tc} 有关，而与 H 无关，因而沉降室应做成扁平形，或在室内均匀设置多层隔板（图 3.8）。气速 u 一般不超过 3 m/s，以免干扰颗粒沉降，或把沉下来的尘粒重新卷起。

当降尘室用水平隔板分为 N 层，则每层高度为 H/N。若水平速度不变，此时尘粒沉降高度为原来的 $1/N$，体积流量也相应地增加了 N 倍，即 $V=(N+1)uHb$，但多层隔板降尘室排灰不方便。

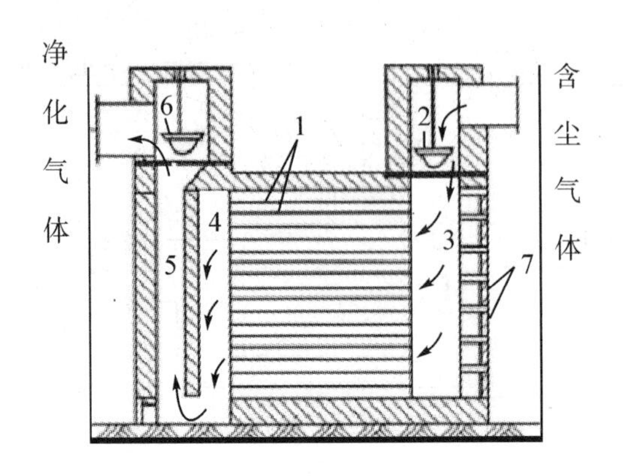

图 3.8　**多层隔板降尘室示意图**

注：1 和 7——隔板；2 和 6——调节阀；3——气体分配道；4——气体聚集道；5——气道

3.5　过滤分离法

3.5.1　过滤的定义

过滤是分离液—固、气—固、气—液（雾）等非均相物系的最普遍又行之有效的单元操作之一。过滤是以某种多孔物质为介质，在外力的作用下，使悬浮液中的液体通过介质的孔道，而固体颗粒被截留在介质上，从而实现固液分离的单元操作。通俗地说，利用过滤介质两边的压力差，使液体从过滤介质的微孔中通过，从而使固体颗粒与液体分开的过程称为过滤。过滤的关键是具有丰富细微孔道的“过滤介质”。将混合物置于“介质”一侧，其中易流动相在推动力作用下穿过介质，进入另一侧，实现分离。该多孔物质就称为过滤介质，所处理的悬浮液称为滤浆，通过多孔通道的液体称为滤液，被截留的固体物称为滤饼或滤渣。

工业上，过滤不仅能分离粗、细颗粒，也可以分离细菌、病毒和高分子，例如饮用纯净水的生产、血液的透析。与沉降相比，滤液的清洁度更高，颗粒的含水量更低，且拦截的颗粒更细。

按照过滤介质的过滤机理，可以分为下述四种基本形式：表面筛滤

(surface straining)，是指尺寸大于介质空隙的颗粒沉淀在介质的表面上；深层粗滤（depth straining），是指颗粒进入介质的深部，依靠深部流道尺寸小于颗粒尺寸来截流颗粒；滤饼过滤（cake filtration），是颗粒沉积在介质上形成饼层从而实现过滤的方法；深层过滤（深床过滤）（depth filtration），是指颗粒进入介质的内部，依靠介质纤维的附着力或已被流道所附着的颗粒来截留远小于介质流道尺寸的颗粒的方法。工业上常采用表面过滤和深层过滤。

（1）表面过滤（滤饼或饼层过滤）过滤介质为织物、多孔固体或多孔膜。随过滤的进行，滤渣在过滤介质的一侧形成滤饼。起初，颗粒可能穿过滤介进入滤液使之混浊；但颗粒经过微孔时互相“架桥”使流道更狭窄，使小于孔道直径的颗粒也能被拦截，滤液逐渐清澈，当滤饼形成后，滤液便澄清了，将初始浊液重新过滤即可得澄清溶液。可见，有效过滤靠的是滤饼而不是滤介。颗粒在介质上逐步堆积形成的一个颗粒层称为滤饼。在滤饼形成之后，它便成为对其后的颗粒起主要截留作用的介质。

（2）深层过滤。过滤介质为砂子或砂子、木炭的混合物或其他堆积介质。介质层较厚，里面形成长而曲折的流道，通常用于处理颗粒直径 < 流道直径的悬浮液。过滤时，颗粒随流体进入孔道，靠拦截、惯性碰撞、扩散沉积、重力沉积及静电效应等作用去除颗粒细小且含量甚微的物料，如自来水厂水的净化、烟气除尘或合成气除雾等。当使用时间较长，介质中积累的颗粒增多，流道变窄，流阻增大，出现颗粒“穿透”现象，滤液中颗粒含量增多，此时要对介质进行清洗再生。但由于孔道弯曲细长，颗粒随流体在曲折孔道中流过时，在表面力和静电力的作用下附着在孔道壁上。因此，深层过滤时并不在介质上形成滤饼，固体颗粒沉积于过滤介质的内部。这种过滤适合于处理固体颗粒含量极少的悬浮液。

在过滤过程中随滤饼的增厚滤液逐渐得到澄清，但由于滤饼的可压缩性使滤饼受压后空隙率明显减小，使过滤阻力在过滤压力提高时明显增大，过滤压力越大，这种情况会越严重。另外，悬浮液中所含的颗粒都很细，刚开始过滤时这些细粒进入介质的孔道中可能会将孔道堵死。即使未堵死，这些很细颗粒所形成的滤饼对液体的透过性也很差，即阻力大，使过滤困难，为此工业过滤时常采用助滤剂来解决。

按过滤过程中介质与滤饼的变化情况，分为澄清过滤①、滤饼过滤和限制滤饼增长的过滤。

按操作方式分为“间歇过滤”和“连续过滤”。

（1）间歇过滤。过滤的同时不能卸料。随饼层增加，滤液通过饼层的流阻增加，因为 Δp 下降，滤液流出量下降。如：板框压滤机更换滤纸的操作方式即为间歇过滤。

（2）连续过滤。此方式是滤液、滤渣同时给出，如转筒真空过滤机和活塞推料离心机中的操作方式。

连续过滤主要以悬浮液为过滤对象，如图 3.9 所示。

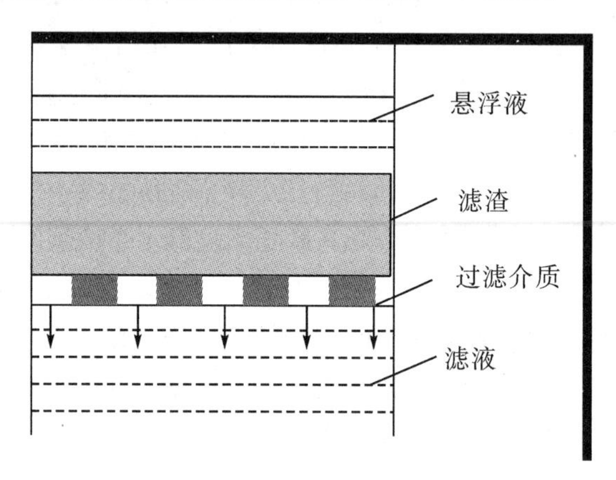

图 3.9 连续过滤过程示意图

3.5.2 过滤有关基本理论

3.5.2.1 过滤速率与过滤速度

过滤速度：单位时间获得滤液体积 $u=\dfrac{dV}{d\theta}$ （3.15）

过滤速率：单位时间内过滤面积 A 上获得的滤液体积 $u=\dfrac{dV}{Ad\theta}$ （3.16）

式中，u——瞬时过滤速度，$m^3/(s\cdot m^2)$，m/s；

V——滤液体积，m^3；

A——过滤面积，m^2；

① 澄清过滤：澄清特指除去流体中少量颗粒而获得纯净的液体，多数属于深床过滤。

θ——过滤时间，s。

说明：①随着过滤过程的进行，滤饼逐渐加厚，如果过滤压力不变，即恒压过滤时，过滤速度将逐渐减小，因此上述定义为瞬时过滤速度。

②过滤过程中，若要维持过滤速度不变，即维持恒速过滤，则必须逐渐增加过滤压力或压差。所以，过滤是一个不稳定的过程，上面给出的只是过滤速度的定义式，为计算过滤速度，首先需要掌握过滤过程的推动力和阻力的表达方式。

所有过滤介质都可视为复杂的毛细管通道网，由纵横交错的许多毛细管孔道组成，液体就是通过这些毛细管通道过滤的。滤过时流体通过毛细管的压力差公式如下：

$$\Delta P = \frac{32\mu Lu}{D^2} \tag{3.17}$$

式中，Δp ——压力差，Pa；

μ ——液体的绝对黏度，Pa·s；

L ——毛细管平均长度，m；

D ——毛细管通道平均直径，m；

u ——液体的线速度，m/s。

当滤过层的厚度为 l ，面积为 A ，在单位面积上有 K 根毛细管，液流的速度为

$$\frac{dv}{d\theta} = K\frac{\pi D^4 \Delta PA}{128\mu l} \tag{3.18}$$

对于给定的过滤材料，$K\pi D^4$ 是常数。将所有常数之积以 N 代表，得

$$\frac{dv}{d\theta} = N\frac{\Delta PA}{\mu l} \tag{3.19}$$

此式不能直接用于计算过滤，但给出了过滤的基本因素的影响。过滤速度（$\frac{dv}{d\theta}$）显然与驱动压力差 Δp 及过滤面积 A 成正比，而与流体黏度 η 及过滤层厚度 l 成反比。

实际上，滤出的沉淀与过滤介质所共同组成的过滤层是可以压缩的，即升高压力差 Δp，降低液体通过率。因为有机过滤介质在高温下很快老化变脆而损坏，以上所说的过滤温度，是指油在进入过滤器或过滤机以前的温度。小的过滤器本身吸收不了多少热量，故实际过滤温度与油的加热温度差不多。但过滤机就不同了，由于过滤机较大，本身有相当大的热容

量，在热油进机之前是冷机，故开始过滤时要从热油中吸收许多热量，使实际过滤温度大大低于油后加热温度。即使在达到正常运行状态后，一般也要低于热油温度。

对含有大量固体杂质的黏稠油而言，在过滤前要先用清洁的热油来暖机。由于清洁的热油能保持较快的通过速度，能较快供给滤机升温所需的热量，在滤机温度升上来后再切换含大量固体杂质的脏油。

许多润滑油都加有添加剂，许多添加剂是极性物质。过滤含添加剂的油时，除去的杂质及滤过材料都能吸附少量添加剂，所以滤后油的添加剂含量会稍稍下降。表 3.4 为含添加剂及约 8%炭粒子的废柴油机油在四种过滤器中过滤的结果。不同过滤器过滤后油的添加剂含量可相差 0.1%以上。

表 3.4　不同型号过滤器过滤废柴油机油的结果

滤出油	添加剂含量/%	机械杂质含量/%
甲型过滤器滤出	0.26	0.33
乙型过滤器滤出	0.33	0.16
丙型过滤器滤出	0.30	0.07
丁型过滤器滤出	0.22	0.05

废油再生中最常用的单元过程是白土接触精制。接触精制后，油中的废白土需要使用真空过滤机或板框压滤机将其滤出。真空过滤机只用于处理量大的连续装置。故一般常用的是板框压滤机，其构造见图 3.10。

如图 3.10 中滤板与滤框的进油孔连接成一根通道。含固体悬浮物的废油进入滤机后，从上述通道进入各个滤框中，油透过滤纸 4 及滤布 3，进入滤板 2 上的小沟槽中，流到滤板下端，或经阀放出，或经由板与框的出油孔连接成的通道流出，固体物则留在滤框中形成滤饼。过滤终了时，为了使滤饼更干些，可用压缩空气从进油孔吹入框中，顶出滤饼孔隙中所含的油。过滤压力应不超过滤机的设计值。滤布滤纸在使用前应经过干燥，被过滤的油也应是不含明水的，因为滤纸滤布在吸水后会降低油的通过能力，水把滤纸润湿后也使滤纸的机械强度下降。然而实际工作中也常常使用压滤机作为脱除微量明水或溶解水的工具。对含水量在 0.01%以下的油，用离心机脱水的效率已经极低，此时就需要用装有若干层滤纸的压滤机来脱水。为了提高绝缘油的耐电压性，也常采取过滤的办法，因为痕迹量水分及杂质的存在会降低绝缘油的耐电压性。

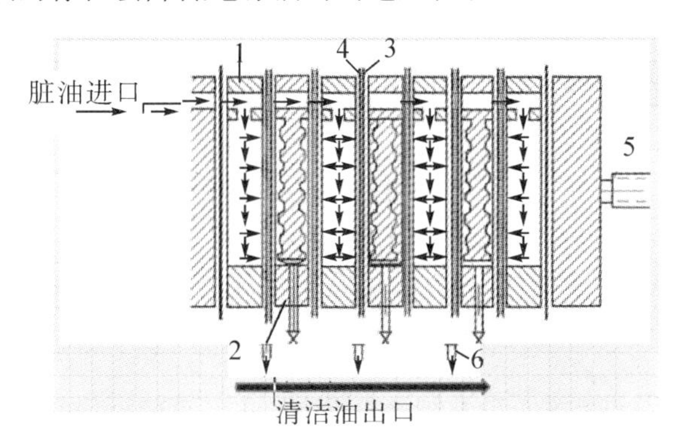

图 3.10　板框压滤机结构示意图

注：1——滤框；2——滤板；3——滤布；4——滤纸；
5——具有手柄的丝杠；6——放油阀

过滤方法不同，脱除水的效率也不同，脱水后油的介电强度也不同。表 3.5 为不同脱水方法的脱水绝缘油的介电强度。用过的齿轮油和液压油中，会有零件磨损下来的微小的铁粒子，它能穿透滤纸而不能完全滤除。近年有人采用磁性过滤器来过滤，过滤器的磁性使废油中的铁粒子磁化而被吸引到过滤器的磁性表面上来，从而脱除了微小的铁粒子。

3.5.2.2　过滤速率的表达

（1）过程的推动力。过滤过程中，需要在滤浆一侧和滤液透过一侧维持一定的压差，过滤过程才能进行。从流体力学的角度讲，这一压差用于克服滤液通过滤饼层和过滤介质层的微小孔道时的阻力，称为过滤过程的总推动力，以 Δp 表示。这一压差部分消耗在了滤饼层，部分消耗在了过滤介质层，即 $\Delta p = \Delta p1 + \Delta p2$。其中，$\Delta p1$ 为滤液通过滤饼层时的压力降，也是通过该层的推动力；$\Delta p2$ 为滤液通过介质层时的压力降，也是通过该层的推动力。

（2）考虑滤液通过滤饼层时的阻力滤液在滤饼层中流过时，由于通道的直径很小，阻力很大，因而流体的流速很小，应该属于层流，压降与流速的关系服从 Poiseuille 定律

$$u_1 = \frac{d_e \Delta P_1}{32\mu l} \tag{3.20}$$

式中，u_1——滤液在滤饼中的真实流速；

μ——滤液黏度；

l——通道的平均长度；

d_e——通道的当量直径。

①u_1与 u 的关系。定义滤饼层的空隙率为

$$\varepsilon = \frac{\text{滤饼层的空隙体积}}{\text{滤饼层的总体积}}$$

$$u = \frac{\text{滤液体积流量}}{\text{滤饼的截面积}}$$

$$u_1 = \frac{\text{滤液体积流量}}{\text{滤饼的截面积中空隙部分的面积}} = \frac{\text{滤液体积流量}}{\text{滤饼空隙率} \times \text{滤饼截面积}}$$

所以 $u_1 = \dfrac{u}{\varepsilon}$。

②孔道的平均长度可以认为与滤饼的厚度成正比：$l = K_0 L$。

③孔道的当量直径

$$d_e = \frac{4 \times \text{流通截面积}}{\text{润湿周边长}} = \frac{4 \times \text{空隙体积}}{\text{颗粒表面积}} = \frac{4 \times \text{滤饼层体积} \times \text{空隙率}}{\text{比表面积} \times \text{颗粒体积}}$$

$$= \frac{4 \times \text{滤饼层体积} \times \text{空隙率}}{\text{比表面积} \times \text{滤饼层体积} \times (1 - \text{空隙率})} = \frac{4\varepsilon}{S_0(1 - \varepsilon)} \tag{3.21}$$

根据这三点结论，可出导出过滤速度的表达式：

$$\frac{V}{Ad\theta} = u = u_1\varepsilon = \frac{\varepsilon d_e^2 \Delta p_1}{32\mu K_0 L} = \frac{\varepsilon^3 \Delta p_1}{2K_0 S_0^2 (1 - \varepsilon)^2 \mu L} = \frac{\Delta p_1}{r\mu L} = \frac{\text{推动力}}{\text{阻力}} \tag{3.22}$$

其中，$\dfrac{1}{r} = \dfrac{\varepsilon^3}{2K_0 S_0^2 (1 - \varepsilon)^2}$ 称为滤饼的比阻，单位为 $1/m^2$，其值完全取决于滤饼的性质。K_0 为平均长度与滤饼厚度的比值，S_0 为比表面积，是一常数。

这说明过滤速度等于滤饼层推动力/滤饼层阻力，而后者由两方面的决定因素，一是滤饼层的性质及其厚度，二是滤液的黏度。

（3）考虑滤液通过过滤介质时的阻力对介质的阻力作如下近似处理：认为它的阻力相当于厚度为 L_e 的一层滤饼层的阻力，于是介质阻力可以表达为 $\mu r L_e$ 。

滤饼层与介质层为两个串联的阻力层，通过两者的过滤速度应该相等。

$$\frac{dV}{Ad\theta}=\frac{\Delta P_1}{\mu rL}=\frac{\Delta P_2}{\mu rL_e}=\frac{\Delta P}{\mu(rL+rL_e)}=\frac{\Delta P}{\mu(R+R_e)} \tag{3.23}$$

其中，$R=rL$，$Re=rL_e$，R 为滤饼的阻力，单位为 l/m。

滤饼层的体积为 AL，它应该与获得的滤液量成正比，设比例系数为 c，于是 $AL=cV$。由 $c=AL/V$，可知 c 的物理意义是获得单位体积的滤液量能得到的滤饼体积。

由前面的讨论可知：$R=rL=rcV/A$，$R_e=rLe=rcV_e/A$。其中 V_e为滤得体积为 AL_e，或厚度为的 Le 的滤饼层可获得的滤液体积。但这部分滤液并不存在，而只是一个虚拟量，其值取决于过滤介质和滤饼的性质。于是

$$\frac{dV}{d\theta}=\frac{A^2\Delta P}{\mu rc(V+V_e)} \tag{3.24}$$

又设获得的滤饼层的质量与获得的滤液体积成正比，即 $W=c'V$。其中 c'为获得单位体积的滤液能得到的滤饼质量。由

$$R=rL=r\frac{\text{滤饼面积}}{\text{滤饼面积}}$$

可知，R 与单位面积上的滤饼体积成正比，我们可以认为它与单位面积上的滤饼质量成正比，只是比例系数需要改变，即

$$R=r'\frac{\text{滤饼质量}}{\text{滤饼面积}}=r'W/A=r'c'V/A$$

$$R=r'W_e/A=r'c'V_e/A$$

于是我们可以得到与式（3.24）形式相同的微分方程

$$\frac{dV}{d\theta}=\frac{A^2\Delta P}{\mu r'c'(V+V_e)} \tag{3.25}$$

由获得这一方程的过程可知 $rc=r'c'$，一般情况下对于具有压缩性的滤饼可应用经验公式 $r=r'$（Δp）s。式中 s 是滤饼的压缩指数，$s=0\sim1$。至此，我们已经得到了表达过滤速度的两种形式。

3.5.2.3 过滤过程计算

（1）间歇过滤机的计算

①操作周期与生产能力。间歇过滤机的特点是在整个过滤机上依次进行一个过滤循环中的过滤、洗涤、卸渣、清理、装合等操作。在每一操作循环中，全部过滤面积只有部分时间在进行过滤，但是过滤之外的其他各步操作所占用的时间也必须计入生产时间内。一个操作周期内的总时间为 $\theta_C=\theta_F+\theta_W+\theta_R$，其中，$\theta_C$ 为操作周期，θ_F 为一个周期内的过滤时间，θ_W 为

一个操作周期内的洗涤时间，θ_R 为操作周期内的卸渣、清理、装合所用的时间。间歇过滤机的生产能力计算和设备尺寸计算都应根据 θ_C 而不是 θ_F 来定。间歇过滤机的生产能力定义为一个操作周期中单位时间内获得的滤液体积或滤饼体积

$$Q=\frac{V_F}{\theta_C}=\frac{V_F}{\theta_F+\theta_w+\theta_R} \tag{3.26}$$

$$Q=\frac{cV_F}{\theta_C}=\frac{cV_F}{\theta_F+\theta_w+\theta_R} \tag{3.27}$$

式中，V_F ——一个操作循环内所获得的滤液体积，m^3；

Q ——过滤机的生产能力，m^3/s。

②洗涤速率和洗涤时间。洗涤的目的是回收滞留在颗粒缝隙间的滤液或净化构成滤饼的颗粒。当滤饼需要洗涤时，洗涤液的用量应该由具体情况来定，一般认为洗涤液用量与前面获得的滤液量成正比，即 $V_w=JV_F$。

洗涤速率定义为单位时间的洗涤液用量。在洗涤过程中，滤饼厚度不再增加，故洗涤速率恒定不变。将单位时间内获得的滤液量称为过滤速率。我们研究洗涤速度时作如下假定：洗涤液黏度与滤液相同；洗涤压力与过滤压力相同。

a. 叶滤机的洗涤速率和洗涤时间。此类设备采用置换洗涤法，洗涤液流经滤饼的通道与过滤终了时滤液的通道完全相同，洗涤液通过的滤饼面积也与过滤面积相同，所以终了时过滤速率与洗涤速率相等。由式(3.26)可得

$$\left(\frac{dV}{d\theta}\right)_{终了}=\left(\frac{dV}{d\theta}\right)_W=\frac{A^2P}{\mu rc(V_{终了}+V_e)}=\frac{A^2K}{2(V_{终了}+V_e)} \tag{3.28}$$

用洗涤液总用量除以洗涤速率，就可得到洗涤时间

$$\theta_W=V_W/\left(\frac{dV}{d\theta}\right)_W=\frac{\mu_W rc(V_{终了}+V_e)}{A^2P}=\frac{2(V_{终了}+V_e)}{A^2K}$$

b. 板框压滤机的洗涤速度和洗涤时间。板框压滤机过滤终了时，滤液通过滤饼层的厚度为框厚的一半，过滤面积则为全部滤框面积之和的两倍。但由于其采用横穿洗涤，洗涤液必须穿过两倍于过滤终了时滤液的路径，所以 $L_w=2L$；而洗涤面积为过滤面积的1/2，即 $Aw=A/2$，由 c 的定义可知 $c_w=c$。

将洗涤过程看成滤饼不再增厚度的过滤过程，则单位时间内通过滤饼

层的洗涤液量

$$\left(\frac{dV}{d\theta}\right)_W = \frac{A_W^2 P}{\mu r c_W(V_{终了} + V_e)} = \frac{(A/2)^2 P}{\mu r c(V_{终了} + V_e)} = \frac{1}{4} \times \frac{A^2 K}{2(V_{终了} + V_e)} \tag{3.29}$$

此时过滤最终速率仍可用式（3.28）来计算。式（3.29）说明，采用横穿洗涤的板框式压滤机其洗涤速率为最终过滤速率的 1/4。

洗涤时间：

$$\theta_W = V_W / \left(\frac{dV}{d\theta}\right)_W = \frac{8\ (V_{终了} + V_e)}{A^2 K} \tag{3.30}$$

（2）连续过滤机的计算

①操作周期与过滤时间。转筒过滤机的特点是过滤、洗涤、卸渣等操作是在过滤机分区域同时进行的。任何时间内都在进行过滤，但过滤面积中只有属于过滤区的那部分才有滤液通过。连续过滤机的操作周期就是转筒旋转一周所经历的时间。设转筒的转速为每秒钟 9 次，则每个操作周期的时间为

$$\theta_C = 1/n$$

转筒表面浸入滤浆中的分数为：φ = 浸入角度/360°。于是一个操作周期中的全部过滤面积所经历的过滤时间为该分数乘以操作周期长度，即

$$\theta_F = \varphi\theta_C = \varphi/n \tag{3.31}$$

因此，我们将一个操作周期中所有时间但部分面积在过滤转换为所有面积但部分时间在过滤。这样，转筒过滤机的计算方法便与间歇过滤一致。

②生产能力。转筒过滤机是在恒压操作的。设转筒面积为 A，一个操作周期中（旋转一周）单位过滤面积所得滤液量为 q，则转筒过滤机的生产能力为

$$\mathrm{V_h = 3\ 600qA/\theta_c = 3\ 600nqA} \tag{3.32}$$

而 q 可由恒压过滤方程求得

$$q^2 + 2qq_e = K\theta_F = K\varphi/n$$

上式可以变为

$$q = \sqrt{q_e^2 + \frac{\phi}{n}K} - q_e$$

于是 $$Q_h = 3\ 600nqA = 3\ 600n\left(\sqrt{V_e^2 + \frac{\phi}{n}KA^2} - V_e\right) \tag{3.33}$$

当滤布的阻力可以忽略时，$V_e=0$，式（3.33）可以变为

$$Q_h = 3\ 600A\sqrt{K\varphi n} \tag{3.34}$$

式（3.43）和式（3.44）可用于转筒过滤机生产能力的计算。旋转过滤机的生产能力首先取决于转筒的面积；对于特定的过滤机，提高转速和浸入角度均可提高其生产能力。但浸入角度过大会引起其他操作的面积减小，甚至难以操作；若转速过大，则每一周期中的过滤时间很短，使滤饼太薄，难以卸渣，且功率消耗也很大，合适的转速需要通过实验来确定。

3.5.3 典型过滤设备

各种生产工艺的悬浮液，其性质有很大的差异，过滤的目的及料浆的处理量也很悬殊，为适应各种不同的要求而发展了各种形式的过滤机。过滤设备的分类常见的有两种：按产生压差的方式不同，分为压滤和吸滤（叶滤机、板框压滤机、回转真空过滤机）、离心过滤；按生产方式分为间歇式（叶滤机、板框压滤机、间歇式离心机）、连续式（回转真空过滤机、连续式离心机）。本章重点介绍几种生产上常用的过滤设备。

3.5.3.1 板框过滤机

板框过滤机（见图3.11）由多块带凸凹纹路的滤板和滤框交替排列于机架而构成。板和框一般制成方形，其角端均开有圆孔，这样板、框装合，压紧后即构成供滤浆、滤液或洗涤液流动的通道。框的两侧覆以滤布，空框与滤布围成了容纳滤浆和滤饼的空间。悬浮液从框右上角的通道（位于框内）进入滤框，固体颗粒被截留在框内形成滤饼，滤液穿过滤饼和滤布到达两侧的板，经板面从板的左下角旋塞排出。待框内充满滤饼，即停止过滤。如果滤饼需要洗涤，先关闭洗涤板下方的旋塞，洗液从洗板左上角的通道（位于框内）进入，依次穿过滤布、滤饼、滤布，到处非洗涤板，从其下角的旋塞排出。

板框压滤机构造简单，过滤面积大而占地省，过滤压力高，便于用耐腐蚀材料制造，操作灵活，过滤面积可根据生产任务调节。但板框过滤机是间歇操作，劳动强度大，产生效率低。

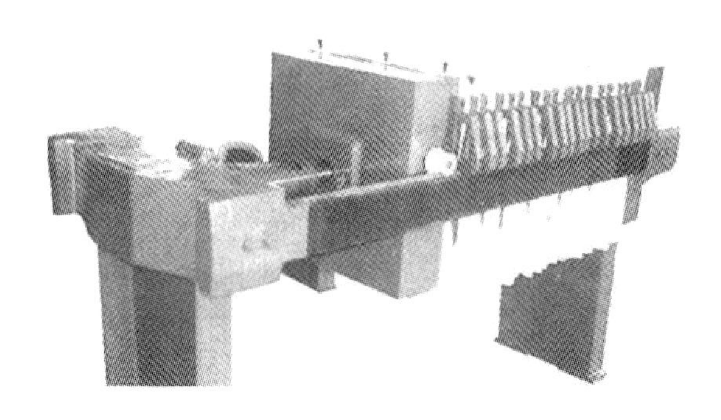

图 3.11 板框过滤机

3.5.3.2 叶滤机

叶滤机（见图3.12）由许多滤叶组成。滤叶是由金属多孔板或多孔网制造的扁平框架，内有空间，外包滤布，将滤叶装在密闭的机壳内，为滤浆所浸没。滤浆中的液体在压力作用下穿过滤布进入滤叶内部，成为滤液后从其一端排出。过滤完毕，机壳内改充清水，使水循着与滤液相同的路径通过滤饼进行洗涤，故为置换洗涤。最后，滤饼可用振动器使其脱落，或用压缩空气将其吹下。滤叶可以水平放置，也可以垂直放置；滤浆可用泵压入，也可用真空泵抽入。

叶滤机也是间歇操作设备，它具有过滤推动力大、过滤面积大、滤饼洗涤较充分等优点，其产生能力比压滤机还大，而且机械化程度高，劳动力较省。缺点是构造较为复杂，造价较高，粒度差别较大的颗粒可能分别聚集于不同的高度，故洗涤不均匀。

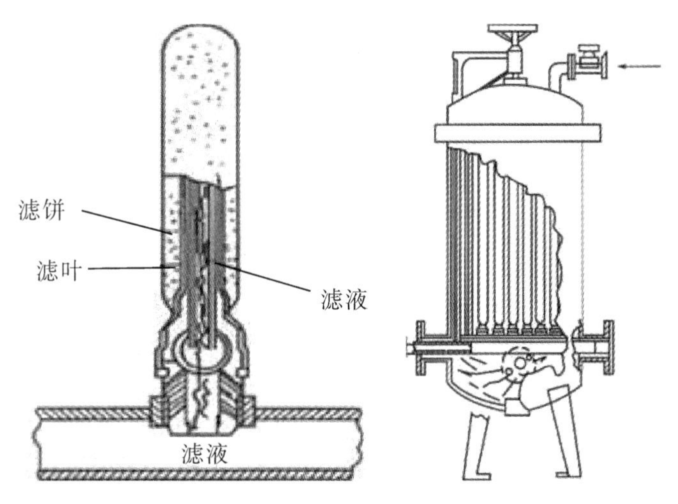

图 3.12 叶滤机构造图

3.5.3.3 真空转筒过滤机

真空转筒过滤机设备（见图3.13）的主体是一个转动的水平圆筒，其表面有一层金属网作为支承，网的外围覆盖滤布，筒的下部浸入滤浆中。圆筒沿径向被分割成若干扇形格，每格都有管与位于筒中心的分配头相连。凭借分配头的作用，这些孔道依次分别与真空管和压缩空气管相连通，从而使相应的转筒表面部位分别处于被抽吸或吹送的状态。这样，在圆筒旋转一周的过程中，每个扇形表面可依次顺序进行过滤、洗涤、吸干、吹松、卸渣等操作。分配头由紧密贴合的转动盘与固定盘构成，转动盘上的每一孔通过前述的连通管各与转筒表面的一段相通。固定盘上有三个凹槽，分别与真空系统和吹气管相连。

转筒过滤机的突出优点是自动操作，对处理量大而容易过滤的料浆特别适宜。其缺点是转筒体积庞大而过滤面积相形之下较小，用真空吸液，过滤推动力不大，悬浮液中温度不能过高。

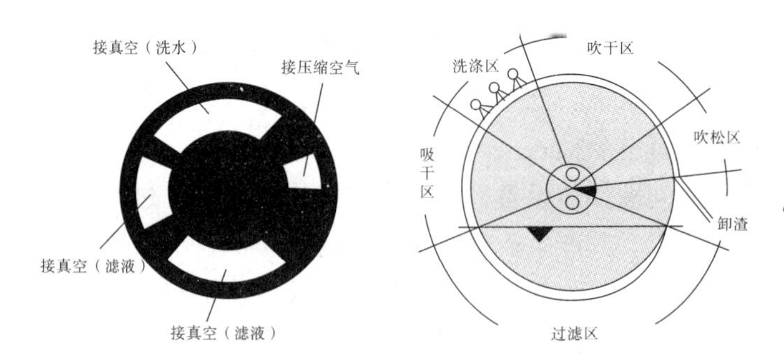

图3.13 转筒真空过滤机及工作流程图

随着工业生产规模的不断扩大，连续化生产程度要求越来越高，开发高分离强度、高脱水率和高分离精度的过滤技术是当前迫切需要解决的课题，再加上可供人类使用的资源不断地被消耗，人类赖以生存的环境不断地被污染。为了解决这些问题，在今后一段时间内人们将把精力集中于过滤设备的大型化和机械化、自动化，用机械挤压法来获得高脱水率的滤饼；高分离精度的深层过滤、动态过滤和膜过滤技术；设备的合理组合使用以提高设备的总生产强度和降低投资；适用于特殊要求的专用过滤设备和相关技术的应用开发。

3.6 离心分离法

依靠离心力的作用，使流体中的颗粒产生沉降运动，称为离心沉降（centrifugal settling）。离心分离技术是借助于离心机旋转所产生的离心力，根据物质颗粒的沉降系数、质量、密度及浮力等因子的不同，而使物质分离的技术，适于分离两相密度差较小、颗粒粒度较细的非均相物系。目前采用离心分离的设备板式分离器（碟式分离器）、离心机和水力旋流器主要用于原油除砂、原油脱水。

3.6.1 离心分离基本参数

3.6.1.1 离心分离因数（separation factor）K_c

离心分离因数即同一颗粒所受的离心力与重力之比：

$$K_c = \frac{\text{重心力}}{\text{重力}} = \frac{\text{离心加速度}}{\text{重力加速度}} = Rw^2/g \tag{3.35}$$

如果以 R 为转鼓半径，则 K_c 值可作为衡量离心机分离能力的尺度。分离因数的极值与转动部件的材料强度有关。

例如当旋转半径 $R = 0.4\text{m}$，切向速度 $u_t = 20\text{m/s}$ 时，求分离因数。

$$K_c = \frac{\mu_T^2}{gR} = 102$$

3.6.1.2 离心沉降速度

以一定角速度旋转的离心机，装有密度为 ρ、黏度为 μ 的油液。油中悬浮有密度为 ρ_p、直径为 d_p、质量为 m 的球形颗粒，颗粒的受力分析如图 3.14所示。

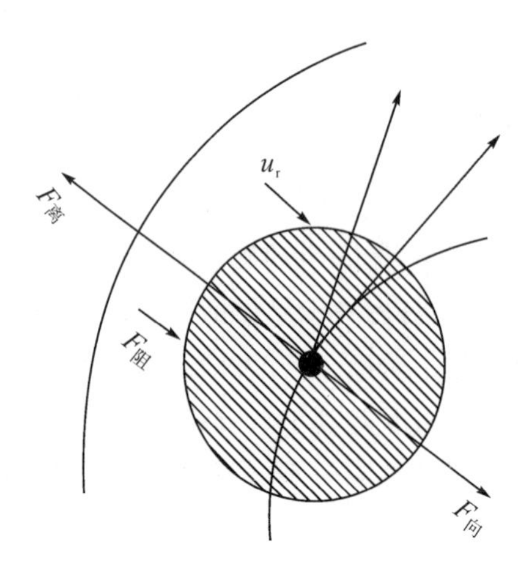

图 3.14　颗粒在离心力场中的受力分析

则颗粒在离心场中的受力为

$$F_{离} = \frac{\pi}{6} d_p^3 \rho_p R\omega^2 \tag{3.36}$$

$$F_{阻} = \zeta \frac{\pi d_p^2}{4} \times \frac{\rho \mu_r^2}{2} \tag{3.37}$$

$$F_{向} = \frac{\pi}{6} d_p^3 \rho_p R\omega \tag{3.38}$$

三个力达到平衡，则有

$$\frac{\pi}{6} d_p^2 r\omega^2 (\rho_p - \rho) - \zeta \frac{n d_p^2}{4} \times \frac{\rho u_r^2}{2} = 0 \tag{3.39}$$

颗粒在径向上相对于流体的速度，就是这个位置上的离心沉降速度。在一定的条件下，重力沉降速度是一定的，而离心沉降速度随着颗粒在半径方向上的位置不同而变化。在离心沉降分离中，当颗粒所受的流体阻力处于斯托克斯区，离心沉降速度为

$$u_r = \frac{d_p^2 (\rho_p - \rho)}{18\mu} R\omega^2 \tag{3.40}$$

$$u_r = u_0 \frac{R\omega^2}{g} = u_0 K_c \tag{3.41}$$

3.6.2　常见的离心分离设备

颗粒在重力或离心力场中都可发生沉降过程。利用离心力比利用重力

要有效得多，因为颗粒的离心力由旋转而产生，转速越大，则离心力越大；而颗粒所受的重力却是固定的。因此，利用离心力作用的分离设备不仅可以分离出比较小的颗粒，而且设备的体积可缩小很多。

常见的离心分离设备如下：

3.6.2.1 旋风分离器（cyclone separator）

旋风分离器是利用离心力作用净制气体的设备，如图3.15所示。上部为圆筒形、下部为圆锥形；含尘气体从圆筒上侧的矩形进气管线方向进入（进口的气速为15～20m/s），来获得器内的旋转运动。气体在器内按螺旋形路线向器底旋转，到达底部后折而向上，成为内层的上旋的气流，然后从顶部的中央排气管排出。气体中所夹带的尘粒在随气流旋转的过程中，由于密度较大，受离心力的作用逐渐沉降到器壁，碰到器壁后落下，滑向出口。旋风分离器各部分的尺寸都有一定的比例，只要规定出其中一个主要尺寸，如圆筒直径D或进气口宽度B，则其他各部分的尺寸亦能确定。

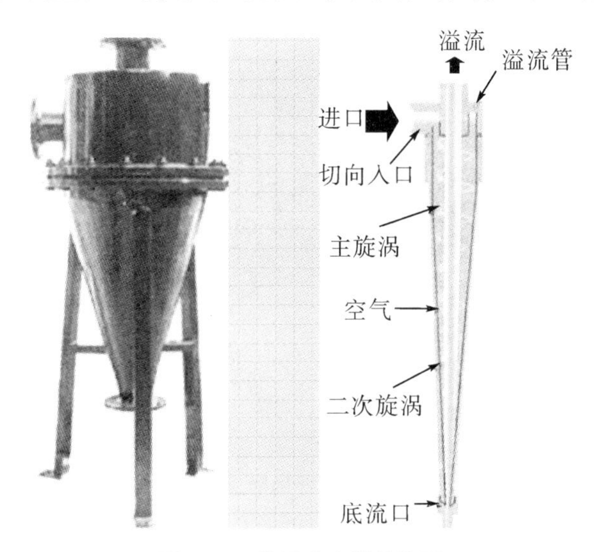

图3.15 旋风分离器结构图

旋风分离器结构简单，制造方便，分离效率高，可用于高温含尘气体的分离；气体通过旋风分离器的压力损失，可用进口气体动压的某一倍数，由于分离器各部分的尺寸都是D的倍数，所以只要进口气速u相同，不管多大的旋风分离器，其压力损失都相同。因此，压力损失的同时，用若干个小型分离器并列组成一个分离器组来代替一个大的分离器，可以提高分离效率。旋风分离器的压力损失一般为1～2kPa。工业上广泛使用的旋风分离器有两种形式，当切向速度 ui = 20m/s，旋转半径为 r = 0.3m，则离心分离因数表明颗粒在这种条件下的离心沉降速度为重力沉降速度的136倍。还有如文丘里除尘器和静电除尘器都是利用离心力作用净制气体的，如图3.16、图3.17所示。

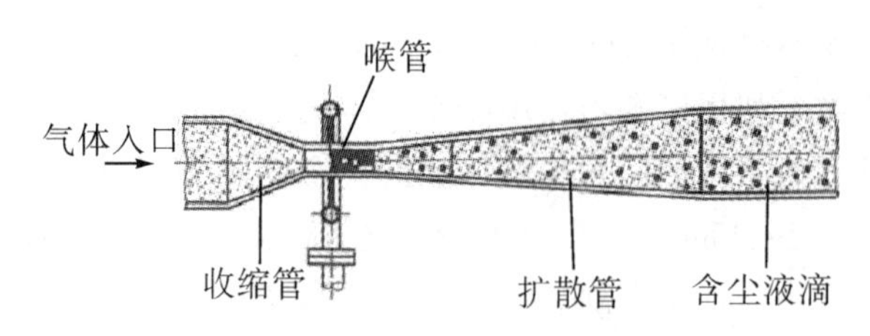

图3.16 文丘里除尘器

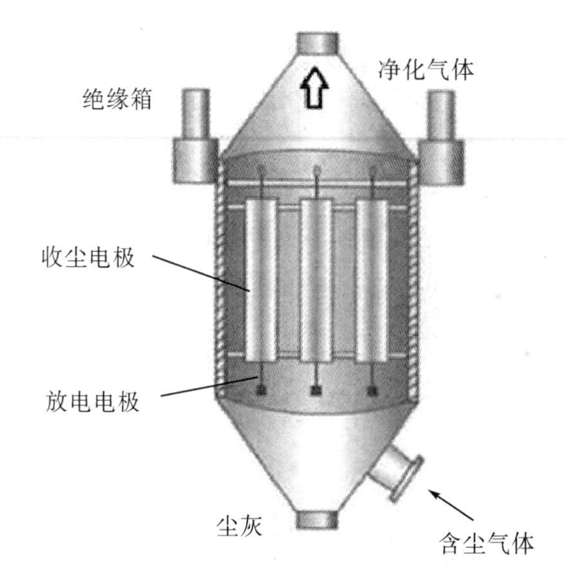

图3.17 静电除尘器

3.6.2.2 *旋液分离器*（hydraulic cyclone）

旋液分离器（见图3.18）是依靠泵的动力在分离室内造成旋涡速度场，这些速度场符合旋涡理论。混合液中的固体颗粒进入旋涡场后，随颗粒的粒度不同所受到的液流力及浮力作用不同，使分离室内颗粒处于不同的空间位置，由于分离室为一锥形结构，其不同轴向位置的剖面旋转速度不同，造成一定粒度或重度的颗粒发生下沉，从而达到固液分离的目的。其结构和工作原理与旋风分离器相似。悬浮液从圆筒上部的切向进口进入器内，旋转向下流动，液流中的颗粒受离心力作用沉降到器壁，并随液流下降到锥形底的出口，成为较稠的悬浮液而排出，称为底流。澄清的液体或含有较小较轻颗粒的液体，则形成向上的内旋流，经上部中心管从顶部溢流管排出，称为溢流。旋流的设计是根据要分离固体粒度等级和分离效率来确定旋涡强度的大小，根据旋涡强度的要求来确定进口流速和进口压力的大小，根据处理量的大小来确定分离器的大小。

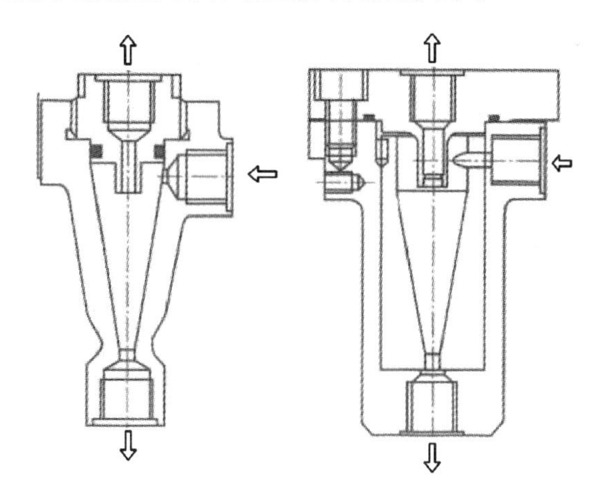

图 3.18 旋液分离器

由于液体的黏度约为气体的 50 倍，液体的密度（$\rho_p - \rho$）比气体的小，悬浮液的进口速度也比含尘气体的小，所以同样大小和密度的颗粒，沉降速度远小于含尘气体在旋风分离器中的沉降速度。要达到同样的临界粒径要求，则旋液分离器的直径要比旋风分离器小很多。常用的旋液分离器的主要技术参数：旋液分离器的圆筒直径一般为 75~300mm；悬浮液进口速度一般为 5~15 m/s；压力损失为 50~200 kPa；分离的颗粒直径为 10~40 μm。

离心分离也是按两相的密度差进行分离的方法，其不同于沉降之处在于离心分离的推动力是高速旋转产生的离心力。离心力可由下式求出

$$F = \frac{m u^2}{r} \tag{3.42}$$

式中，m——旋转物体的质量，kg；

u——旋转线速度，m/s；

r——旋转半径，m；

F——离心力，N。

由于 $$u=\frac{2\pi rn}{60} \tag{3.43}$$

代入式（3.42）得

$$F=\frac{mrn^2}{91.2} \tag{3.44}$$

式中，n——转速，r/min。

由式（3.44）可看出，离心力与转速的平方成正比。例如，当物体质量为1kg和旋转半径为0.1m时，在转速为1 000 r/min下的离心力为1 096 N，在转速为4 000 r/min下的离心力为17 544 N，在转速为20 000 r/min下的离心力为438 600 N。水分和机械杂质的分离速度与离心力成正比，因而在转速2 000 r/min时的分离速度为转速1 000r/min时的400倍。水分和机械杂质离心分离速度与沉降分离速度之比称为相对分离速度K

$$K=\frac{n}{30}\sqrt{r} \tag{3.45}$$

【例3.1】在一个$r=0.09$ m，$n=4\ 000$ r/min的离心机中，分离速度为自由沉降速度的40倍。

$$k=\frac{4\ 000}{30}\sqrt{0.09}=40$$

废油温度对离心分离速度的影响与沉降分离相同。油的黏度及油与杂质的密度差都影响分离速度，它们又都与油温有关，因此对黏稠油也宜适当加温，一般加温至70℃左右。

3.6.2.3 离心技术典型设备

在离心分离的实际应用中，使用分离机和离心机两种设备。分离机一般直径较大，转速较低；离心机一般直径较小，转速较高。一般分离机在3 000~8 500 r/min下操作，离心机在1 500~40 000 r/min下操作。

碟式离心机的转鼓内装有许多碟片，碟片数一般为50~180片，两个碟片的间隙为0.5~2 mm，其分离因数约为700。这种离心机可以分离乳浊液中轻、重两液相，例如油类脱水、牛乳脱脂等，也可以澄清含少量细小颗粒固体的悬浮液。

分离乳浊液的碟式离心机，碟片上开有小孔，乳浊液通过小孔流到碟片的间隙。在离心力作用下，重液沿着每个碟片的斜面沉降，并向转鼓内壁移动，由重液出口连续排出。而轻液沿着每个碟片的斜面向上移动，汇集后由轻液出口排出。碟式离心机转鼓的截面图如图 3.19 所示，图（a）是分离机转鼓的外形，图（b）是含水分的油从转鼓中心管进入，通过集合锥形盘上的孔眼进入集合锥形盘，油沿盘间的空隙运动到转鼓的内腔，再经环状油道离开转鼓；水分在离心力的作用下沿盘间空隙运动到转鼓外壁附近，经环状水道离开转鼓。

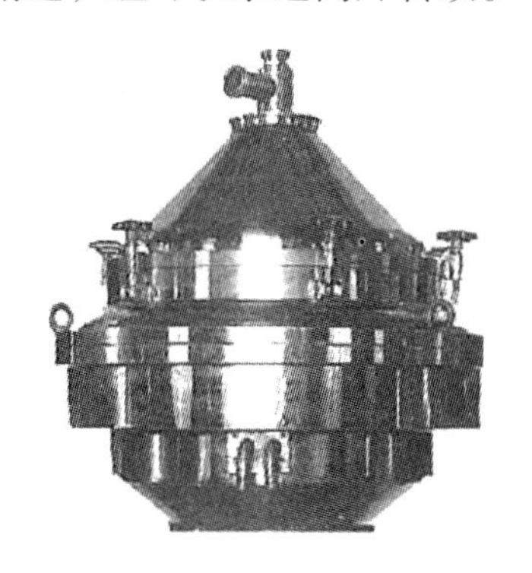

（a）分离机转鼓的外形

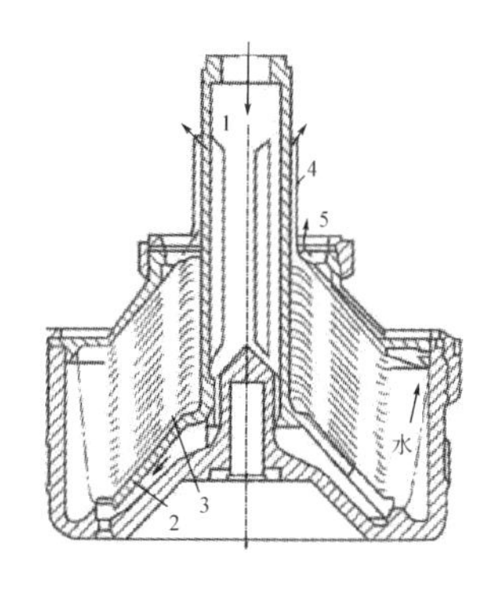

（b）油及杂质在锥形盘间运动及

注：1——转鼓；2——锥形盘；3——孔眼；4 一碟片；5——环形水道

图 3.19 分离机旋转鼓示意图

图 3.20 显示了油及杂质在锥形盘间运动及分离的情况。根据油中杂质的特点，分离机有两种操作方法，一种叫澄清法，一种叫清洗法。澄清法适用于从油中分离固体杂质、油泥、炭粒及少量的水，此时不连续引出杂质，分离出来的固体物逐渐聚集于转鼓的贮污器中，定期予以清除。清洗法适于分离含大量水的污油，污油在分离机中分离成两个密度不同的液相，连续地分别离开分离机。绝缘油一般都用澄清法，含机械杂质及少量水分（0.1%~0.3%）的汽轮机油也用澄清法，含水多的汽轮机油则使用清洗法。当按澄清法操作时，分离机的生产率要比清洗法操作高 20%~30%。

操作离心机的澄清法及分离法，适用于转子结构不同的离心机和处理不同的原料。含悬浮机械杂质的废油从下部进口 1 进入澄清法转子中，在转子中受到离心力的作用，固体杂质先沉积在转子内壁上，形成圆筒状堆积层，清液则自转子中心上升，自顶部的清液出口 3 流出。继续送入含机械杂质的废油，至转子内壁上的机械杂质堆积层快接近上出口为止。机械杂质脱除的程度取决于转速及在离心机内的停留时间，较低的转速需要较长的时间。在上流式离心机分离法转子中处理废油，先在旋转法中充入重组分，充入进行至重组分的环状层的内表面直径等于调整环的内径 D_T 为止，然后向转子中送入要分离的含废油的乳液，在离心力的作用下，乳化液分离为轻组分液及重组分液，并在两液体之间形成界面。轻组分层在重组分层的表面上形成第二个圆筒形层（D_R），轻组分的收集造成了转子内两组分界面的扰动，从而转变为相应于某直径 D 的新的分界面，轻组分从转子上部靠近旋转轴的上孔中流出，重组分则同时从靠近外圈的上孔中流出，分别经各自的孔道走向各自的出口。

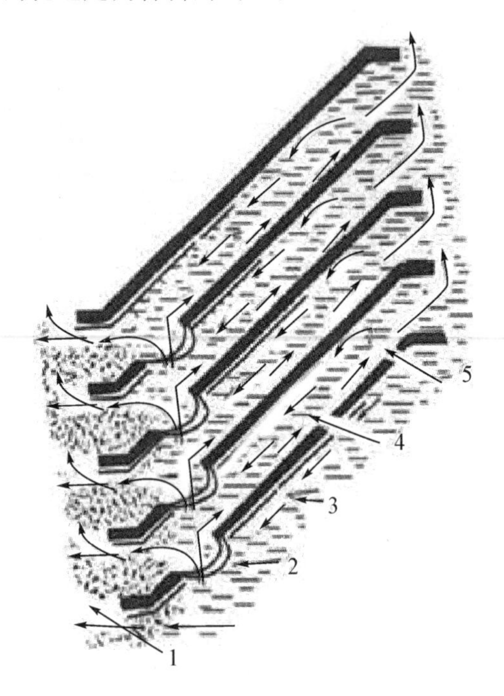

图 3.20　离心机澄清法转子中再生废油的示意图

注：1，4，5——进口；2，3——出口

在上流式离心机转子中分离乳化液的可能性取决于两相的密度比 p_T/p_M 及转子的结构特点，乳化液分离的程度取决于转动速度及停留时间。同一台离心机在同一转速下操作时，处理量越大，分去水分的程度也越差。一个含机械杂质 1.36%的废油离心处理时，其处理量与处理过的油中的机械杂质含量的关系见表 3.6，分离机的工作效率与废油中存在的水量有很大的关系，随着油中含水量的下降而下降。为了除去油中最后所剩的痕量的水需要多次的离心分离。

表 3.6　上流式离心机处理量与机械杂质含量的关系

处理量/（L/h）	处理过的油中机械杂质含量/%
130	0.252
80	0.075
12	0.049

离心分离消耗的能量要比自由沉降高得多，但离心机比沉降罐小得多，有占地面积小、藏量小和处理迅速的优点（图 3.21）。离心分离用得最多的是在涡轮发电机、涡轮压缩机、大型柴油机等的润滑油循环系统中连续脱水，此外还用于变压器油的脱机械杂质，以及用于轮船上就地处理废润滑油。

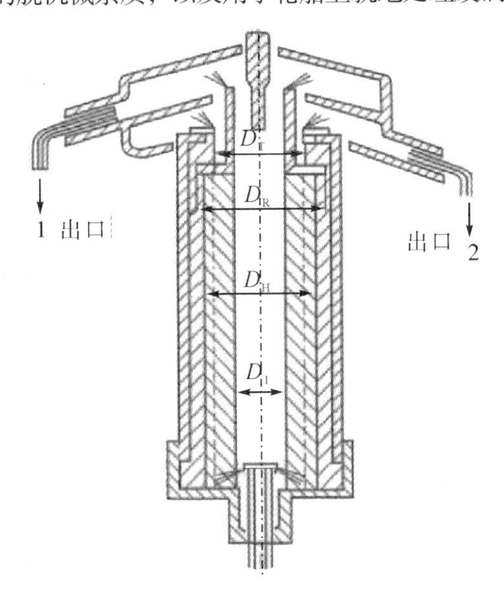

图 3.21　转子分离法分离乳化液

3.7　油品调和及添加剂技术

3.7.1　抗氧化剂

3.7.1.1　T501 抗氧化剂

T501 抗氧化剂学名为 2，6-二叔丁基对甲酚，呈白色粉状晶体，熔点

68~70℃，是一种理想的抗氧化剂，其作用是中断油液的链锁反应，延长其使用寿命，具有如下特点：

（1）T501有高度的抗氧化性能，能有效地改善油的抗氧化安定性，阻止氧化酸性物、沉淀物的形成。

（2）T501适用范围广，对绝缘油、透平油、新油、再生油、劣化不严重的运行油均有效。

（3）T501易溶于油，不产生沉淀，也不影响油的介电性能。

（4）T501呈白色粉状晶体，不溶于水，不吸潮，无腐蚀，沸点高（265℃），不易挥发，无毒。

3.7.1.2　T501添加量的确定

绝缘油和透平油中T501抗氧化剂的添加量和方法相同。油液的抗氧化安定性和油中T501含量多少密切相关，当含量在1%以内时，油的抗氧化安定性将随T501含量的增加而增加。国产新油中T501抗氧化剂的含量一般在0.3%~0.5%，含量太高对提高氧化寿命效果已不明显，太低则会使寿命较快下降。因此，新油和再生净化后的油中T501的含量应不低于0.3%，而检测运行中的T501含量应不低于0.15%。当油液经过再生净化后，其中T501含量不明时，其添加量可按0.15%~0.3%，最佳量可通过小型试验确定。

3.7.1.3　T501的添加条件

T501属于第三类抗氧化剂，应该在诱导期添加才有效，即T501只对新油和劣化较轻的油才有效。当油的水溶性酸 $pH<5.0$ 时添加效果将不明显，若此时测油中T501含量在0.1%以下时补加已经晚了。遇此情况应先进行再生净化，使其达到如下要求后再添加。

（1）油色较浅，呈浅黄且透明，小型试验应无油泥沉淀和其他不良反应。

（2）油的水溶性酸 $pH>5.0$。

（3）油中无水分、杂质、油泥，耐压在40 kV以上（对绝缘油而言）。

（4）若油液劣化后不满足前三项条件，绝缘油可采用BZ-4型变压器油运行再生装置净化处理，透平油可采用TY-II型透平油专用滤油机再生净化处理使油质指标合格后再添加。

3.7.1.4　T501的添加方法

当油液经过再生净化处理达到合格要求后，即可按下列方法进行添加，为保证药剂的充分溶解，以免在设备内部（如变压线圈、汽轮机油箱底部等）造成沉积，须采用热溶解法或再生循环法。

（1）热溶解法

①母液配制。利用新油或经再生合格的油进行配制。先按前述方法确定 T501 的多少，再取质量为 9 倍左右的 T501 抗氧化剂的油液，把油加热到 65~70℃，缓慢加入 T501，边加边搅拌，使之全部溶解，配成 10%的浓溶液即为母液。当设备装油量较大时，因需母液量也多，母液配制可分多次进行。

②注入母液。待母液适当降温后，再用任一种具有精过滤能力的滤油机（如 ZL 型、JL 型、GL 型 BZ-4 型、TY-II 型以及 LY 滤油机），缓慢将母液注入设备油箱，使其与设备中油液混合均匀。

（2）再生循环法。该办法是直接将 T501 抗氧化剂加入 BZ-4 型变压器油运行再生装置（也可用 ZL-AZ 多功能滤油机或 TY-II 型透平油专用滤油机）中，和吸附剂混合在一起，随着油液的再生循环过程，T501 将逐渐溶解，并被带入设备油箱，使之均匀混合。需说明的是，BZ-4（ZL-AZ）或 TY-II 型再生净化设备内的吸附剂虽然会吸附一部分 T501 药剂，但大部分药剂会在再生净化后期被逐渐解析出来，因此，对抗氧化效果并无大的影响。

3.7.2 防锈剂

3.7.2.1 T-746 防锈剂

添加防锈剂可以有效地防止油系统的锈蚀。目前国内应用最普遍的防锈剂是十二烯基丁二酸，习惯上简称 T-746 或 746，它是一种具有表面活性的有机二元酸。主要特点如下：

①T-746 防锈剂具有极强的吸附力，能对油中金属表面形成致密而牢固的保护层，有效地阻止氧和水的侵蚀。

②T-746 的加入会使油液酸值有所上升，但无不良影响。

③防锈剂外观为黄至棕红（优质品为琥珀色）的黏稠型和浓度为 50%的稀释型两种。T-746 易溶液于油，流动性好，使用方便。

3.7.2.2 T-746 防锈剂补加量的确定

T-746 防锈剂添加量一般按油量的 0.02%~0.03%为宜。在运行中 T-746 会逐渐消耗，因此，当普通钢质试棒上出现锈斑就应及时补加，补加量一般控制在0.02%左右，最佳量可通过小型试验确定。

3.7.2.3 T-746防锈剂的添加条件

①首次添加T-746防锈剂时，应对整个油路系统、油箱进行彻底清扫、冲洗，直到系统内表面露出金属本色，以便防锈剂保护膜的有效形成。

②应将待添加T-746的运行油用TY-II型透平油专用滤油机或ZL型真空滤油机进行净化，除去杂质、水分、老化产物，使油质符合运行要求。

3.7.2.4 T-746防锈剂的添加方法

①母液配制。按总量多少，取质量为油量0.02%的T-746防锈剂，再取质量为防锈剂9倍左右的经净化的运行油，配制成10%的浓溶液，为加速溶解，可将油温加热到60~70℃，边加热，边搅拌。

②注入母液。待母液温度降到40℃以下时，再用TY-II型透平油专用滤油机、GL型手提式滤油机、ZL型高效真空滤油机或JL型精密滤油机将母液缓慢注入设备油箱，使其和运行油混合均匀。

3.7.3 破乳化剂

3.7.3.1 XPI358破乳化剂

油中含水（受潮、串汽、漏水等）、乳化剂（老化产物或外界污染）、形成乳化的能量（高速运转搅拌、高速流动），会大大降低油液的稳定性和润滑价值，给机组带来潜在的危险，无法保证设备的安全正常运行。XPI358的主要特点是添加用量少，破乳化效果显著。它可在常温下直接溶解于油中，不需加入任何有机助溶剂。XPI358在运行中会逐渐消耗，需定期补加（当检测破乳化度>30min时即需补加）。

3.7.3.2 XPI358破乳化剂添加量的确定

XPI358的添加量一般为油量的2‰~3‰，即（2 000~3 000）$\times 10^{-6}$，其最佳添加量可通过小型试验确定。比较加入不同含量添加剂时破乳化（即乳状油液中油与水分离的时间）时间的长短，破乳化时间最短时所对应的破乳化剂含量即为最佳添加量。

3.7.3.3 破乳化剂的添加条件

①添加前应先进行破乳化效果试验，以了解破乳化效果和破乳化剂加入后油液是否有油泥沉淀现象，只有当加入后对油品理化性能无不良影响

时，才能添加。

②添加前应先对全油路系统、油箱进行彻底清扫。

③若是运行中的油液，须先用TY-II型透平油专用滤油机或ZL型真空滤油机进行净化，使油质合格（GB7596-87）后再添加。

3.7.3.4 XPI358破乳化剂的添加方法

①母液配制。由于XPI358很容易在常温下溶于油中，所以母液配制较方便，配制比例要求也不严格，只需将需加入的破乳化剂与适量运行油混合并搅拌均匀即可，但适当加温可加速溶解。

②注入母液。用TY-II型透平油专用滤油机、GL型手提式过滤机、ZL型真空滤油机或JL型三级精密过滤机中的任一种设备将母液缓慢注入油箱，并适当延长循环时间，以便母液与运行油混合均匀即可。

3.8 油处理其他典型技术

3.8.1 酸洗

3.8.1.1 酸洗的原理

酸洗是为了除去废油中氧化物、酸性物质以及在使用过程中产生的沥青质、胶质等。硫酸对油中的某些成分反应强烈，在一定条件下，几乎对油中所有组成部分都能起作用，因此酸洗效果好。

3.8.1.2 酸洗的作用

（1）对油中的沥青及胶泥起溶解作用，并产生氧化、磺化等化学反应，放出二氧化硫。

（2）对油中芳香烃起磺化反应，生成磺酸。其磺化程度随硫酸浓度的增大而加剧，随温度的升高而增加。磺化后所得油溶性磺酸（红酸）留在油中，水溶性磺酸（绿酸）则进入酸层。

（3）对油中的氮化物、氧化物、硫化物起酯化、氧化、磺化、溶解作用，并将这些化合物从油中除去。

（4）油中酚及环烷酸一般不与硫酸反应，但可被硫酸溶解而除去一部分。

（5）对油中由于温度过高而裂化产生的烯烃，在酸洗时，发生酯化、叠合、烃化等反应。

3.8.1.3 酸洗的条件

（1）温度。必须将油加热到一定的温度，以降低油的黏度，从而使油与硫酸的搅拌和酸渣的沉降容易进行。若加热的温度更高，则生成的酸渣会部分溶解于油中，降低油的品质，并使油的颜色变坏。

根据油品的黏度来选择酸洗温度和沉降温度。变压器油、冷冻机油一般为20~30℃，汽轮机油、汽油机润滑油为30~35℃。在能够分渣的情况下，酸洗温度越低越好，在低温下，氧化等副反应少，硫酸对杂质的溶解作用能更好地发挥出来。低温酸洗的颜色较好，含硫量低。但酸洗温度低沉降分渣困难，沉降时间长。

（2）硫酸质量分数。酸洗时硫酸质量分数一般要求在92%~98%，质量分数为90%左右的酸也可以用，因为此种含量的硫酸已能够与硫化合物及芳烃反应，有明显的洗涤精制效果，但比不上92%~98%的硫酸效果好。精制润滑油最适宜的硫酸含量是98%，但凝固点高，不便于冬季使用。92%~98%的含量虽然比98%含量的硫酸精制效果略差一些，但凝固点低，便于冬季使用。

（3）硫酸量。根据废油的杂质含量及种类以及再生油的质量要求来选择硫酸量。废油质量好，用酸量少，再生油质量要求高，用酸量就多，酸含量高，酸量也可少一些。合适的硫酸用量是通过具体试验来确定的，变压器油、汽轮机油、内燃机油为2%~8%。

（4）酸洗次数。如果油中不含水，全部硫酸用量可一次加入，搅拌30~40分钟。搅拌完毕后，加入总油量1%~1.5%的烧碱溶液、总油量10%的NaOH溶液作凝聚剂，搅拌4~5分钟，促使小块酸渣凝聚成大块酸渣，静止沉降后，将酸渣排出。如果含水量大，可分两次加入，第一次加0.5%~2%的硫酸，作为干燥废油用，同时搅拌20~30分钟后，沉降1~2小时，放出酸渣；第二次酸洗一般加入2%~8%的硫酸，搅拌沉降后再次放出酸渣，最后将油进行白土或碱液搅拌处理和过滤，除去油中残余酸渣和硫酸。

（5）酸洗沉降时间。沉降时间愈长，酸渣分离愈净，但酸渣本身是一个不断起着复杂化学变化的不稳定体系，在变化的过程中，会有一些不良成分溶解于油中，所以大量酸渣与油长期接触会影响再生油的质量。在长时间沉降时，不可等到沉降终了再排渣，应在沉降后15分钟及1小时各放一次酸渣，10小时左右再放一次，待沉降完结时再放一次。

3.8.2 碱中和

碱中和是在专门的附有压缩空气或机械搅拌设备的碱洗槽中进行的。酸类和碱相互作用的结果便生成盐类，而盐类则转入碱的水溶液中，因此碱中和可用来除去油中的有机酸类、磺酸、残余的游离硫酸、硫酸酯和其他化合物。碱中和既可单独用于再生，又可与酸洗联合使用。碱中和是离子反应，所以不宜用固体碱，而用碱溶液，使用强碱苛性钠比使用弱碱碳酸钠更为有效。碱洗时使用含量大于 10%（质量分数）的浓碱有利于脱除有机酸，但若碱渣分离不净，水洗时生成的皂类水解，又会使有机酸返回油中。高温时皂类容易分解，因此在除酸时，可采取浓碱低温处理为宜，但另一方面又容易引起乳化。为了防止乳化，最常用的是 3%~5%的苛性钠水溶液，或者 10%~20%的碳酸钠溶液，这些碱液由计量桶加入到经过预热的再生废油中，其油温一般为 40~90℃，最常用的温度为 70℃左右。

废油再生碱中和时苛性钠溶液的理论用量可按酸性油的数量及酸值来确定。

$$W = 0.072\frac{qN}{C} \tag{3.46}$$

式中，W——NaOH 溶液的用量，kg；

C——NaOH 溶液的含量，%；

N——油的酸值，mgKOH/g；

q——待处理的油量。

【例 3.2】使用碱中和处理绝缘油酸值时，已知待处理油量为 100 kg，酸值为 0.5 mgKOH/g，NaOH 的含量为 5%，则需要多少 NaOH？

解：$w = 0.072\times\frac{100\times0.5}{5} = 0.72\text{kg}$

3.8.3 凝聚处理

凝聚用来从工业废油中除去溶解的氧化物及胶体状态存在的不能用物理方法除去的胶状物质与沥青。凝聚的实质是当往油中加入少量表面活性物质或电解质溶液时，在这些溶液的作用下，油中高度分散的杂质便凝聚成较大的颗粒，然后通过沉降或离心分离等方法将凝聚的杂质与油泥一同除去。比如内燃机油及有色金属冷加工的废润滑油，由于含有添加剂，机械杂质颗粒呈细小分散状态，不能采用沉降和过滤的方法再生。在油的变质程度不深、使用条件又要求不太高的情况下，可采用凝聚的方法再生。

工业废油净化处理时，用来作为凝聚剂的物质有磷酸三钠、煅烧苏打（主要成分是碳酸钠）、硫酸、水玻璃、氯化锌和氯化铝等。

使用硫酸作凝聚剂时，在分离排污后，还需用白土处理，或用碱性凝聚再处理一次。用水玻璃、煅烧苏打作凝聚剂时，处理后的油中会残留下少量游离碱，因此在排污后还须水洗。

凝聚剂的作用不仅限于凝聚过程，大多数的凝聚剂能在水中水解而放出酸或碱，凝聚产物具有高度的吸附能力，电解质溶液也能将某些杂质从油中洗出。

关于絮凝剂的定义目前有以下三种解释：

（1）根据胶体粒子聚集过程的不同阶段，即胶粒表面改性（静电中和）及胶粒的粘连，将主要使胶粒表面改性或由于压缩双电层而产生脱稳作用的药品称为凝聚剂，而将主要使脱稳后的胶粒通过粒间搭桥和卷扫作用黏结在一起的称为絮凝剂。

（2）把凝聚剂和絮凝剂两者当作同义语，不加区分互相通用。

（3）凝聚是作用，絮凝是动力学过程。常用的添加量和使用温度见表3.7。

表3.7　常用的絮凝剂添加量和使用温度

絮凝剂名称	添加量/%	使用温度/℃
相对密度为1.84的浓硫酸	0.5	50
10%锻烧苏打水溶液	0.5~5	70~80
磷酸三钠水溶液	0.5	70~80
相对密度为1.3的水玻璃	3.0~5.0	90~95

上表中的添加量只是一个大致用量，实际用量应根据杂质含量及水分含量而定。硫酸是最有效的凝聚剂，但不能用于含水量超过1%的油。机械杂质含量变化时硫酸的添加量也要变化，磷酸三钠及煅烧苏打只适用于污染或变质程度不深、含机械杂质量不太高的油，如用于含5%水分的废油，只要适当增加磷酸三钠或煅烧苏打的量，以保持适当的凝聚剂含量即可。加凝聚剂后的搅拌时间一般为15~20分钟，沉降时间大约为4~6小时。若采用离心分离，离心分离时间一般为5分钟，水玻璃的凝聚速度慢，

宜用于沉降分离，若采用离心分离，则需要相当长的时间，可达50分钟之久。

3.8.4 破乳

油水乳化液是一个多相体系，其中至少有一种液体以液珠的形式均匀地分散在一个和它不相混溶的液体之中，液珠的直径通常大于0.1 μm。大多数乳液中至少有一种液体是水或水溶液，应用实践中通常将乳化液描述为水包油（O/W）或油包水（W/O）型。乳化液的制备、稳定作用以及应用影响着人们的生活（从食品到药品的每一个方面），但是在有些行业如电力行业，油水乳化液的存在将严重影响设备的工作。

破乳在理论上是一个非常复杂的胶体化学难题。一方面，油中的胶质、沥青质等天然表面活性物质能够吸附在油水界面上，形成牢固的界面膜；另一方面，各种增产措施带来的表面活性物质或其他化学剂也能吸附在油水界面上，使乳状液更加稳定，给乳状液滴聚结造成了动力学障碍。乳状液的稳定与破乳与许多因素有关，如两相组成与比例、粒径大小及分布、温度、表面张力、界面黏度及界面膜的性质等，其中界面张力、界面膜强度对于乳状液的形成、稳定及破乳起着至关重要的作用。

3.8.4.1 破乳机理

原油乳状液的破乳方法一般可分为化学破乳、物理破乳、生物破乳和联合破乳等。物理破乳法有超声破乳法、微波破乳法、电破乳法、膜破乳法、加热破乳法等。

现代乳状液稳定性理论模型主要有界面沟流模型和界面波液膜破裂模型两种。沟流模型认为，在乳化液界面上乳化剂存在界面质量和动量平衡，膜沟流对界面的剪切作用导致界面上活性剂分布不均，从而引发乳化剂的质量传递。界面波液膜破裂模型认为由于液膜内始终存在着机械振动和热波动，使得液膜界面上时时都是凹凸不平的，随着液膜沟流的进行和不断薄化，造成两种相反的效应：一是在液膜变薄的区域，液膜两侧分散相分子相互靠近，范德华作用力增加，有助于液膜的进一步变形薄化；二是界面的变形导致了局部毛细压力的形成以及界面面积的增加，阻碍了液膜的变形薄化。两种效应之间的竞争决定了液膜的稳定情况。

（1）化学破乳机理。化学破乳法主要是化学破乳剂法，破乳剂破乳作用的关键是取代吸附在界面的天然乳化剂，降低界面膜的弹性和黏性，从而降低界面膜的强度，加速液滴的聚结。

乳状液的破乳一般经历絮凝、膜排水、聚结、相分离等过程，在破乳过程中絮凝是可逆的，聚结过程是不可逆的，聚结成团的液滴合成一个大滴，液滴数目减少，最后造成乳状液破坏，乳状液的破坏是界面膜破裂的结果。乳状液界面膜流变性质决定了膜排水和液滴聚结过程，界面膜的弹性和黏性在很大程度上决定界面膜的强度，从而决定乳状液的稳定性。近十年来随着科学技术的发展和计算机的应用使有关膜弹性和黏性的测定成为可能，当前乳状液破乳机理研究多集中在液滴聚结过程的精细考察和破乳剂对界面膜流变性质的影响等方面。

1983 年 Zapryanov 和 Wasan 等提出的轴对称平面平衡膜模型，从流体动力学角度详细描述了两个液滴膜排水过程中流体流动引起的表面活性剂在界面膜内的浓度变化，清晰地解释了液滴排水过程。两个液滴的聚结过程可描述如下：两液滴相互接近并发生变形，接近的两液滴界面膜相平行，平行膜薄化到一定程度后变得不稳定，在垂直于界面膜的界面毛细压力作用下两液滴界面膜内的液体被挤压到体相，两个液滴合并成一个大液滴。

顶替学说理论认为，破乳剂在油水界面发生了顶替作用，即将天然成膜物质如沥青质等顶替出来并组建新的混合界面膜，它的膜强度较小，从而导致了乳化液稳定性的降低并最终导致乳化液的破乳。这个学说成立的前提是破乳剂必须具有比沥青质等天然乳化剂强得多的表面活性，可以优先吸附到油水界面，置换天然乳化剂并阻止天然乳化剂的再吸附。因此，破乳剂的界面吸附量越大，顶替出的天然表面活性剂就越多，破乳效果越好。破乳剂界面活性比界面张力更能反映破乳剂的破乳效果，把破乳剂的动态界面张力与破乳剂浓度对数曲线的斜率定义为破乳剂的界面活性：

$$\alpha = -\partial\gamma_d/\partial lgc \tag{3.48}$$

式中，γ_d——界面张力；

c——破乳剂浓度。

破乳剂静态界面张力与其破乳效果没有一致性，而动态界面张力和界面活性与其破乳效果有一一对应关系。

界面张力梯度受表面活性剂在界面扩散和吸附两个因素的影响，破乳剂在界面的吸附是由扩散控制的。破乳剂从体相向界面扩散越快，在界面吸附越快，则破乳效果越好。破乳剂的破乳效果与其降低界面黏度的能力有一定的联系，但不是完全对应的。

（2）物理破乳机理。乳化液的分离机理为分散相液滴的聚集和沉降，目前的各种物理分离方法可以概括为给乳状液提供外力和能量，使其分散相液滴的界面膜破坏而重新聚合成较大液滴进而促成其沉降分离。根据分散相液滴所受到的力场不同，将之归纳为旋流力场和振动力场两种。

①旋流场中颗粒受力分析。在旋流场中，分散相颗粒在径向受到离心力、浮力、斯托克斯阻力、颗粒加速度力、由于流场切向速度梯度而引起的马格纳斯力（Magus Force）和滑移—剪切升力。

分散相液滴在切向加速度作用下产生的离心力可表示为

$$F_a = m_0 a_i = \frac{\pi}{6} d^2 \rho_0 \frac{v_t^2}{r} \tag{3.49}$$

式中，m_0——分散相颗粒的质量；

ρ_0——分散相颗粒的密度；

d——分散相颗粒的直径；

v_t——质点的切向速度；

r——质点距轴心的径向距离。

离心力的作用使分散相液滴做远离轴心的运动。分散相液滴受到的浮力可表示为

$$F_{浮} = \frac{\pi}{6} \rho d^3 \frac{u^2}{r} \tag{3.50}$$

式中，u——连续相在流场中的切向速度；

ρ——连续相的密度。

分散相液滴在径向运动时所受到的斯托克斯阻力为

$$F_s = 3\pi\mu d\, v_r = \frac{18\, m_0 \mu d\, v_r}{d^2\, \rho_0}$$

式中，μ——混合液的动力黏度；

v_r——分散相液滴与连续相介质的径向相对运动速度；

m_0——分散相颗粒的质量。

由于速度分布不均匀而引起液滴在流场中的旋转产生马格纳斯力，其表达式为

$$F_M = k\rho_w d^3 \omega v_r \tag{3.52}$$

式中，k——常数；

ω ——分散相液滴旋转角速度；

ρ_w ——连续相介质密度。

在强制涡区，马格纳斯力向着速度较高的一侧，即指向旋流器壁。而在准自由涡区，马格纳斯力则指向中心，此时不利于颗粒的分离运动。

对旋流场中微元体受径向压力差的分析，得到质量为 m_w 、直径为的 x 的液滴，在径向上由压差所产生的作用力为

$$F_p = \frac{\pi}{6}d^3\frac{dp}{dr} = m_W\frac{v_t^2}{r} = \frac{\pi}{6}d^3\rho_w\frac{v_t^2}{r} \tag{3.53}$$

式中，ρ_w ——连续相介质的密度。

F_p 的方向指向轴心，与离心力相比较，在液-液分离中连续相为重相时，$\rho_w > \rho_v$ ，则 $F_p > F_a$ ，在这个力的作用下，轻质分散相液滴向心部运动的速度大于连续相介质的速度，产生了两相分离。

以上所涉及的各种力主要是使分散相液滴沿径向运动，而引起液滴旋转、变形及破碎的力主要是切应力。在旋流场中，分散相液滴所受的切应力可表示为

$$\tau = \mu\frac{d\,v_t}{dr} = -\mu n\,C_r^{-n-1}\ \tau = \mu\frac{d\,v_t}{dr} = -\mu n\,C_r^{-n-1} \tag{3.54}$$

其中，$\frac{d\,v_t}{dr}$ 为速度梯度，指数 n 的值随水力旋流器流量的变化而改变，常数 C 随流量的增加而增加。

②旋流场液—液分离理论模型。通过对旋流器内分散相液滴的受力分析，在一定的假设条件下忽略对分散相运动影响较小的力，可以得到分散相的运动方程，再从旋流器内两相径向相对运动方程入手，推导得到了分散相径向位置分布以及运动特性时间和轨迹方程，即两相湍流理论模型。

两相湍流理论模型包括一般公式理论和湍流模式理论。两相湍流理论主要考虑的是湍流扩散对分离的影响，其中最全面、完善、可靠的模型是双流体模型，适用于任何种类和流型的两相流。它将每一种流体都看作充满整个流场的连续介质，针对两个相分别写出质量、动量、能量守恒方程，通过界面阶跃条件将两组方程关联起来。用双流体模型分析两相流的流动特性，是建立在这样的假设之上的：每一个相在局部范围内都是连续的，对任一相，推导出一维流动的流场特征方程组如下：

连续性方程：

$$\frac{\partial}{\partial t}(\rho_k \alpha_k) + \frac{1}{A} \times \frac{\partial}{\partial z}(\rho_k \alpha_k A u_k) = \Gamma_k^i (k = o,\ w) \tag{3.55}$$

动量方程：

$$\frac{\partial}{\partial t}(\rho_k \alpha_k u_k) + \frac{1}{A} \times \frac{\partial}{\partial z}(\rho_k \alpha_k A u_k^2) + \frac{1}{A} \times \frac{\partial}{\partial z}(\alpha_k A p_k) + \rho_k \alpha_k F_k - \frac{S_k^w}{A}\tau_k^w =$$

$$\Gamma_k^i u_k^i + \frac{S_k^i}{A}\tau_k^i + \frac{P_k^i}{A}\frac{\partial}{\partial z}(\alpha_k A) = \Gamma_k^i u_k^i + \frac{S_k^i}{A}\tau_k^i + P_k^i \frac{\partial \alpha_k}{\partial z} + \alpha_k \frac{P_k^i}{A} \times \frac{\partial A}{\partial z} \tag{3.56}$$

能量方程：

$$\frac{\partial}{\partial t}\left[\rho_k \alpha_k \left(h_k - \frac{P_k}{\rho_k} + \frac{u_k^2}{2}\right)\right] + \frac{1}{A} \times \frac{\partial}{\partial z}\left[\rho_k \alpha_k A u_k \left(h_k + \frac{u_k^2}{2}\right)\right] + \rho_k \alpha_k u_k F_k$$

$$= E_k^i + \frac{S_k^w}{A} q_k^w \tag{3.57}$$

界面有质量，则界面与相之间的传递方程为

$$\sum_{k=1}^{2} \Gamma_k^i - \Gamma_m = 0,\ \sum_{k=1}^{2} M_k^i - M_m = 0,\ \sum_{k=1}^{2} E_k^i - E_m = 0$$

$$E_k^i = \frac{S_k^i}{A} q_k^i + \Gamma_k \left(h_k^i + \frac{u_k^2}{2}\right) - \rho_k^i \frac{\partial \alpha_k}{\partial t} - \frac{S_k^i}{A}\tau_k^i u_k^i h_k = e_k + \frac{P_k}{\rho_k} \tag{3.58}$$

式中，Γ_k^i——界面质量传递；

M_k^i——界面动量传递；

E_k^i——界面能量传递；

S_k^w——摩擦周界；

S_k^i——界面周界；

τ_k^w——管壁剪应力；

τ_k^i——界面剪应力；

F_k——体积力，一般即重力加速度；

q_k^w——壁面外加热流密度；

q_k^i——界面热流密度。

双流体模型一共有 9 个方程，在描述两相流动的模型中，是最复杂的方程组，能够用来分析流场的局部特征。

（3）振动场中颗粒受力分析根据振动场所产生的源头的不同，主要有以下几种：

①微波场。微波具有波动性、高频性、穿透性等特点，微波辐射可以在较短时间内产生高温对乳液均匀加热，使乳化油外相黏度降低，油滴上升速度和水滴下降速度加快；同时产生乳液的凝聚和聚结作用，缩短油水分离的时间，从而提高油水乳液的分离效率，且微波破乳脱水的模型，辐射破乳的非热效应机理还不十分清楚，并且缺乏充分、有力的实验证据支持现有微波辐射破乳理论。

②电场。电破乳原油脱水是在原油加工中的一个单元操作，目前各油田多采用加破乳剂、加热、电破乳联合破乳的方法。但是随着原油质量变差（变重、变稠）以及注水采油、三次采油的应用，原油乳化严重，黏度增大，有时使电破乳器短路，致使生产无法进行，另外采用电破乳时电压较高，存在一定的危险，对设备的绝缘性要求较高，对于含水量较高的W/O型液膜体系，常因加不上电压而使电破乳难以进行。同时，电破乳过程总是在油水界面处形成絮状物第二相，其中含有大量被提取物，直接影响液膜的提取效率。

乳状液在静电场中的破乳是因改变了液滴表面的带电性和其在静电场中产生极化变形，在交流电场作用下，电极板所带电荷极性不断发生变化，使乳状液液滴表面的电荷方向也随电场的变化而不断改变，包围水滴的乳化膜薄化，并沿电场方向首先发生聚集、破裂，实现乳状液破乳。

在外加电压下油中水的聚结行为的数学模型如下

$$t = \left(\frac{c_1 \phi T}{\mu} + \frac{c_2 E^2 d_p^3 f}{\mu} \right)^{-1}$$

$$c_1 = \frac{3pK}{3K_2},\quad c_2 = \frac{2pK_1 \pi^2 c_g}{qK_2 V}$$

式中，ϕ——水相体积分数；

f——电场频率；

d_p——粒径。

通过上式可以看出外加电压、电场频率、微粒直径、水相体积分数以及温度是影响电破乳的主要因素。

③超声场。由于超声波具有无污染、无排放、能耗低等优点，成为国内振动破乳技术的热点研究方向之一。

在声场作用下分散相液滴由于运动的不对称性受到的漂移力为

$$F_A = -\frac{1}{4} m_w k U_0^2 \mu_w^2 \sin(2kx)$$

$$kx = (N + 1/2)\pi$$

$$\mu_w = (1 + \omega^2 \tau^2)^{1/2}$$

式中，τ——弛豫时间；

ω——角频率；

m_w——分散相颗粒质量；

k——波数。

由于声压辐射而产生的漂移力为

$$F_R = \pi \rho_w |A|^2 (k \tau_w)^3 F\left(\frac{\rho_w}{\rho_0}\right) \sin(2k x_o)$$

$$F\left(\frac{\rho_w}{\rho_0}\right) = \frac{1 + \frac{2}{3}\left(1 - \frac{\rho_w}{\rho_0}\right)}{2 + \frac{\rho_w}{\rho_0}} \tag{3.62}$$

式中，$|A|$——流场速度势幅值；

ρ_w，ρ_0——水的密度和油的密度。

由于温度和黏性变化引起的漂移力为

$$F_V = \frac{3\pi}{2}(H - 3) r_w \mu_0^2 \eta(\rho_0 c)^{-1} \rho_0 U_0^2 \sin(2k x_o)$$

$$\mu_0 = \omega\tau (1 + \omega^2 \tau^2)^{1/2} \tag{3.63}$$

式中，η——油的动力黏度；

H——系数；

c——油中声速度；

r_w——水滴的半径。

根据以上三种漂移力，把水滴的运动方程写作

$$m_w x_0 + 6\pi\eta x_0 = F\sin(2kx_0) \tag{3.64}$$

通过对方程求解讨论得到当 $F > 0$ 时，$kx = (N + l/2)\pi$ 是水滴运动的稳定平衡点，即 $\sin(kx) = \pm 1$，在这种情况下水滴向波腹运动聚集；当 F<0 时，$kx = N\pi$ 是稳定平衡点，即 $\sin(kx) = 0$，在这种情况下，水滴向波节运动聚集，并将这种现象叫位移效应。

超声波的声强对污油脱水量有直接影响，声强应控制在临界阈值以下，处理不同性质的油有不同的最佳频率、辐照时间、温度和沉降时间。

超声波在一定的频率范围内引起破乳，但声强超过一定值后也可产生乳化，这一现象都未给出明确的解释。因此，对乳化液分散相液滴进一步产生乳化的原因即液滴破裂的临界条件进行分析。

3.8.4.2 液滴的变形、破裂

20 世纪 30 年代，Taylor 研究双曲线流场和纯剪切流场中的液滴变形时，提出液滴变形和破裂的小变形理论和大变形理论，认为黏度比 λ 和界面张力系数 C_a 一起控制牛顿型液滴的形变。

界面张力系数：$C_a = \dfrac{\eta_c \gamma R}{\sigma}$

式中，$\eta_c \gamma R$ ——黏性力，它的作用是使液滴发生变形；

σ ——界面张力，其作用是使液滴保持球状。

当界面张力不足以抵制剪切力引起的液滴变形时，液滴将发生破裂。因此，界面张力系数存在一个临界值，该值主要取决于流场类型和两相的黏度比，已知给定流场中发生破裂的临界界面张力系数，就可以确定发生破裂的液滴的粒径范围。

当牛顿型液—液两相体系中的分散相液滴发生破裂时，黏性比 $\lambda \to 0$，临界界面张力系数的经验公式为

$$C_{a\,crit} = \frac{16\lambda + 16}{19\lambda + 16}$$

通过分析分散相液滴界面膜的受力及其在剪力作用下的变形，根据分散相液滴变形的长短径比的特定取值来判断相应的剪切强度对分离特性的影响。得出液滴受的剪切力与液滴形态及其界面张力间的关系为

$$\tau = \frac{r_{ab}^3 - 1}{r_{ab}^3 + 1} \times \frac{4\lambda}{d}$$

液滴的长短径比 r_{ab} 愈大，直径为 d 的分散相液滴在连续相的剪切流作用下，所承受剪切应力也愈大，液滴也越易破裂。并得出相应的液滴临界破裂半径

$$R_{crit} = \frac{2\sigma}{\eta c Y}$$

剪切流场中液滴形变的三维力学模型

$$\tau = (\sigma/R)\ [(1+\varepsilon)/(1-k_1\varepsilon)^2 + (1+\varepsilon)/(1-k_2\varepsilon)^2 - 2]$$

式中，ε ——液滴的拉伸率；

k_1，k_2——液滴变形收缩系数。

测得液滴破裂的临界拉伸率，求得液滴破裂的临界剪切强度，从而判断剪切对油水分离特性的影响。

通过对乳化液的分散相液滴的破裂机理及其临界破裂条件的分析，可为各类油水乳化液分离设备内部的剪切分布的合理性提供可靠依据和优化指标。

4 典型工业废油处理工艺

有关资料介绍，废润滑油再生工艺始于1935年。美国是世界上废润滑油再生最早的国家，也曾是生产再生润滑油最多、再生率最高的国家，其经历了从硫酸—白土工艺到目前的无酸工艺，建成了世界上最大的废油再生工厂。而欧洲共同体国家由于石油资源较少，他们把废润滑油视为珍贵资源，同时出于对环境的保护，一些国家颁布了相关法律禁止将废油随意抛弃。德国自1968年颁布相关法律以来建了11个硫酸—白土废油再生工厂。法国的废润滑油回收比例在西欧诸国中最高，但法国用作燃料的废润滑油量在20世纪70年代迅速上升，其再生处理量并不大。意大利早在1940年就对污染废油的收集和再生进行立法，使得废油的再生具有了强制性，而且优先用于再生润滑油。随着废润滑油再生工艺的逐步成熟，西班牙、瑞典、挪威、希腊等也纷纷建起了再生工厂。由于许多国家对污染废油回收、再生实行补贴制度以及法律上的强制，推动了废油再生处理技术的研究进程。

对于污染润滑油的再生处理根据其劣化程度的不同又分为以物理方法为主的再净化工艺和以化学方法为主的再精制工艺。

4.1 废油再精制典型工艺

长时间的运行使用润滑油后，由于苛刻的环境条件和超负荷的工作，其黏度、低温流动性能、抗氧化性、热稳定性、清净分散性能、抗磨损性能、防腐蚀性、抗锈蚀性能等，发生严重的劣化变质，使用性能急剧下降，而如果单纯地采用物理过程来净化再生显然已经达不到再生的目的，此时必须采用化学方法来精制再生。由于技术和侧重点的不同，促使废润滑油再精制加工工艺朝两个不同的方向发展，产生了以传统的酸洗—白土

为代表的有酸污染的再生工艺和以丙烷抽提为代表的无酸环保再生工艺。其主要工艺如下所述:

4.1.1 废润滑油传统再生工艺

废油传统的再生工艺以 Meinken 开发的硫酸精制工艺为主，主要衍生发展的有：沉降—酸洗—白土工艺，沉降—酸洗—碱洗—白土工艺，蒸馏—酸洗—白土工艺，沉降—蒸馏—酸洗—白土工艺，这些工艺主要是对劣化程度比较深的污染废油进行再生，再生后油质一般都比较好，可以达到基础油的标准。该工艺硫酸用量及酸洗参考温度见表 4.1。

表 4.1 硫酸用量及酸洗参考温度

项目	废油	酸洗温度厂/℃	酸洗用量/%
全损耗系统油	L-AN46 以下	25~35	6~10
	L-AN68 以上	30~40	6~10
液压汽轮机油	酸值 0.5 以上	15~35	8~12
	酸值 0.5 以下	15~35	4~8

硫酸精制工艺在过去一段时间内国内外都有广泛的应用，如瑞典在 1969 年建的一套 6.0×10^4 t/a 的硫酸—白土工艺以及在 1979 年改建的 2.4×10^4t/a 工艺，西班牙 1979 年在巴塞罗那建的 3.2×10^4t/a 工艺等都是用的 Meinken 开发的有酸工艺。20 世纪 70 年代 Meinken 工艺在我国得到了较快的发展，属于全国石油公司新建和改建的废油再生厂达到了 170 多家，另外在油田、钢铁、铁道、化工、林业等行业也有 50 多套再生装置。但是该工艺明显的不足是产生比较严重的二次污染，如产生大量的酸性气体二氧化硫及大量难以处理的酸渣、酸水、白土渣等，危害操作人员身心健康，腐蚀设备、污染环境。

随着人们环保意识的增强及人们对为环境污染的认识，国际上越发致力于无污染、环保的再生工艺研究，从而一些无酸环保再生工艺应运而生。

4.1.2 Kleen 工艺

Kleen 工艺主要是采用常压闪蒸以脱除水和轻质馏分，然后减压抽提燃油，通过两台薄膜蒸发器减压蒸馏获得燃油和重质馏分，另外也采用了广泛的加氢处理技术，通过煤油汽提塔获得煤油，最后获得基础油。该工艺相对安全，目前世界上最大的废润滑油再精炼厂即采用此工艺，但同样是条件要求比较高，仅适于大规模处理。

4.1.3 KTI 工艺

KTI（国际动力学技术公司）工艺主要过程是将减压蒸馏与加氢精制相结合，用于除去大部分杂质和添加剂。该工艺得到的再生油品质量优良，但是反应条件比较苛刻，要求温度不超过 250 ℃，加氢成本高，适于大规模处理，该工艺的流程如图 4.1 所示。

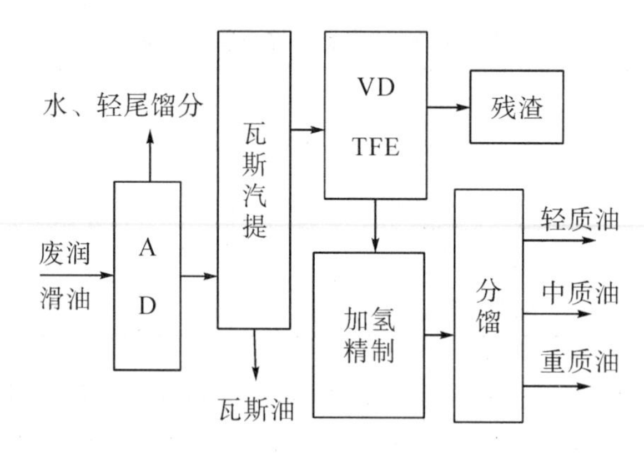

图 4.1 KTI 工艺流程

综上所述，各种污染废油的再生工艺各有特点，但国外工艺都正在朝着无污染、环保的方向发展，加氢精制已成为研究的主流方向，但其再生工艺过程、操作技术相对复杂，条件比较苛刻。国内工艺目前还处于以硫酸—白土为主的水平，二次污染比较严重，因此如何开发出适合我国国情的环保、经济的污染废油再生新工艺是亟待解决的研究课题，另外在污染废油回收利用方面应加强立法，杜绝污染废油被随意排放污染环境。

4.2 废油再净化典型工艺

润滑油在初期劣化过程中仅仅出现了少量的酸性或极少的沉淀及部分水分，而其主要性质功能并没有发生大的变化，此时仅仅通过物理方法如沉降、过滤、离心分离和水洗等处理即可满足需要。该净化工艺和过程主要应用于透平油、磷酸酯抗燃油、变压器油、液压油、磨合机械油等污染废油的再生净化处理。

国内外在这方面也有大量的研究，如日本曾报道将废机械油送入离心机高速离心，脱去水杂。日本还有专利报道，将废油加热，进行水蒸气汽提，除去水及汽油等。美国有一项专利报道，将废油加热后送入旋风流动的容器，使水及汽油汽化，与机械油分离、脱去水及汽油的废油再经过一个过滤器滤去机械杂质。韩国的 SOKYONGHO（KR）在 1989 年申请了“油压真空过滤装置”的韩国专利。*Filter. Sep.* 在 1995 年第 9 期报道了英国的 Headline Filters Ltd. 开发的真空滤油机，以及在 20 世纪 70 年代发展起来的较理想的静电净油技术，它与机械过滤法及物理化学法不同，是根据油液为绝缘流体的特点，利用静电场对带电粒子的静电吸附力而除掉油中的污染物。它对油产生两个方面的作用：一是对油中的杂质产生絮凝作用；二是在油水乳化的状况下进行破乳。并且纳垢容量大，处理杂质范围宽，不仅能吸附微粒污染物，滤除小至 0.01μm 的颗粒杂质和微量水分以及微小气泡等，同时还对油中的添加剂无不良影响，还可以去除堵塞滤油器的油泥之类的污染物。静电净油机既可作为附属设备与液压设备配套用于净化系统的液压油，又可单独使用对废油进行净化再生，但是它的局限在于它必须在不击穿油液的安全电场下进行，耗电量大、成本高。

我国油液污染控制的研究起步较晚，但对污染油的净化处理在近几十年内得到了快速发展，具有代表性的是重庆工商大学研发的各系列滤油机，它们集合了重力沉降法、离心分离法、凝聚法、分子吸附法、真空分离法、压力过滤法等优点，能够高效可靠地脱除各种废润滑油中的水分、气体、杂质，在不停电、不停产、不换新油、不用滤纸、在线状态下即可对变压器油、透平油、磷酸酯抗燃油等进行处理。该类技术已广泛应用于国内外一些重要工程，产生了巨大的经济效益和生态效益。

5 工业废油典型处理设备及应用

油液净化设备的分类方法有很多，市场上任何一种滤油机按照不同的分类方法可能属于不同的种类滤油机，常见的分类方法如下：

（1）按用途分，包括脱水滤油机（如离心分离机）、杂质滤油机（如精密过滤机）、脱气滤油机（如气泡去除器）、除酸滤油机（如变压器油再生装置）、复合滤油机（大多数均属此类）等。

（2）按对象分，包括透平油滤油机、磷酸酯抗燃油滤油机、变压器油再生装置、机油处理系统等。

（3）按方法分，包括真空滤油机、离心分离机、板框压力式滤油机、多功能滤油机等。

（4）按外形分，包括固定式滤油机、移动式滤油机、拖车式滤油机、敞开式滤油机、封闭式滤油机等。

随着工业生产规模的不断扩大，连续化生产程度要求越来越高，高分离强度、高脱水率和高分离精度的过滤技术是当前迫切需要解决的问题。人们将把精力集中于过滤设备的大型化和机械化、自动化，设备的合理组合使用，以及适用于特殊要求的专用过滤设备和相关技术的应用开发。工业上常用于废油处理的典型设备有以下几种：

5.1 工业废油处理设备

5.1.1 变压器油专用滤油机

5.1.1.1 变压器油专用滤油机的基本原理

变压器油经过几年运行后，由于各种原因，油质发生劣化，油液氧化，油色变深，水分、油泥、游离碳、酸值、机械杂质、黏度等都将增加，致使油液击穿电压、闪点、pH 值、机械杂质、介质损耗等超标，造成变压器潜在的危险。变压器油运行再生装置可在变压器、互感器、油开关等正常运行，不断电、不停产、不需换新油的情况下，对废油进行再生净化处理，恢复油的使用性能，达到国家油质合格标准，并可反复再生使用。

5.1.1.2　变压器油运行再生装置的用途

再生装置与真空滤油机相比，主要特点是具有明显的除酸和降低介损的功效，而真空滤油机则对油中所含水分、气体、机械杂质的净化效率很高，不需吸附剂。两种产品可配合使用，互相弥补，也可单独使用，用户可根据油液劣化程度、不合格项目、油量多少合理选择净化方式，以便既缩短净化时间，又减少吸附剂的用量。

运行中的汽轮机油，常因油中水溶性酸增多，一方面导致对金属部件、固体绝缘材料的腐蚀，加速油品自身的氧化，导致沉淀物的生成，降低油品的抗乳化性能；另一方面皂化物也是油品乳化的重要因素，它们都将影响到油和设备的安全运行和使用寿命。本装置可用于对乳化透平油的净化和受潮变压器的干燥。

变压器油运行再生装置为移动式，与传统的白土再生设备相比，具有体积小、重量轻，操作简单、方便、易掌握等优点，可节约油料资源，避免停电、停产带来的经济损失，减少换油、运输、吊芯冲洗带来的繁重劳动。

5.1.1.3　变压器油运行再生装置构造

变压器油运行再生装置见图 5.1 所示。

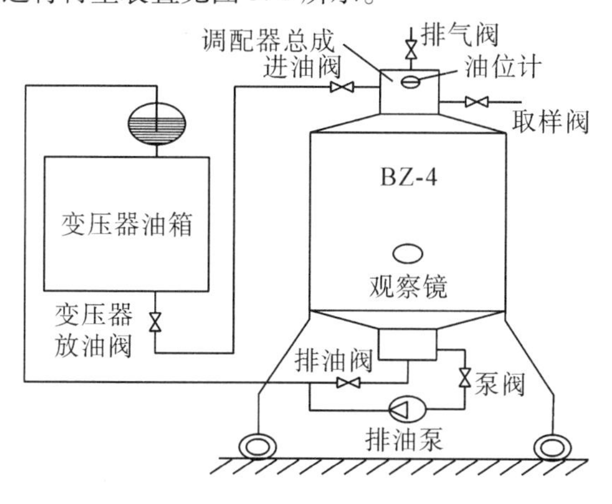

图 5.1　变压器油运行再生装置图

5.1.1.4 变压器油运行再生装置的工作过程

当劣化油液从变压器油枕缓缓流入再生装置时，油液与高效吸附剂有机会充分接触，使废油中的酸性组分、水分、游离碳、油泥、树脂、色素等被吸附掉，其他机械杂质及污染物则由设在装置下部的过滤器滤掉，净化后的油液从装置下部经油泵升压后送回变压器放油塞。重复上述过程，反复多次循环，能使劣化的油液得到净化再生，直到各项指标合格。为了加强净化再生效果，在装置上部设有调配器，具有卸荷、缓流、射流、分配、排气、取样等作用。

5.1.2 透平油滤油机

透平油广泛应用于火力和水力发电机组、工业汽轮机组、核电站等，透平油在机组中的作用主要是润滑、调速和散热、冷却等。透平油的好坏，直接影响到机组的安全经济运行，特别是长期运行的汽轮机组，由于高压汽封、电机轴封等严重磨损，形成间隙或汽封压力调节不当，引起串汽现象，以及冷凝器泄漏，造成透平油严重含水，出现油质浑浊不清或乳化，加速油质老化，产生皂类、胶质和有机与无机酸，降低油的稳定性和润滑价值。同时，水分会与油中的添加剂作用，促使其分解，导致设备锈蚀。另一方面，由于系统外污染物通过轴封和各种孔隙进入，如砂子、尘土、锈渣、炭粒以及内部金属磨损颗粒、油品氧化产物，也会降低油的黏度、抗泡沫性，破坏油膜、增大摩擦，磨损设备机件，并有可能导致调速系统卡涩、失灵，引起局部过热甚至闷车。乳化油还有可能沉积于调速、循环系统的管路中，生成油泥，使运行油不能畅通流动，起不到良好的润滑、调速、冷却作用，不及时处理可能造成重大事故，严重影响机组的安全经济运行。

透平油专用滤油机适用于汽轮发电机组、水轮发电机组、工业汽轮机组、核电站，以及各种使用透平油的机组，用以净化不合格的透平油，也可用以净化低黏度的液压油、压缩机油、机械油等。

5.1.2.1 透平油专用滤油机基本原理

透平油专用滤油机集重力沉降法、离心分离法、凝聚法、分子吸附法、真空分离法、压力过滤等于一体，比传统的板框压力式滤油机、常规真空滤油机、分子滤油机、白土净化装置等综合性能好，脱水与破乳效果好，适用于严重进水或浑浊乳化的透平油的净化处理，能有效脱去油中的水分、酸质、皂类、胶质、色素以及金属颗粒、砂子、炭粒等机械杂质，使乳状油液变清，而不需与汽轮机组长期同步运行，也不需耗费滤纸。

5.1.2.2　透平油专用滤油机主要技术指标

透平油专用滤油机用 TY-II/□命名，其中□表示公称流量，单位为L/h。主要技术指标为：工作真空度－0.097MPa～－0.075MPa；工作压力≤0.5MPa；油温控制范围 40℃～90℃；颗粒度 NAS16386/7 级；含水量≤50；运动黏度≤1.3×新油标准值（50℃）(cst)；闪点≥172℃；酸值≤0.03mgKOH/g。

5.1.2.3　透平油专用滤油机工作流程

透平油专用滤油机工作流程见图 5.2。乳状污染油由粗滤器除去较大颗粒的机械杂质，经红外加热器，乳状液加热到一定温度时（由模糊温控仪自动控温），因油和水的膨胀系数不同，密度差会很快增大，从而加速了“油包水型”液膜的破坏；同时，加热使油的黏度降低，有利于水珠的聚结和沉降；热油在缓冲器中得到缓流、卸荷，继而以偏心方式进入油水分离室下方的离心分离室，轻微的离心作用仅使乳液膜发生变形，而不使油液搅浑；由于油与水的结合力下降，并且油与水的密度不同，当涡流状油液由下而上逐级穿过凝聚分离塔时，细小分散的水滴在下沉中，经分离塔组合汇集成越来越大的水珠，在涡流与重力共同作用下，由锥面向锥顶汇集，初步脱水的油流经乳化剂脱除室中的高效分子筛进一步脱去胶质、皂类等乳化剂以及部分色素，再经再生过滤器除去水分和吸附剂细末等杂质；最后经设有特殊高效分离塔和油位控制、消沫、冷凝装置的真空分离系统，对油中的残余含水进行进一步真空深度分离、干燥，干燥后的油液经排油泵，提高压力后通过精滤器，不仅滤去细微固体杂质，还使少数残存的乳液膜被破坏，实现油水补充再分离后即为洁净油。

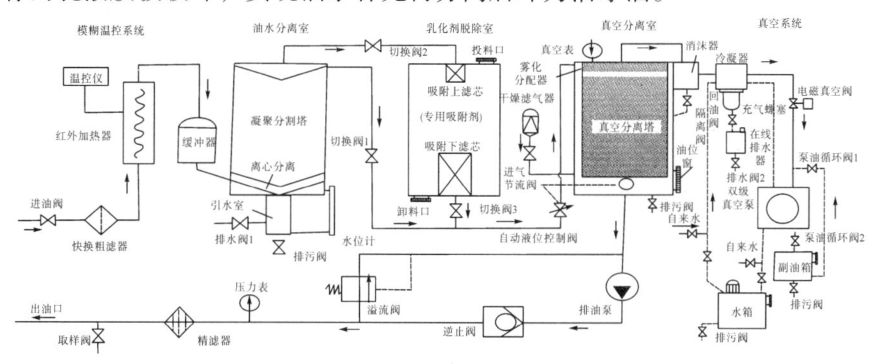

图 5.2　透平油专用滤油机工作流程图

透平油专用机还根据乳化剂的亲水亲油平衡理论，考虑了两相浓度的影响。一方面，乳化剂的乳化作用是由分子中亲水基和亲油基的作用引起的，当亲水基低于亲油基时，易形成油包水（W/O）型乳状液（乳化油），反之易形成水包油（O/W）型乳状液（见图 5.3）。另一方面，当对已形成油包水（W/O）型的乳化油中，再加入一定水，当水的浓度增大到某一值时，油包水型乳化油将转变成水包油型，因此，在本机首次使用时务必要加入引水（加入自来水即可），并要保证使用中的最低水位，以增强破乳和对水的分离效果。

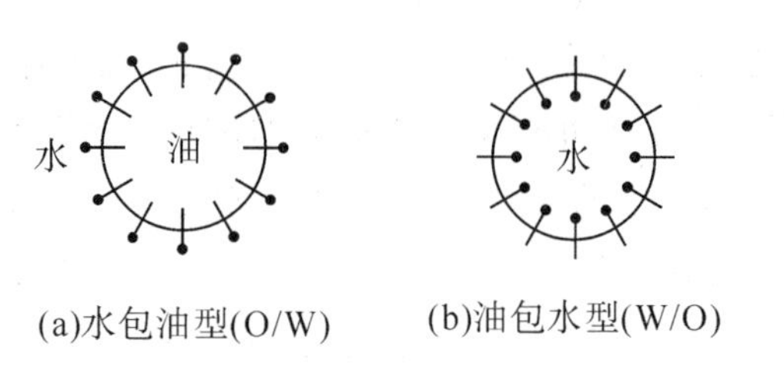

(a)水包油型(O/W)　　(b)油包水型(W/O)

图 5.3　水包油（O/W）型和油包水（W/O）型乳状液

5.1.2.4　透平油专用滤油机的控制

透平油专用滤油机的控制结构图见图 5.4。

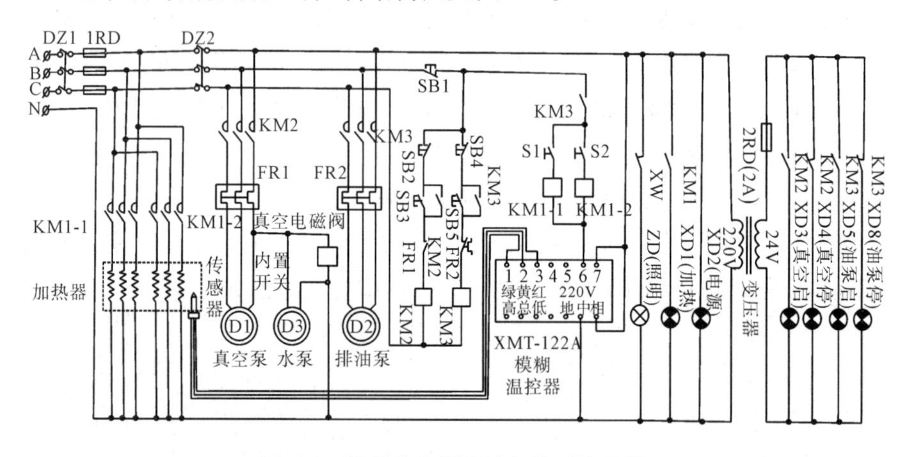

图 5.4　透平油专用滤油机控制结构图

5.1.3　抗燃油专用滤油机

5.1.3.1　抗燃油滤油机基本原理

随着电力工业的快速发展，在一些大型的火电厂、核电站，大容量高参数汽轮发电机组日益增多，为了适应这些机组调速系统高参数的需要，避免系统高压油泄漏酿成火灾事故，其调速系统已普遍采用磷酸酯抗燃油作液压介质。

抗燃油是一种人工合成的有机酯类液体，其化学成分完全不同于普通的矿物油。由于抗燃油的化学组成及特性，它的热安定性和水解安定性都很差，因此对它的运行维护要求较高，失效后也不能采用透平油等普通矿物油的再生净化方法。抗燃油的再生净化必须采用特殊的高性能专用设备。

抗燃油滤油机就是根据抗燃油的特性研制的，它能使劣化抗燃油的水分、酸值、颗粒度、老化物等得到有效控制，达到运行油的合格指标。

5.1.3.2 抗燃油滤油机的主要技术指标

抗燃油滤油机用 KRZ-□命名，其中□表示公称流量，单位为 L/h。对于只需要分离抗燃油中杂质的场合，可以使用抗燃油净化机，抗燃油净化机用 KRJ-□命名，其中□表示公称流量，单位为 L/min。KRZ 系列抗燃油滤油机的主要技术指标为：工作真空度一 0.096 MPa；工作压力≤1MPa；油温控制范围 40~60℃；颗粒度 NAS16385/6 级；含水量≤100μL/L；酸值≤0.05 mgKOH/g；氯含量≤0.005%；电阻率≥5×109 Ω · cm（20℃）。

5.1.3.3 抗燃油滤油机的工作流程

抗燃油滤油机的工作流程见图 5.5。

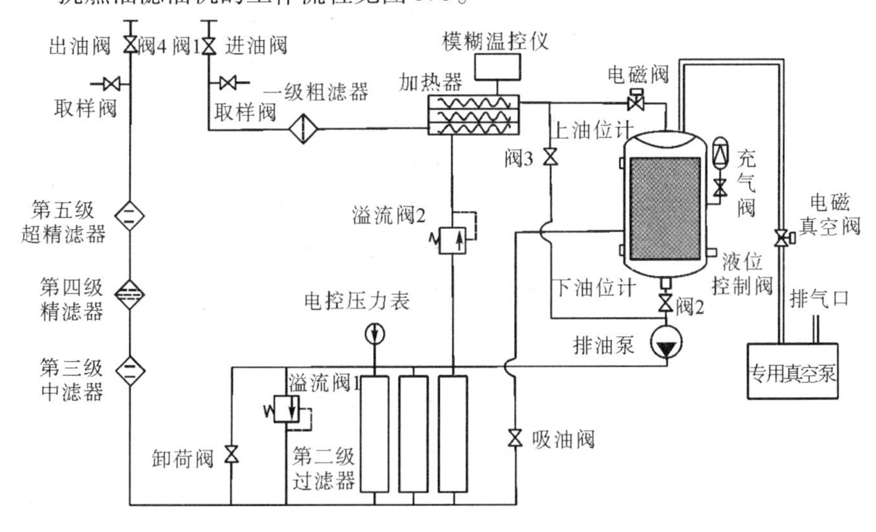

图 5.5 抗燃油滤油机的工作流程图

5.1.4 真空专用滤油机

真空滤油机能在真空状态下高效可靠地脱除各种矿物油中的水分、气体、杂质，能在不停电、不停产、不换新油、不用滤纸、变压器带电运行的情况下，对不合格变压器油进行处理，使油品达到国标、军标、国际标准。它广泛应用于电厂、电站、矿山、机械、化工等各工程领域，用以对变压器、互感器、油开关、电容器等要求较高的绝缘油的净化与干燥，也可对透平油、液压油、机油等进行净化处理，具有节约石油资源、缓解油料供求矛盾、避免排污的功效。产品的能耗、体积、重量、噪声、维护费用远低于传统产品，而净化效率、可靠性明显高于国内同类产品。该机可单独使用，也可与 BZ-4 型变压器油运行再生装置并联使用，增加除酸、脱色、降介损的功能。

5.1.4.1 真空滤油机工作原理

真空滤油机是根据油与水存在较大的沸点差，在高真空状态下水的沸点大大下降（见图 5.6 真空干燥曲线）的真空干燥原理，结合精密过滤等其他技术来设计的。

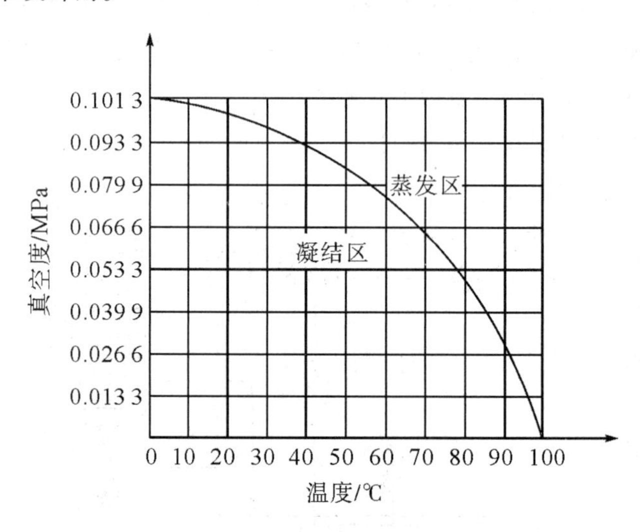

图 5.6 真空干燥曲线

5.1.4.2 真空滤油机型号命名

一种型号分类方法为：ZL-□□。第一个□表示公称流量（L/min），第二个□表示滤油机形式，A 为单级型、S 为双级型、Q 为自动型、Z 为带再生功能、T 为拖车式。滤油机形式可能有两种或以上的重复，如 ZL-100SZT 表示公称流量为 100L/min 的拖车式双级多功能（带再生功能）真空滤油机。

单级式真空滤油机的真空发生系统一般采用一个旋片真空泵，因此工作真空度一般较低（相对真空度-0.098～-0.085MPa），常用于一般油品和 110kV 以下电压等级变压器油；双级真空滤油机真空发生系统一般采用旋片真空泵作为主泵，采用罗茨增压真空泵提高真空度，因此工作真空度一般可达到 100Pa 以下（绝对压力），常用于 110kV 及以上电压等级变压器油和冷冻机油等的净化。

5.1.4.3 工作流程

（1）单级真空滤油机。单级真空滤油机（见图 5.7）所示待净化油液在负压作用下，从进油阀进入粗滤器，先滤去大颗粒的机械杂质，继而经自动油位控制器平衡流量，以保持稳定的油液流量，再进入多级红外加热器，油温逐级上升，并经模糊控制器控温，油液从真空室顶部经粒式分离器雾化并均匀分配。再经高效膜式分离，在其分离塔中形成展开面积膨胀了成千上万倍的油膜，油膜在向下滑移时伴随有翻滚，使含水油液的挥发表面不断更新，油中的水分在真空加热环境中沸腾而逸出，由于曲折、复杂、漫长的路径，油液与真空超大面积接触与保持的时间延长，油、水得到有效分离，部分水蒸气进入凝液器变成液态，而大部分水蒸气从排气口排除。

真空环境是由一台特制的双级真空泵实现的，它由净油器维持真空泵油良好的密封性能、润滑性能，以始终保持高的真空度；在分离室顶部的油液垂直下落的同时，经干燥滤气器后的干燥空气，经进气节流阀节流后从分离塔下部进入，源源不断地与下落的油流逆向上行，对油中的水蒸气进行洗涤，不断进入分离塔的气体充当一种载体，形成一股源源不断的上升气流，把油中的水分和气体从顶部携带排除，油液中的水分由迷宫式凝液器收集；去掉水分、气体的干燥油液经中滤器、油泵、逆止阀，最后经精滤器滤去机械微粒的洁净油从排油口输出，从而完成一个工作循环。反复循环可进一步脱除油中的微量水分和机械杂质。

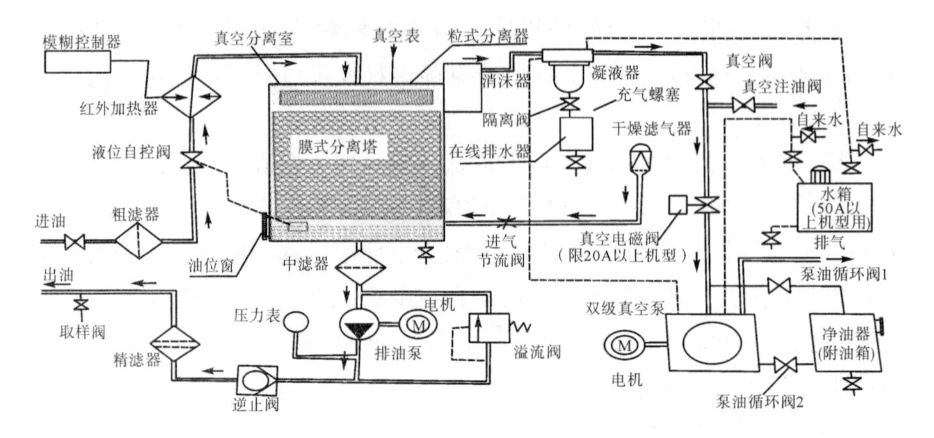

图 5.7　单级真空滤油机

（2）双级真空滤油机（见图 5.8）。待净化油液在双级真空的负压作用下，从进油阀进入粗滤器，先滤去大颗粒度的机械杂质，经进油电磁阀后从第一级真空分离室顶部经粒式分离器使油液雾化并均匀分配；再经高效膜式分离，在其分离塔中形成展开面积扩大数千倍以上的油膜，油膜在向下滑移时伴随有翻滚，使含水油液的挥发表面不断更新，油中的水分在真空环境中沸腾而逸出，由于曲折、复杂、漫长的路径，使油液与真空超大面积接触与保持的时间延长，油、水得到有效分离，部分水蒸气进入凝液器变成液态，而大部分水蒸气从真空泵排气口排除。

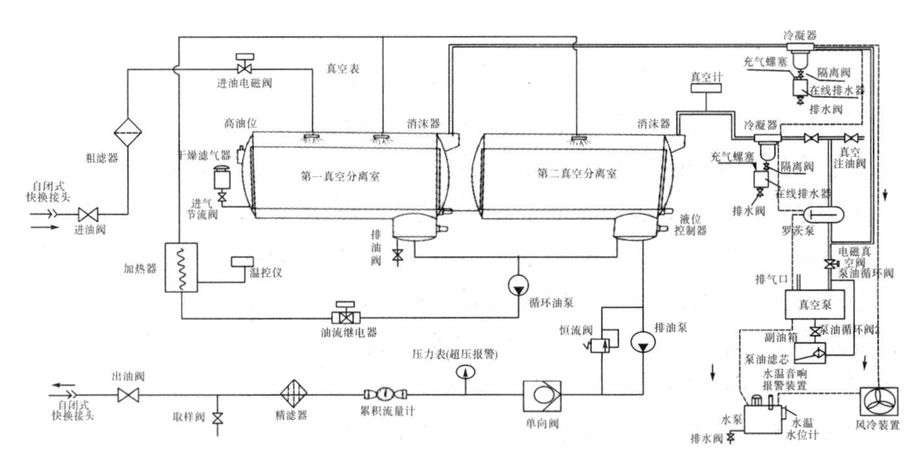

图 5.8　双级真空滤油机

初步去掉水分的油液再经循环油泵升压后，进入多级红外加热器，油温逐级上升，并经温度控制仪控温，分别从第一、第二级真空分离室顶部经二次粒式分离器使油液雾化并均匀分配，再经高效膜式分离，油液的加热将促进水分的分离。第二真空分离室是由一台特制的双级旋片真空泵和一台罗茨真空泵组成的真空机组抽真空，室内残余压力可达到 70Pa 以下，而真空分离室下部的两只液位控制器能自动控制室内油位。经机内多次循环去掉水分、气体的部分干燥油液经排油泵升压，经单向阀、流量计，最后经精滤器滤去机械微粒的净化油从排油口输出机外，从而完成一个工作循环。多次循环可进一步脱除油中的微量水分和机械杂质。

5.1.4.4 安装调试

如图 5.8 所示，接好进出油管，若对运行中的变压器进行净化时，真空滤油机应放在变压器的低压侧，将机器进油管的一端接变压器油箱放油口，将排油胶管插入变压器油枕或散热器上部注油口。检查真空泵油量，真空泵的油面应保持在正常油位线位置。对有水箱的机型需给水箱加满水，并添加水箱防锈剂。

将控制柜上的空气式电源总开关扳到“合闸”位置，将使真空滤油机处于水平状态，用符电流要求截面积的电线接好三相四线电源（不接地线不符合安全要求，不接零线不能正常工作），点动真空泵，观察电机转向是否与其护罩上的箭头方向一致。若转向与箭头方向不一致，则交换机外进线的任意两根相线（不能交换机内相线）。点动几次油泵和真空泵，电机转动无卡阻再启动真空泵，并打开真空阀，大约 1~2 分钟真空表读数将升至当地最大值 0.085~0.098MPa，海拔越高真空度越低。停真空泵，关真空阀，关泵油循环阀，观察真空表，如果读数一分钟下降大于 0.002MPa，说明漏气，要先消除漏气现象，完成上述调试工作后，就可进行操作使用。

5.1.4.5 操作方法

以 ZL-50A 高效真空滤油机为例，说明真空滤油机的操作。启动真空泵，打开真空阀，使真空度达到最大值 0.085~0.098 MPao，开启泵油循环阀，使真空泵油得到循环与净化，调节泵油循环阀可使真空泵动态油位稳定在正常位置。开启加热开关，并将模糊温控仪的温度设置键向左拨，通过下限设置旋钮设定下限温度（如 70℃）；当设置键向右拨时，通过上限设置旋钮设定上限温度（如 75℃）；然后拨到中间工作位置（一般设置到 60℃~85℃为宜，如需去除油中的微量水分时，温度可取偏大值）。打开进油阀，待油液进入分离室并升至油位窗中线附近时，启动排油泵。

若油液含水过重时，净化初期，一方面，由于在高真空状态下挥发出的水蒸气太多，大量水蒸气与轻油混合形成泡沫，很容易进入冷凝器并由真空泵抽出。此时，请略微开启真空室下部的进气节流阀（开启程度以真空室油位窗中无过多泡沫为宜），由此处进入的空气作为载体，会快速把水蒸气携带排除。通过一段时间处理后，泡沫会逐渐消失，然后再逐渐关闭进气节流阀，进入高真空正常运行，以便提高分离效率。另一方面，净化含水多的油液时，20A 以上的机型请旋开真空泵前方的气镇阀，向泵的排气腔注入空气，使水蒸气有效地随空气一起被排除（以免水蒸气凝结成水混入泵油中），从而可延长泵油的使用寿命。但气镇阀打开后真空度略有下降，所以无明显水分后应关闭气镇阀。停机时，先关加热系统，待加热器适当降温后，依次关闭真空阀（20A 以上机型可长期不关）、真空泵、泵油循环阀 1 和 2、进油阀，待油液排尽后再停止油泵。最后，不能忽略的是要开启进气节流阀，使真空读数降为 0 后再关闭，避免负压将大量油液吸入真空室而使下次净化时因油液过多出现喷油现象。

以 ZL-50A 高效真空滤油机为例，说明真空滤油机的操作时不得将真空滤油机中的线（零线）错误地接地，否则不能正常工作，尤其是用户电源装有漏电保护开关时，会出现开关自动跳闸的现象。正确的做法是将电源中线接到本机中（零）线，而地线接到本机架上的接地标志处。取样前，最好保持加热温度在 70℃～75℃以上，工作真空度在最大值情况下，至少循环一遍以上。为了提高净化效果和效率，应尽量采取双罐来回净化，即从甲罐抽到乙罐，再从乙罐抽回甲罐，这样来回对抽，可保证被净化的油液全部进入循环。若将真空滤油机用于运行中变压器的净化时，该机应放在变压器低压侧，该机进油端接变压器放油口，出油端接变压器油枕或油箱加油口。当油管插入油枕时，应从变压器低压侧操作，是否需断电操作主要视高压安全距离是否足够（以需方安全规程为准），若不足够则需瞬时断电操作。冷凝水在线排除方法为开启在线排水器的真空隔离阀，当冷凝水进入排水杯后，关闭隔离阀，旋松上部充气螺塞，冷凝水就可从下部排水阀排掉。

当真空滤油机与运行中的变压器进行联机净化时，为保证油枕中油位正常，须适当补充变压器油，方法是用一根 Φ10mm 胶管，一端接真空室最下方的排油阀，另一端插入待补充油桶。在负压作用下，油会自动进入真空分离室内，再随净化过程补充到变压器油箱。在工作前若因某种原因，使真空分离室内已存满油，或油液已远高于正常油位时，开机前应先启动排油泵，使真空分离罐内油位下降到正常位置再开真空泵，以免出现真空泵喷油现象。对海拔较高的地区真空度达不到属正常现象，此时可参照加温曲线，采取适当提高温度的办法补偿，使其达到蒸发区以上。对装有瓦斯继电器的变压器净化时，应当将其安放在信号位置，工作完毕后再恢复正常。对于需用水冷却的机型，使用中要注意换水，最好保持水温低于40℃。在有自来水的条件下，宜将进水管直接接到自来水阀门上，出水管接排水沟，以增强冷却效果，此时，不需再开水泵（关闭控制柜内的内置开关）。为使水箱和水泵防锈，请在水箱中加入0.5%的防锈剂或亚硝酸钠。当真空室油位不平衡时，还可微调进油阀，使进出油量保持平衡。

5.1.4.6 维护保养

以ZL-50A高效真空滤油机为例，说明真空滤油机的维护保养方法。运行中，若压力表读数上升至0.45MPa以上，通常属精滤芯堵塞，此时应清洗或更换精滤芯。当滤芯阻塞使油压升高而未被发现时，溢流阀将自动打开，使压力油自动切换到进油口，起到安全保护作用。调整溢流阀螺帽可控制自动开启所需压力，顺时针旋进会使自动开启所需压力增加，反之减少。运行中，若进油量不足，即油位窗中油位始终上不来，通常属于进油管道或粗滤芯被异物堵塞，应清洗疏通。干燥滤气器中的吸湿剂按使用情况不同，工作时间长短不一，失效后烘干即可，大约半年烘烤一次，或用细孔硅胶、变色硅胶、粗孔硅胶更换均可。

当滤油机长时间停用后，一旦使用时，特别是北方冬季环境温度较低时，因真空泵内油液黏度变大，变稠，阻力增大，往往初次启动困难，此时可打开进气节流阀向真空分离罐内充气，减小真空泵启动阻力，同时先用手来回扳动皮带轮或联轴器，然后再点动真空泵即可工作。由于真空泵长期工作在高温、高湿、高度磨损的恶劣环境中，所以起密封作用的真空泵油极易乳化变质，净油器起到一定的循环净化作用，以便延长油的使用寿命，但当发现真空度比正常情况下降太多，或油质严重乳化发白时，应更换新真空泵油。可用1号真空泵油，无真空泵油时可用15#、32#机械油代替。换油时，先开真空泵5分钟，再停泵并关闭真空阀，打开净油器（副油箱）排油阀，把油放尽，用手转动真空泵皮带轮，使泵腔内的存油完全放出，同时还应清洗附油箱，洗好后先向附油箱内灌满新油，并封好上盖，观察真空泵静态油位，若油量不足请从真空泵上部加油孔补充，使油面达正常位置。北方用户在冬季工作结束时请放净残水，以免结冻损坏真空泵体和水箱。

5.1.5 机油处理专用滤油机

5.1.5.1 机油专用滤油机用途

机油专用滤油机是专门为柴油机、汽油机、拖拉机、汽车制造等机械加工制造过程中，对试机跑合过程中的68#以下（或相当黏度）废机械油、液压油等进行恢复性处理而设计的一种组合式油处理系统，它能有效除去废机油中的磨屑、型砂、杂质、水分，还能除去油中酸质，改善油品颜色，恢复机油的使用性能，节约购油费用，节省油料资源，避免排放废油的污染。

5.1.5.2 机油专用滤油机结构原理

机油专用滤油机结构原理见图 5.9。

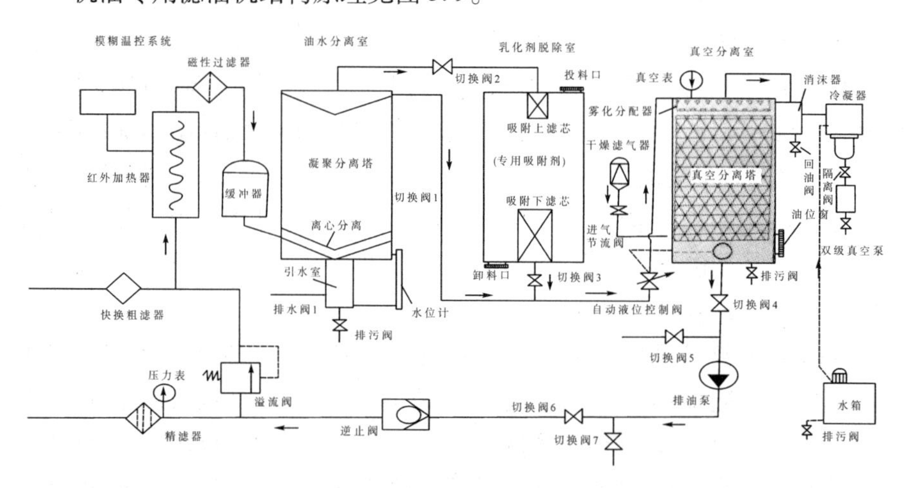

图 5.9 机油专用滤油机结构原理图

5.1.5.3 机油专用滤油机工作过程

机油处理系统如图 5.9 所示，首先由进油口进入粗滤器，滤去粗大杂质，经多级远红外加热器加热后，进入磁性过滤器滤除黑色金属颗粒，然后进入镇流滤水室，在其中完成低速离心分离和水滴的凝聚分离，使机油中细微的小水滴经汇集组合成大水滴，在旋涡向心力与重力叠加后共同作用下，垂直下落到底部储水室。因水与水之间的亲和作用，会使含水机油中的游离水分子与储水室中已有的水自动结合，加速汇集，初步除去水分的机油由镇流滤水室上部溢出，由切换阀1和2控制去向，当油液已严重乳化浑浊，或酸质、色素不合格时，关闭切换阀1，开启切换阀2，油液进入劣油再生室。室内的高效分子筛吸附剂会使油中的乳化物、胶质、皂类、酸质、色素得到净化，机油经二级过滤器除去吸附剂中的粉状颗粒后，经自动油位调节阀进入真空分离塔上部，机油会在真空中先形成雾状，再形成膜状，使其与真空的接触表面扩大为原来的数千倍，使机油中的水分在高热、高真空度、大表面、高抽速的条件，得到快速汽化并由真空系统抽除。由真空油水分离室上部排出的水蒸气，首先经消沫器和冷凝滤气器降温、除湿后，经自动电磁真空带充气阀，最后由真空泵排向空中。真空油水分离室，经真空气化脱水后的干燥机油经三级过滤，经排油泵由负压升为正压，顶开单向阀，经第四级过滤（可任意选择膜式过滤器或化纤过滤器），最后，洁净油从出油口排出。当油中含水太多，或油质乳化，或油温太低，或油质太差时，往往一次循环达不到合格要求，需经过数次循环，直到油质合格。

5.1.6 三级精密通用过滤机

5.1.6.1 三级精密通用过滤机基本原理

JL系列三级精密过滤机主要用于绝缘油和各类润滑油液中固体杂质的精密过滤，对于只需滤除机械杂质的场合，该机比真空滤油机更灵活、方便、成本低，比普通压力式滤油机用途广、寿命长，可恒温加热，不需更换滤纸，过滤精度高且稳定。因此，三级精密过滤机广泛适用于电力、铁路、冶炼、轧钢、航空、工矿等行业，对绝缘油、液压油、透平油、机械油、压缩机油、锭子油及一切具有润滑功能的液体油做深层过滤，但不得用于过滤乙醇、汽油等无润滑作用和易燃的液体。

5.1.6.2 三级精密通用过滤机结构

三级精密通用过滤机结构见图5.10。

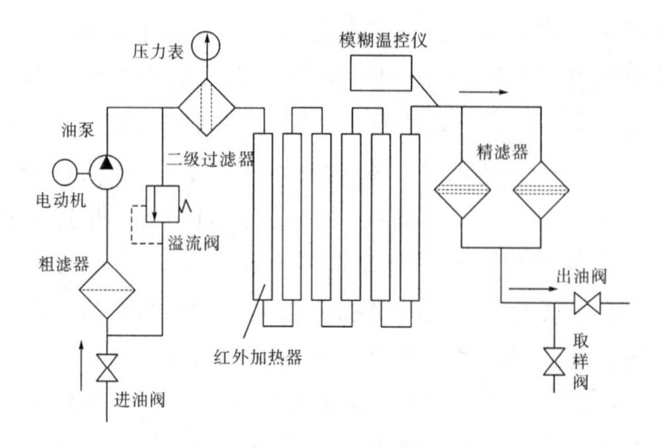

图 5.10　三级精密用过滤机结构图

5.1.6.3　三级精密通用过滤机工作过程

在油泵的作用下，待净化油液从进油阀吸入，经粗滤器实现第一级过滤，以保护齿轮油泵和溢流安全阀的可靠动作；粗滤后的油液进入红外加热器加热，因油和水的膨胀系数不同，密度差会很快增大，使油水分离；另一方面，加热使油的黏度降低，以增加油液对精过滤介质的穿透能力，保证正常实现精滤；加热温度可随时任意选择，将温度设置键向左拨后，可转动下限设置旋钮设置下限温度（例如设为60℃），当设置键向右拨后，可转动上限设置旋钮设定上限温度（例如设为65℃），拨到中间位置即开始工作。加热后的油液吸入齿轮油泵后就变成压力油，其压力的大小可通过调整溢流阀来实现，压力油首先经二次过滤器实现第二级过滤，进一步滤除小杂质，然后进入精滤器，实现对油液的第三级精过滤，最后经过滤袋式过滤器进行精密过滤，洁净的油液从出油口流出。若要观测净化后的油质好坏可从取样阀取油样。溢流阀既可用于对第二级、第三级、第四级滤芯堵塞状况的监测，也用于对整机油压的调整和自动保护。

该机的加温系统具有连锁保护功能，即加热的启动除了受到模糊数字温控仪传感器的控制外，还受到油泵工作与否的控制，当油泵不工作时，加热器将无法启动，起到双重保护作用。

5.2 工业废油处理典型工程应用

5.2.1 废机械油的典型处理过程

所谓废机械油，一是指机油在使用中混入了水分、灰尘、其他杂油和机件磨损产生的金属粉末等杂质；二是指机油逐渐变质，生成了有机酸、胶质和沥青状物质。废机油的再生，就是用沉降、蒸馏、酸洗、碱洗、过滤等方法除去机油里的杂质，常用的5种处理方式如下：

（1）沉降将废油静置，使杂质下降而分离。沉降时间由油质和油温决定。油温越高，黏度越小，杂质越容易下降，沉降时间越短。一般机油中杂质的沉降时间跟温度有关系。

（2）蒸馏把经过沉降处理除去沉淀物后的废机油放入蒸馏烧瓶内，装好蒸镏装置，加热进行常压蒸馏。在180℃馏出的是汽油，180~360℃的馏分是柴油，留下的是机油。如果已知废机油内没有汽油、柴油等杂质，可以省掉这一步操作。

（3）酸洗把沉降、蒸馏后的机油放入一只大烧杯里，加热到35℃，在搅拌下慢慢加入占机油体积6%~8%的浓硫酸（在30分钟内加完）。这时，浓硫酸跟废机油中的胶质、沥青状杂质等发生磺化反应。为了除去这些磺化后的杂质，再加入占机油体积1%的10%烧碱溶液，起凝聚剂的作用，加速杂质的分层。加碱后搅拌5分钟，静置一段时间，就出现明显分层，上层油呈黄绿色，没有黑色颗粒等杂质。

（4）碱洗这一步是为了除去废机油中的有机酸和中和酸洗时残留下的硫酸。把酸洗过的机油加入另一只烧杯中，加热到90℃，在搅拌下慢慢加入占机油质量5%的碳酸钠粉末，20分钟后检验机油的酸碱性。取两支试管，各加入1mL蒸僧水，其中一支加2滴酚駄试剂，另一支加2滴甲基橙试剂，然后在两支试管中分别加油样1mL，振荡3分钟，如果两支试管中的水溶液层颜色不变，说明油是中性的，这时机油应该变得清亮。

（5）过滤工业上用滤油机过滤。家用机油可用4~6层绸布反复过滤2~4次或滤油车、滤油机过滤，即得合格机油。

如果知道废机油中的各种杂质成分，可根据实际情况调节上述操作步骤。例如，机油内只含有金属屑等固体杂质，用沉降法分离即可。如果机油内仅仅混入汽油、柴油等物质，只要通过蒸馏，就能得到再生的机油。如果仅仅是机油被氧化而变质，只要用酸洗、碱洗法除去有机酸等杂质即可。

5.2.2 废油再净化工艺具体应用

某厂是我国小型动力机械专业厂，生产1955柴油机已有三十多年的历史。随着改革开放的不断深入和工农业生产的迅速发展，产品需求量不断增加，由1983年年产3万台到1993年年底年产已达11万台，增长了2.6倍。由于产量大增，润滑油的消耗量也相应加大，仅柴油机装配车间每年试机用的润滑油就达102吨，加上生产设备润滑用油，每年共消耗200多吨。进行回收再生复用后，一年只需补充新油31.46t，就是说一年就少购润滑油178.5t。

选用废油“再净化”这个再生工艺，是因为工艺设备简单，资金投入少，占用场地小，易于掌握和操作，处理效果亦较好。其主要工艺流程为：沉降——二次沉降和脱水——过滤——离心分离——成品油。

（1）沉降。废油回收后，集中于一个2～5m^3的油罐（或油池）中。润滑油在使用过程中，由于环境、场地或工艺的影响，常含有各种有机和无机杂质，如炭粒、纤维、砂土、磨料、金属粉末，还可能混有一定的水分等。由于这些杂质、水分的密度都大于废油，所以经一段时间的静置后，废油中较大颗粒的机械杂质就自然沉降下来，这是废油再生工艺的第一步，这一过程称为预处理。

（2）二次沉降和脱水及设备。二次沉降是在一次沉降的基础上，采用热蒸汽加热的办法对废油进行较彻底的追降的一种手段。废油在一次沉降中，实际上只是自然沉降，它只能把较大颗粒的机械杂质沉降下来，对于较小颗粒的各种机械杂质和混在废油中颗粒直径较小的水杂和被“油包水”的那部分水杂是毫无办法的，只有采取某种手段对其进行追降。因为，从沉降理论上讲，水杂的沉降速度与水杂颗粒的直径及密度成正比，即颗粒密度越大，直径越大，越易于沉降；而与废油的密度和黏度成反比，即密度越大，黏度越大，越不易于沉降。在影响水杂沉降速度的各种因素中，只有废油的黏度能随温度的升高而变小，其他因素变化不大。所以，要使水杂能尽快地沉降，对废油提高温度，使油黏度变小是一项有效的办法。但要注意，废油加温也不能太高，因为，一方面废油的温度如果在100℃以上时，废油中的水分就会大量汽化，容易造成溢油。同时当废油温度在100℃时，容易起泡沫，并且可能产生强烈对流，这样，反而将已沉降的水杂和其他机械杂质、纤维等翻上来。另一方面，如果油温加热到100℃时，废油中的添加剂可能分解，这样就会改变润滑油的理化指标和特性，影响使用效果。再就是如果废油的温度太高，会加快润滑油的氧化速度。经实践，我们认为，废油加热到30~60℃为宜。在这个温度范围内，沉降时间越长，水杂和机械杂质沉降得越彻底，效果就越好。沉降时间约6h，废油中90%以上的机械杂质和水杂就能沉降下来。二次沉降的设备，采用立式圆柱形，下部为锥体的分离罐。锥体部有一排污阀，罐内设有加热盘管，水蒸气管由分离罐的上方进入，并有控制阀门。在加热废油时，为使罐内油温均匀，用吹气搅拌的方法，但要注意观察和控制，空气量不要开得太大，以防废油溢出。当加热结束时，立即关闭水蒸气阀和空气阀。

（3）过滤及其设备。废油通过二次沉降并静置6小时后，废油中90%以上的水杂和其他机械杂质已经沉降，但尚有10%细小纤维和残余的小水珠，需用过滤的方法来进行处理。过滤前，要把分离罐中的明水和杂质通过排污阀排放干净。

过滤开始时，压力不宜过大。因为压力太大时，过滤速度快，容易压穿滤纸或滤布，影响再生油质量。一般过滤压力在开始时应控制得小一些，到后期，压力可适当加大。

（4）离心分离。离心分离是废油再生的最后一道工序。离心分离的目的是将油中的残余水杂和各种机械杂质彻底地分离出去，以提高再生油的质量。我们用DRY-15型油分离机来分离，其分离原理是在分离筒的高速回转下产生强大的离心力作用，使进入分离筒内的混合物、油、水和机械杂质分离。由于其密度的不同，产生的离心力也不同，从而能达到较好地分离。废油通过各个工序的处理后得出成品再生油，其与新油理化指标对比见表5.1。

表5.1　再生油与新油理化指标对比

项目	新油	再生油	备注
运动黏度（100℃）/（mm^2/s）	8~9	9.22	
闪点（开口）/℃	215	218	
水溶性酸或碱	中	中	含添加剂

由表5.1可以看出，经多次重复再生后的润滑油，由于使用环境和再生过程的影响，油中部分较轻的组分发生分解、挥发，整体上的分子构成变大，从

而使再生油的黏度提高 0.2mm^3/s，而其他两项理化指标则均在合格范围内。另外，经试机后，柴油机整机清洁度检测为 207.12mg，达到优等水平。

5.2.3 导热油典型处理工艺

某厂对 9t 废导热油进行了再生处理。再生工艺如下：沉降→酸洗→碱洗→白土精制→过滤→基础油调制（加添加剂）。制作了沉降罐、酸碱洗罐、白土搅拌罐、基础油调制罐，并配备了过滤机及搅拌、加温等再生设备。9t 废油经以上工艺回收了成品油 7.74t，除去成本费用，获经济效益 6 万元，为本厂节省了一笔资金。

（1）沉降（自制加温沉降罐）：使油中的水和机械杂质下沉析出，达到与油分离的方法（沉降时可以加热降低油的黏度）。

（2）硫酸处理（酸洗）：主要是除去油中氧化物、缩合物、聚合物，在使用过程中产生的不饱和化合物以及残余添加剂和添加剂热分解或降解产物（对含氧化合物起磺化、氧化、酯化、溶解等作用）。对油品中的沥青质及胶质起溶解作用，同时也发生氧化、磺化等。对芳香烃起磺化反应，生成磺酸（水溶性和油溶性）。对油品中悬浮的各种固体杂质起凝聚作用。

（3）碱中和。碱中和加浓度为 3%～5%的氢氧化钠溶液，用量根据废油中含酸量及小样试验后决定。其目的是除去油中的有机酸和硫酸精制后产生的磺酸及游离硫酸、硫酸酯等酸性物质。碱中和可单独用于废油再生，也可与硫酸精制联合使用。如再生油酸值不高，可不用此道工序。

（4）白土接触精制。吸附油中未被酸碱洗掉的沥青、胶质、环烷酸、多环芳香烃等有害物质，并起到脱水、脱色作用。对于开口和没有惰性气体保护的白土处理时，温度以 120℃左右为宜，搅拌时间 30～60 分钟，但有时为降低酸值不得不采取较高温度。白土吸附精制时，白土用量应根据润滑油质量而定，一般为废油重量的 5%～10%，但应经过试验来确定。

（5）过滤。过滤设备最常用的为板框过滤机。过滤前要将滤纸作烘干处理，因滤纸受潮后会改变其质量，影响过滤效果。油的黏度对过滤影响很大，应适当控制油温以降低其黏度。

（6）添加剂。通过以上处理精制，使油中添加剂破坏或造成损失。为使再生油恢复到或接近新油的油品，一般要同新油一样添加各种添加剂。添加时要保证混合均匀，温度宜控制 70℃～100℃范围内。

以上工艺不仅适用于变质严重的废导热油，经取样化验，再生液压油、压缩机油、变压器油、机油、齿轮油的试验也获成功，都可制成再生油后再行使用。

5.2.4 Tacoma港口装备油液监测和污染控制

Tacoma港口装备大量的装卸机械，为减少设备停机时间，强化油液监测和污染控制管理，并采用旁通过滤器来提高液压系统和柴油机油液的清洁度，液压系统油液清洁度从原来的21/16提高到14/11，柴油机则从19/16提高到15/12。

综合统计，液压系统平均修复费用下降了70%以上，柴油机的使用寿命从原来的9 000小时提高到21 600小时，换油周期也从250小时延长到750小时以上。

5.2.4.1 Weyerhaeuser公司安装带有干燥剂的空气滤油装备

Weyerhaeuser公司采取安装带有干燥剂的空气源、新油过滤和定期离线旁通净化等主动性维护措施将液压油清洁度从原来的19/17提高到14/11，润滑油从21/19提高到15/12，设备维修费用下降了90%。

5.2.4.2 采用静电净化装置处理汽轮机电液伺服阀

某厂的阀芯正常，但漆膜粘接，导致设备停机，造成巨大的经济损失。该机使用32号汽轮机油，油样外观呈浅黄色透明，底部无沉淀（见图5.11）。油品分析表明该油样的运动黏度、微量水分、总酸值、氧化度、污染度和磨损元素等指标的倾向指数高达87，后采用静电净化装置对油品进行旁通过滤90小时，VPR降至7，而且阀芯上的漆膜明显被清除（见图5.12）。

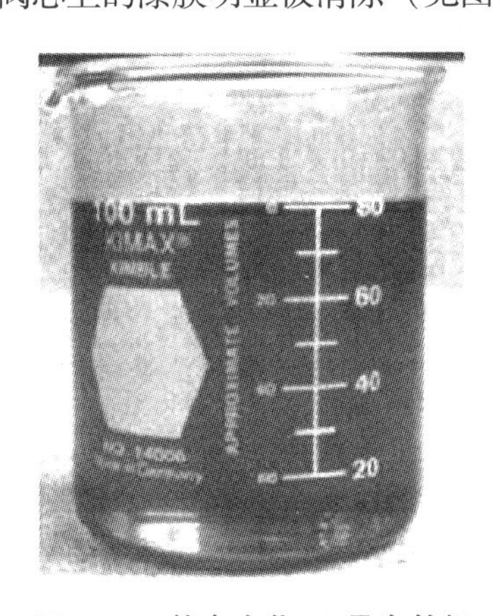

图5.11　静电净化32号汽轮机

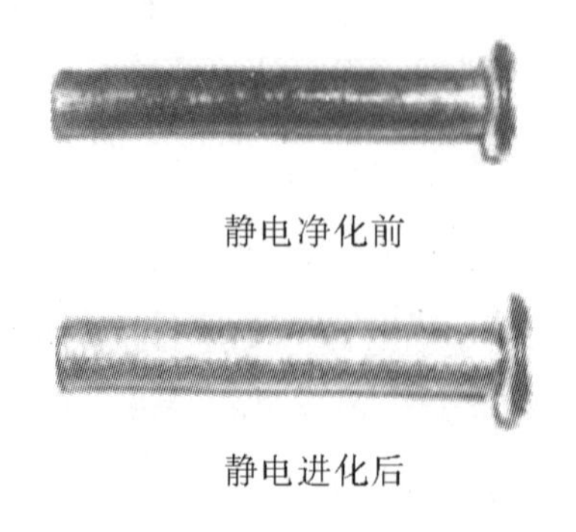

图 5.12　汽轮机电液伺服阀芯

5.2.5　其他有关公司处理工艺应用

（1）陕西某化工有限责任公司采用联合法再生工艺处理废油。陕西某化工有限责任公司对废润滑油处理选择的是废油联合法再生工艺，其流程见图 5.13。

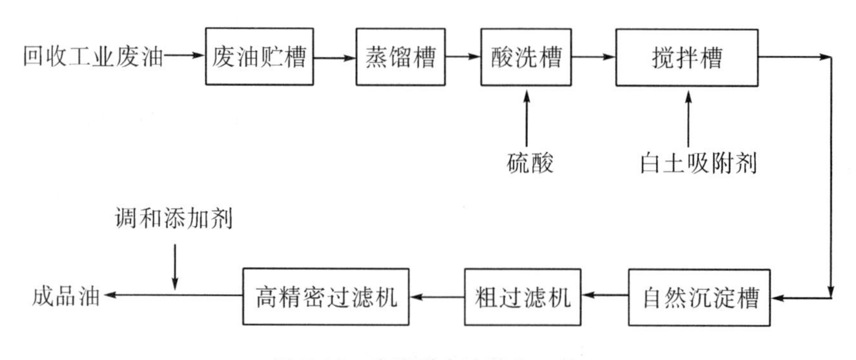

图 5.13　废油联合法再生工艺

废油联合法再生工艺流程是先将回收的废油在废油贮罐里自然沉淀 24～40小时，分离去除水分和杂质，然后由油泵送入加热蒸馏槽加热到 90～110℃除去水分，再进入酸洗槽进行处理。分两次用人工将质量分数 98%的浓硫酸加入到酸洗槽中，加入空气并充分搅拌。第 1 次加入浓硫酸量为废油质量的 0.6%～1.5%，主要用以除去油中水分而使之干燥。油液与浓硫酸在 25～30℃的温度下搅拌 15～20 分钟，然后沉降 12 小时，将沉降下来的酸渣放出。第 2 次向油中所加浓硫酸量一般控制在油质量的 3%～8%为宜。

总之，硫酸的加入量根据废油质量而定，并继续将油与硫酸在 25～30℃的温度下搅拌 30～40 分钟，然后沉降 1 小时后将分离出的酸渣放出。需控制温度主要是由于生成的酸渣在较高的温度下会溶解于油中。

油液用油泵送入搅拌槽，向油中加入油质量 4%～10%的白土吸附剂（要求粒度<250 目）进行机械搅拌，搅拌时间为 30～40 分钟，搅拌槽内装有蒸汽加热盘管。对于 46#油，加热到 80℃～90℃使油在搅拌时与白土充分接触，然后自然沉淀 16～24 小时，分离沉渣后再将油液送入板框式压滤机进行一级、二级过滤。根据油的黏度再适当调和添加剂，处理后的润滑油一般不加添加剂均可使用。

（2）Saturn 公司安装静电净化装置处理出现严重漆膜问题。Saturn 公司下属汽车制造厂有 39 台大型 UBE 注塑机，虽然该类设备安装了 $3I \rightarrow R^2$ 的绝对过滤器，但油品使用 6 000 小时后出现严重漆膜问题，导致阀芯黏结、过滤器堵塞等故障。安装静电净化装置后，不仅确保了设备的安全运行，而且使油液寿命从 6 000 小时延长到 25 000 小时。

（3）山东某厂开展废油再生技术。该厂设备多为轴承专用设备，每年消耗润滑油 60t，价值 18 万元。换下的相当数量的废油大多以低价卖掉，浪费很大。为此，该厂开展了废油再生技术工作，取得了很好的经济效益，两年共再生废油 20 余吨，价值 8 万多元，为节约能源做出了贡献。

不同品种的润滑油应采用不同再生工艺，工艺流程简介如下：

①普通机械油再生工艺：

a. 自然沉降—普通过滤。

b. 加温沉降—白土吸附—板框过滤。

②压缩机油再生工艺：加温沉降—普通过滤—硫酸精制—白土吸附—板框过滤。

③液压油再生工艺：加温沉降—白土吸附—普通过滤—调和添加剂。

④主轴油再生工艺：自然沉降—加温沉降—白土精制—板框过滤—精密过滤。

因变压器油对绝缘性等要求较高，故一般不宜再生。如再生，必须精密过滤后使用。

6 废油再生装备冷凝系统通用型线理论

在废油再生工艺中，为提高关键设备的使用效率，防止部分设备过热而造成系统故障，在传统自然通风冷却情况下，引入压缩机制冷系统对关键设备进行强制制冷，以期降低设备的故障率，以便更好为整个废油再生系统提供关键运行保障。而冷凝系统关键是压缩机，压缩机的性能决定冷凝系统性能，故压缩机的改进与优化是整个系统的关键，也是当前废油再生设备热点与难点研究领域之一。

6.1 国内外压缩机研究现状

压缩机是用来提高气体压力和输送气体的机械，自从第一代压缩机代表产品往复式压缩机问世以来，压缩机以其独特的功能受到科研人员和市场的青睐。特别是近年来伴随涡旋压缩机各方性能的快速发展，涡旋压缩机已经成为第三代压缩机典型代表产品。本节通过回顾世界上压缩机发展历程以及我国压缩机现状，总体上提出了压缩机今后一段时间的发展方向，即以开发新型环保制冷剂的压缩机和直流变频、高效节能的压缩机作为国内厂家研发重点。

6.1.1 压缩机发展历程分析

6.1.1.1 第一代压缩机的代表产品往复式压缩机

往复式压缩机作为第一代产品典型代表，是使一定容积的气体按顺序地吸入和排出封闭空间提高静压力的压缩机。往复试压缩机主要由三大部分组成：运动机构（包括曲轴、轴承、连杆、十字头、皮带轮或联轴器等)，工作机构（包括气缸、活塞、气阀等)，压缩机还配有三个辅助系统：润滑系统、冷却系统以及调节系统。工作原理是：曲轴带动连杆→连杆带动活塞→活塞做上下运动→活塞运动使气缸内的容积发生变化。当活塞向下运动的时候，汽缸容积增大，进气阀打开，排气阀关闭，空气被吸进来，完成进气过程；当活塞向上运动的时候，气缸容积减小，出气阀打开，进气阀关闭，完成压缩过程。活塞往复一次，依次完成膨胀、吸气、压缩、排气这四个过程，即为一个工作循环。

基于设计原理，决定了活塞压缩机的许多缺点：运动部件多，结构复杂，检修工作量大，维修费用高，对厂房的要求高，活塞环的磨损、气缸的磨损、皮带的传动方式使效率下降很快，噪音大，控制系统落后，不适应连锁控制和无人值守的需要。虽然它是最早设计、制造并得到应用的压缩机，也是应用范围最广，制造工艺最成熟的压缩机，但是，正是基于上述缺点，往复式压缩机正逐步被其它产品所替代。

6.1.1.2 第二代压缩机的代表产品回转式压缩机

回转式压缩机又是以滚动转子式压缩机为典型代表，它是利用一个偏心圆筒形转子在汽缸内转动来缩小工作容积，以实现气体的压缩，主要由汽缸、转子、滑片、弹簧、排气阀及偏心轴等组成。滚动转子式压缩机近年来已得到广泛应用。它的发展历史仅有 50~60 年，美国 Vilter 公司在 20 世纪 30 年代首次推出了该型式的压缩机，以后瑞士 EscherWyess 公司亦开始生产，作为制冷装置的主机于 20 世纪 50 年代在全球风行一时。20 世纪 70 年代后，由于节能和舒适性要求越来越高，滚动转子式压缩机在小型空调、热泵、家用冰箱中的使用越来越广泛，在小容量范围（0.3~5kW）内有替代往复式压缩机的趋势。主要是因为这种压缩机具有体积小、结构简单、运转平稳、噪声低的特点，尤其能适应较大的工况变化（压力变化）。一般情况下，和具有相同制冷量的往复式压缩机相比，滚动转子式压缩机零件少 1/3，体积、重量均仅为往复式的 1/2 左右，耗电量少 10%，而效率却提高了 10%以上。但所采用的复杂结构与系统难以与当时崛起的螺杆式压缩机相竞争，与传统的活塞式压缩机也无法竞争。

6.1.1.3 第三代产品容积式压缩机

涡旋压缩机作为第三代压缩机的代表产品，是因为它有诸多优点：无往复运动机构，结构简单，可靠性高，振动小，平衡性高，噪音低，效率高等，因此，倍受国内外科研机构的重视，被称为全新一代压缩机。与第一代往复式压缩机相比，有结构简单、体积小和重量轻的特点。主要零部件仅为往复式的1/10，体积减少30%左右，其噪声至少下降5~8dB（A），无气阀等易损件，转速可在较大范围内调节，且效率变化不大。涡旋压缩机与第二代产品回转式压缩机相比，有较高的容积系数，且气流脉动较其它回转式压缩机低10%左右。

涡旋压缩机工作原理是利用涡旋转子与涡旋定子的啮合，形成多个压缩室，随着涡旋转子的平动回转，使各压缩室的容积不断变化来实现介质的压缩。涡旋压缩机的机理，早在1905年由法国Creux提出并取得专利。但由于难以得到高精度的涡旋形状，缺乏实用和可靠的驱动结构以及摩擦磨损问题不能妥善解决，因此，涡旋压缩机在将近七十年的时间内未得到普及使用。直到20世纪70年代初，由于能源危机的加剧及数控加工技术的发展，给涡旋式压缩机的发展带来了机遇。

综上所述，纵观涡旋式压缩机的发展历史，自石油危机以来，由于在供暖、空调与制冷应用中，主要能量消耗于压缩机，高效压缩机对美国市场已成为重要因素。在欧洲和日本，低噪声、低振动的需要也很突出。因而，兼有高效、低噪两大优势的涡旋压缩机成为换代产品已是必然趋势。目前多用于中小型空调及制冷设备中。

6.1.2 涡旋压缩机未来重点研究方向预测

涡旋压缩机具有效率高、可靠性强、噪声低、重量轻和尺寸小等特点，因此，它受到了国内外科技界的广泛重视。涡旋压缩机以其自身的优点被广泛应用于制冷空调领域和其它特殊领域（如涡旋增压机等）。现就最近几年国内外有关涡旋压缩机方面的研究作一总结，并预测涡旋压缩机今后的发展方向。

6.1.2.1 涡旋压缩机的关键技术领域研究

涡旋压缩机最早诞生于1905年，由法国工程师Leon Creux发明，它有诸多优点：无往复运动机构、结构简单、可靠性高、振动小、平衡性高、噪音低、效率高等、与第一代往复式压缩机相比，有结构简单、体积小和重量轻的特点。主要零部件仅为往复式的1/10，体积减少30%左右，其噪声至少下降5~8dB（A），无气阀等易损件，转速可在较大范围内调节，且效率变化不大。涡旋压缩机与第二代产品回转式压缩机相比，有较高的容积系数，且气流脉动较其它回转式压缩机低10%左右。所以涡旋压缩机应用在汽车空调上更有其它压缩机不可取代的优势。20 世纪 70 年代开始，由于能源危机的加剧和高精度数控铣床的出现，为涡旋机械的发展带来了机遇。1973 年美国 A.D.L.（Arthur D Little）公司首次提出了涡旋氮气压缩机的研究报告，并证明了涡旋压缩机所具有其他压缩机无法比拟的优势，从而使涡旋压缩机的大规模的工程开发和研制走上了迅速发展的道路。1982 年日本三电公司拉开了汽车空调涡旋式压缩机批量生产的序幕，其后日本日立（Hitachi）、三菱重工（Mitsubishi Heavy Industries，简称 LTD）、大金（Daikin）、松下（Panasonic）、东芝（Toshiba），美国的考普兰（Copeland）、特灵（Trane）等，欧洲丹佛斯（Danfoss）等，韩国 LG、大宇（Duwoo）等公司也纷纷投入涡旋型线设计理论的研究和涡旋压缩机的批量生产。我国涡旋压缩机的研究起步较晚，20 世纪 80 年代以后西安交通大学等科研院所才开始了涡旋压缩机的研制工作。涡旋压缩机的研究制造主要分布在美国、日本、韩国和中国，从近 15 年来美国普渡大学国际压缩机会议论文统计显示，研究涡旋压缩机的论文，美国占 47%，日本占 44%，韩国与中国合计才不到 9%。但是，国内的技术大多源于美国和日本，涡旋型线更是受到世界各国专利的保护和限制，因此，开展原创性的研究工作，拥有我国自主知识产权的涡旋压缩机势在必行。

涡旋型线设计理论是决定涡旋压缩机性能的根本因素，一直是各国学者研究的热点所在，目前，主要集中在单一涡旋型线设计理论的研究。已经研究出的型线主要有圆渐开线、正偶多边形渐开线、线段渐开线、半圆渐开线、代数螺线（Algebraic Spiral）、变径基圆渐开线、包络型线等。在圆渐开线理论方面，日本学者森下悦生（Morishita）等首先作了详细的研究，建立了涡旋压缩几何和力学模型，分析了压缩过程；丹麦工业大学（Technical University of Denmark）的 Jens Gravesen 教授等从微分几何理论的角度出发，利用平面曲线的特性方程，研究了圆渐开线的型线理论，指出获取高效型线的两种途径，并为优化研究的可能性奠定了基础；美国普渡大学（Purdue University）的 Eckhard A. Groll 教授等建立了涡旋压缩整个工作过程的数学和热力学性能分析、泄漏模型，在工作腔之间的压力非线性耦合问题上，采用牛顿—拉夫松（Newton-Raphson）算法进行了分析。在线段渐开线理论方面，西安交通大学的李连生教授对线段渐开线进行了深入的探讨，导出了容积表达式，分析了动力特性，完善了线段渐开线理论。日本学者 Makoto Hayano 等则研究了半圆渐开线的几何特性和热力、动力解析关系式，建立了基于半圆渐开线的型线理论；西安交通大学的黄允东等发展了基于半圆渐开线的型线理论。在代数螺线型线理论方面，日本日立公司的香曾我部等进行了详尽的研究，其建立的型线被称之为日立型线；其后又研究出新型的涡旋型线，以加速螺线为基准线，采用包络法生成内外涡旋型线。华中理工大学的刘扬娟对日立型线的理论谬误进行了研究更正，以更简单的内外法向等距线法生成涡旋型线。但是，目前涡旋型线的研究和设计都是基于特定的几何轮廓曲线或其组合型线，来研究其啮合特性和介质压缩机理，并进行涡旋型线参数的设计。由于特定的几何轮廓曲线数学模型一经确定，其固有的几何特性和数学特性无法变更，因而性能受到根本制约。

于是，研究人员对特定的涡旋型线进行改良和修正，如增加根部轮廓厚度、设置过渡圆弧、采用多基圆、改变基圆圆心位置等，以期获得较高的性能。日本学者平野隆久（Takahisa Hirano）等在对涡旋压缩性能研究的基础上，提出了一种修正型线理论，在基圆渐开线的起始端基于加工和改善排气角的考虑，利用两段圆弧进行修正，即 PMP 涡旋型线。PMP 型线能够较好地改善压缩性能。而后，各国研究人员在此基础上提出了各种改进方案并加以理论论证，形成了一系列改进型线理论。基圆渐开线修正理论包括无余隙修正理论和有余隙修正理论，其中无余隙修正理论分为 EA 类修正理论和 UA 类修正理论，而有余隙修正理论又分为 EASA 修正理论和 EASAL 修正理论。在基圆渐开线型线修正上，日本三菱重工近期的研究成果体现在：竹内真实等将以基圆渐开线构成的啮合涡旋体上缘做成被分割为多个部位且该部位的高度在涡旋方向的中心侧低、在外周端侧高的阶梯形状，来提高压缩比和性能。台湾大学的吴文方教授等研究了平面旋转机械的啮合原理；在 PMP 型线理论的基础上进行了深入的研究，引入了 CA 概念，从而使排气角从负值变化到正值，导出了轮廓型线的各种变化形式，利用理论推导和数值模拟两种数学手段，对 PMP 型线的各种修正形式进行研究，得出最优修正型线。西安交通大学的高秀峰博士等对 β 角圆弧类涡旋修正齿型进行了深入研究，得出齿端生成方法、齿型特点及齿端修正参数的通用表达式，采用控制容积法导出了工作腔容积随动盘转角变化的解析计算式，提出了动态的径向和切向气体作用力面积的精确计算和简化计算方法。韩国 LG 公司的研究人员张英逸等设计了一种由基于不同的基圆和起始点的两条或多条基圆渐开线构成的涡旋型线，旨在提高容积效率和可靠性。西安交通大学王国梁博士、李连生教授等提出了一种新型AAL型线，研究了双圆弧加直线单元组合型线。兰州理工大学刘涛博士、刘振全教授等提出了复杂组合型线，研究了几何参数随主轴旋转的动态变化规律。但是，上述研究通过对单一涡旋型线的局部形状的改变和修型或对单一型线进行组合来提高压缩性能，其改良和组合的基础都是基于单一的特定型线，因而，也难以取得突破性的进展。

而对于涡旋型线的优化研究也集中于单一的特定型线参数优化，确定基圆半径、起始角、涡线圈数、涡线壁厚、涡线节距、涡盘半径等设计参数。J. W. Bush等学者进行了单一涡旋型线参数尺寸优化的研究工作。日本学者Ishii N等对型线结构参数进行了优化，得到一组符合样机的具体结构参数。兰州理工大学刘振全教授等提出了基于粒子群算法的涡旋压缩机涡旋盘优化的研究，建立了基于粒子群优化算法的涡旋压缩机动静涡旋盘能效比的数学模型，采用粒子群算法来优化涡旋压缩机涡旋盘的结构参数，同时提出基于遗传算法的动静涡旋盘优化设计。西安交通大学的屈宗长教授等针对不同的结构参数，分别建立了参数优化设计的数学模型；引入准则数与型线结构参数之间的关系，通过分析准则数对性能的影响，得到准则数的优选范围，给出了准则数在不同条件下的优选策略。但是，上述所作的研究同样由于受型线数学特性的限制，只能优化型线参数，而不能优选型线，不能从根本上解除制约因素，从而提高压缩性能。

同时，涡旋压缩机整机各项性能指标的研究是涡旋压缩机走向成熟性、产业化的关键因素，目前，对涡旋压缩机性能的研究主要集中在机构力学特性、空气动力特性、振动噪音特性等单一性能或单一学科的研究。如兰州理工大学的刘兴旺，王华，刘振全等分析了普通变频涡旋压缩机动静涡旋齿间的径向密封机理，找出了普通变频涡旋压缩机动静涡旋齿间的径向密封存在问题的根源，设计出了一种新型径向密封机构，该机构既能保证压缩机在较宽变频范围内仍具有较好的密封性能，又能实现动涡盘的径向退让，同时可降低变频涡旋压缩机的曲轴、涡旋盘的加工和装配精度及动涡盘轴承的装配精度。大连理工大学的王珍，赵之海，杨春立等分析了涡旋压缩机振动和噪声特性，研究了涡旋压缩机表面振动信号与噪声信号的关联关系，利用锤击法对涡旋压缩机及其主要组成零部件进行了模态实验，获取了前5阶固有频率，通过对涡旋压缩机的实测特性、振动和噪声关联关系及其固有特性的综合比较分析，给出了涡旋压缩机减振降噪的几点具体措施。辽宁工程技术大学的李文华，褚红艳建立了球形防自转机构的模型，分析了其工作原理，将球形防自转机构简化为平行四连杆机构，确定了钢球数目的合理选择及其相对分布位置，通过对其动力特性的分析，可知它为半周受力，且受力的状态是连续交替循环的一种高效率的防自转机构。兰州理工大学的刘涛，任冠林，柳会敏等对组合型线的涡旋压缩机进行力学分析，给出这些力学参数随曲轴旋转的动态变化规律，建立了主要部件的动力学模型。但是，上述所作的研究由于受单一性能或单一学科特性因素的限制，没有从整机特性层面上来全面考量涡旋型线的优劣，同样不能从根本上解除制约整机全性能的因素，从而难以提高整机特性。

综上表明，目前国内外对涡旋压缩机设计理论的研究，其出发点或是对于给定的单一涡旋型线数学模型，在研究其啮合特性和介质压缩机理的基础上进行改进、修型或优化；或是对于涡旋压缩机的机构力学特性、空气动力特性、振动噪音特性等单一性能或单一学科进行研究。但是，由于受单一涡旋型线数学模型固有特性的限制和涡旋型线单一性能或单一学科研究的限制，不能对表征涡旋型线本质特征的涡旋型线的形函数本身进行优选，同时，也没有深入考虑涡旋压缩机整机全性能耦合效应和多学科协同设计机制，因而，难以在涡旋压缩机的研究和创新中取得根本性的突破。

因此，涡旋压缩机的设计研究建立在提高涡旋压缩机整机特性基础上，对表征涡旋型线本质特征的涡旋型线的形函数本身——通用涡旋型线进行多学科协同优化设计研究是非常关键的。涡旋压缩机的工作性能除了与涡旋型线设计有关外，还与型线加工精度、涡旋气流脉动特性、机构力学特性、涡盘动平衡特性、摩擦热力特性、振动噪音特性、压缩机功率特性等配置情况密切相关，因而，研究表征涡旋型线本质特性的通用涡旋型线的整机全性能耦合效应和多学科协同优化设计理论与方法，对于建立涡旋型线廓线的完整理论，并根据实际情况构造出具有最佳性能的涡旋压缩机具有重大的理论意义和工业实用价值。

6.1.2.2 变频技术的应用

涡旋压缩机如何更有效地节能降耗，变频技术在此领域的应用成为近来的研究热点，变频技术在涡旋压缩机上的应用研究已经取得了一些重要成果，如兰州理工大学彭斌等发表的《变频涡旋压缩机的研究与应用》，华中科技大学《基于数码涡旋压缩机的空调系统的研究》。兰州理工大学的刘兴旺，王华，刘振全等分析了普通变频涡旋压缩机动静涡旋齿间的径向密封机理，找出了普通变频涡旋压缩机动静涡旋齿间的径向密封存在问题的根源，设计出了一种新型径向密封机构，该机构既能保证压缩机在较宽变频范围内仍具有较好的密封性能，又能实现动涡盘的径向退让，同时，可降低变频涡旋压缩机的曲轴、涡旋盘的加工和装配精度及动涡盘轴承的装配精度，等等。目前国内市场上，正弦波直流变频技术在国内一些空调厂商得到应用，正弦波技术大有发展的趋势。有“变频之父”之称的日本大金公司现在主要是应用直流变频涡旋压缩机。

6.1.2.3 摩擦与润滑

摩擦与润滑是当前压缩机技术研究的重要方向之一，这也是压缩机能耗降低、可靠性提高双重目标的追求。涉及该技术的研究很多，绝大多数是有油润滑方面的研究。由于有油润滑自身缺陷，往往会造成压缩的空气污染，迄今为止，国内无油活塞压缩机、无油螺杆压缩机等技术比较成熟，而对于无油润滑涡旋压缩机的知识体系较欠完善。目前，国外如日本岩田和瑞典阿特拉斯生产的全无油涡旋压缩机已投放市场，L. Wang 和 Y. Zhao 等发表了《关于没有油的密封制冷滚动压缩机的研究》。国内关于无油润滑涡旋压缩机的理论研究和生产实践还处在起步阶段。我国在此方面的研究成果，有兰州理工大学李海生发表的《无油润滑涡旋压缩机的研究》，西安交通大学房师毅等发表的《无油润滑涡旋式空气压缩机的工作过程研究》，等等。

6.1.2.4 制冷剂/环保环境问题

制冷剂问题一直困扰着压缩机发展，从最初的氟利昂（CFC）开始，特别是在面对全球温室效应问题上，这个行业的相关研究人员及工程师不断在寻找一种绿色、环保的制冷剂。20 世纪制冷剂从 CFC 发展到 HFC 和 HCFC（R22），但是这两种工质都不是人们所最想要的，现在寻找到了一些自然制冷剂，如氨（有毒，可燃），HC（碳水化合物），二氧化碳（CO_2）等。自 20 世纪起，氨虽然被大量地用在工业上，但氨的有毒性及其可燃性使它不适合人类长远发展，而像丙烷和异丁烯等碳水化合物，也不被长期看好。CO_2 高压，但无毒，不可燃，近年来受到重视。高压二氧化碳已作为制冷剂的变革性制冷循环。但就目前市场上冷媒应用来看，各制造商基本上都已经推出了 R410A 和 R407C 冷媒空调涡旋压缩机。

6.2 压缩机通用曲线的几何特性

涡旋压缩机的独特设计，使其成为当今世界节能压缩机。涡旋压缩机主要运行部件涡盘没有啮合运动，故没有磨损，因而寿命更长，被誉为免维修压缩机。涡旋压缩机运行平稳、振动小、工作环境宁静，又被誉为“超静压缩机”。涡旋式压缩机结构新颖、精密，具有体积小、噪音低、重量轻、振动小、能耗小、寿命长、输气连续平稳、运行可靠、气源清洁等优点，被誉为新革命压缩机和无需维修压缩机是风动机械理想动力源，广泛运用于工业、农业、交通运输、医疗器械、食品装潢和纺织等行业和其它需要压缩空气的场合。

一种涡旋式压缩机，包括：驱动轴，可向顺时针或逆时针方向进行旋转，并具有既定大小的偏心部；气缸，形成既定大小的内部体积；滚轮，接触于气缸的内周面，并可旋转安装于偏心部的外周面，可沿着内周面进行滚动运动，并与内周面一同形成用于流体的吸入及压缩操作的流体腔室；叶片，弹性安装于气缸，使其与滚轮持续进行接触；上部及下部轴承，它们分别安装在气缸的上下部，用于可旋转支撑上述驱动轴，并封闭内部体积；机油流路，是设置于轴承及驱动轴之间，并使其之间均匀流动有机油；排出端口，它们连通于流体腔室；吸入端口，它们连通于流体腔室，并相互以既定角度进行隔离；阀门组件，它根据驱动轴的旋转方向，而选择性开放各吸入端口中的一个吸入端口。

6.2.1 平面曲线的局部特性

通常，平面曲线以可微参数映射的方式给出，但也可以以自然形式的固有方程来给出。平面正则曲线的参数形式是一个连续微分映射 x：$I \to R^2$，对于所有的 $u \in I$，都有 $x'(u) \neq 0$。单位切向量 t 定义为

$$t = \frac{x'}{|x'|} \tag{6.1}$$

单位法向量 n 定义为

$$n = \hat{t} \tag{6.2}$$

切向角 φ 的定义，对于平面曲线 x 有

$$\frac{x'(t)}{\| x'(t) \|} = \begin{bmatrix} \cos\varphi_x(t) \\ \sin\varphi_x(t) \end{bmatrix} \tag{6.3}$$

定义切向角 φ 的单位切向量 $t[\varphi]$，则有

$$t[\varphi] = \begin{bmatrix} \cos\varphi \\ \sin\varphi \end{bmatrix} \tag{6.4}$$

对式（6.4）进行微分，得到

$$t'[\varphi] = \frac{d\varphi}{ds}\begin{bmatrix} \cos\varphi \\ \sin\varphi \end{bmatrix} \tag{6.5}$$

曲线 x 在 t=u 处的关系

$$\frac{d\varphi}{ds} = \rho[\varphi] \tag{6.6}$$

式中，s ——曲线 x 的弧长；

φ ——切向角参数，即曲线上某点的切向与 x 轴正向的夹角；

ρ ——曲线的曲率半径，即密切圆的半径。

对式（6.6）积分，则弧长定义为

$$s = \int_0^{\varphi} \rho[u] \cdot du \tag{6.7}$$

式（6.7）说明，如果曲率半径 ρ 取切向角 φ 的多项式或分段多项式表达，则弧长 s 可积，即 s 可以显式表达。

曲率定义为

$$\kappa = \frac{d\varphi}{ds} = 1/\rho \tag{6.8}$$

曲率中心即密切圆的中心

$$c = x + n\rho \tag{6.9}$$

密切圆在点 x［u］处于曲线 x 具有二阶切触，其中心为 c，半径为 ρ。因此渐开：

$$c = x + n_x\rho_x \tag{6.10}$$

从渐开线和渐屈线的定义，可知渐屈线 c 的切向量就是渐开线 x 的法向量，即

$$t_c = n_x \tag{6.11}$$

对式（6.11）微分，得到

$$c' = x' + \rho_x' n_x + \rho_x n_x' = s_x' t_x + \rho_x' n_x - \rho_x s_x' \kappa_x t_x = \rho_x' n_x \tag{6.12}$$

再对渐屈线 c 的弧长进行微分，得到

$$\frac{ds_c}{d\varphi}=\frac{d}{d\varphi}\int_0^{\varphi}|c'[u]|du=\frac{d}{d\varphi}\int_0^{\varphi}\left|\frac{d\rho_x[\varphi]}{d\varphi}\right|du=\frac{d\rho_x}{d\varphi} \tag{6.13}$$

由上式得

$$s_c=\rho_x+\rho_0 \text{ 或者 } \rho_x=s_c+s_0 \tag{6.14}$$

将式（6.14）带入式（6.10），得到

$$x=c-(s_c+s_0)t_c \tag{6.15}$$

引入正交标架形式

$$e[\varphi]=(\cos[\varphi],\ \sin[\varphi]) \tag{6.16}$$

$$f[\varphi]=(-\sin[\varphi],\ \cos[\varphi]) \tag{6.17}$$

由切向角 φ 的定义，则有

$$r(s)=x(s)i+y(s)j=[x(s),\ y(s)] \tag{6.18}$$

$$t(s)=r'(s)=x'(s)i+y'(s)j=[x'(s),\ y'(s)] \tag{6.19}$$

又因为

$$x'(s)=\frac{ds}{d\varphi}\cos[\varphi] \tag{6.20}$$

$$y'(s)=\frac{ds}{d\varphi}\sin[\varphi] \tag{6.21}$$

所以

$$t(s)=\cos[\varphi]i+\sin[\varphi]j=[\cos\varphi,\ \sin\varphi] \tag{6.22}$$

$$t(\varphi)=e(\varphi) \tag{6.23}$$

根据平面曲线论的局部规范形式 Frenet 标架公式，有

$$\begin{aligned} t(\varphi)&=-\sin(\varphi)\frac{d\varphi}{ds}i+\cos(\varphi)\frac{d\varphi}{ds}j \\ &=\frac{d\varphi}{ds}[\sin\varphi,\ \cos\varphi]=\frac{d\varphi}{ds}n(\varphi) \\ &=\frac{d\varphi}{ds}f(\varphi) \end{aligned} \tag{6.24}$$

由此可得到

$$f(\varphi)=n(\varphi) \tag{6.25}$$

从几何意义上来讲，$n(\varphi)$ 表示的为点 $x[u]$ 处的单位切向量 t，$f(\varphi)$ 表示的为点 $x[u]$ 处的单位法向量 n。

6.2.2 平面曲线的整体特性

在整个域内，构成涡旋型线的充要条件是曲线在整个域内，是渐开且发散的，是自不相交的。

显然，单位切向量 t

$$t = \frac{x'}{|x'|} \tag{6.26}$$

由此可以得到

$$x' = t \cdot |x'| \tag{6.27}$$

即

$$\frac{dx}{d\varphi} = t[\varphi] \frac{d}{d\varphi}\int_0^{\varphi} |x'| du = t[\varphi] \frac{ds}{d\varphi} = e[\varphi]\rho[\varphi] \tag{6.28}$$

由上式积分得到

$$x[\varphi] = \int_0^{\varphi}\rho[u] \cdot e[u] = \int_0^{\varphi}(\rho[u]\cos[u], \rho[u]\sin[u])du \tag{6.29}$$

上式说明，如果 ρ 取 φ 的多项式或分段多项式的表达，则 x 可积，即曲线 x 是简单闭曲线。相关文献已经证明曲线 x 的自不相交性，即渐开特性，因此曲线 x 满足构成所研究的涡旋型线的充要条件。

6.2.3 涡旋型线向量形式分析

相关文献已经证明控制方程 $R_g = dR_s/d\varphi$ 是对于任意曲线耦合的控制方程。它是涡旋型线耦合的必要条件，而非充分条件。如图 6.1 所示 $\vec{P}$ 向量的位置方程为

$$\vec{P} = \vec{Rs} + \vec{Rg} \tag{6.30}$$

其中 $\vec{Rs}$ 与 $\vec{Rg}$ 垂直且有 $Rg = dRs/d\varphi$，Rs、Rg 分别为 $\vec{Rs}$ 、$\vec{Rg}$ 的模。由此得到其节线方程亦即得到任意一条型线方程

$$P = Rs(\varphi)e^{j\varphi} + Rg(\varphi)e^{j[\varphi + \frac{\pi}{2}]} \tag{6.31}$$

节线方程的共轭曲线可以通过如图 6.2 说明。由动、静盘耦合的特性，即动涡盘型线 P' 是通过静涡盘型线 P 沿 φ 角方向平移 Ror 所得。

$$\begin{aligned} P' &= P + l = P + Rore^{j\varphi} \\ &= [Rs(\varphi) + Ror]e^{j\varphi} + Rg(\varphi)e^{j[\varphi + \frac{\pi}{2}]} \end{aligned}$$

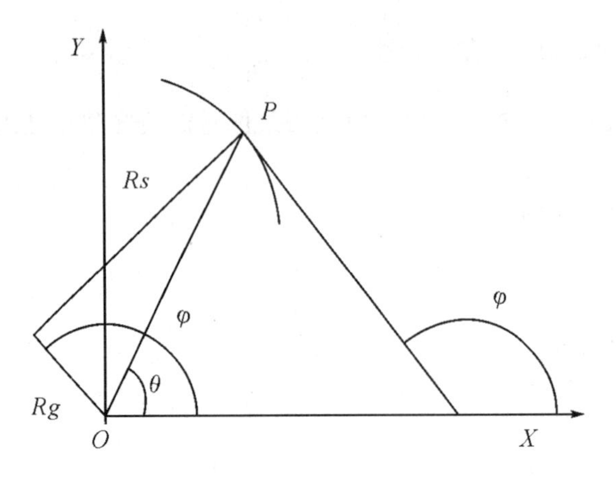

图 6.1　曲线方程沿其切向和法向的分解

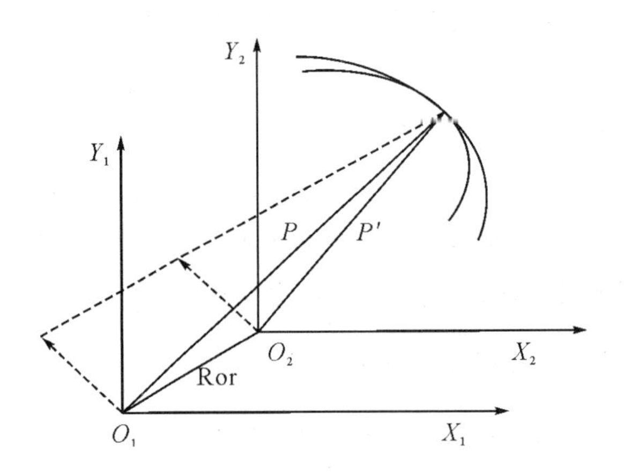

图 6.2　型线方程示意图

根据节线方程求曲率以及曲率半：

$$\kappa = [\frac{dP}{d\varphi}\frac{d^2P}{d\varphi^2}] / \left|\frac{dP}{d\varphi}\right|^3 \tag{6.32}$$

$$\begin{aligned}\frac{dP}{d\varphi} &= \frac{dRs(\varphi)}{d\varphi}e^{i\varphi} + \frac{dRg(\varphi)}{d\varphi}e^{j(\varphi+\frac{\pi}{2})} + j[Rs(\varphi)e^{j\varphi} + Rg(\varphi)e^{j(\varphi+\frac{\pi}{2})}] \\ &= Rge^{j\varphi} + je^{j\varphi}\frac{dRg(\varphi)}{d\phi} + je\,j\varphi Rs(\varphi) - Rg(\varphi)e^{j\varphi} \\ &= je^{j\varphi}[Rs(\varphi) + \frac{dRg(\varphi)}{d\varphi}]\end{aligned} \tag{6.33}$$

故同理有

$$\frac{d^2P}{d\varphi^2}=-e^{j\varphi}[Rs(\varphi)+\frac{dRg(\varphi)}{d\varphi}]+je^{j\varphi}[Rg(\varphi)+\frac{d^2Rg(\varphi)}{d\varphi^2}]$$

$$\left|\frac{dP}{d\varphi}\right|^3=[Rs(\varphi)+\frac{dRg(\varphi)}{d\varphi}]^3$$

得到曲率为

$$\kappa=[\frac{dP}{d\varphi}\frac{d^2P}{d\varphi^2}]/\left|\frac{dP}{d\varphi}\right|^3=j/[Rs(\varphi)+\frac{dRg(\varphi)}{d\varphi}]$$

曲率半径

$$\rho=\frac{1}{\kappa}=Rs(\varphi)+\frac{dRg(\varphi)}{d\varphi} \tag{6.34}$$

型线线长

$$s=\int_{\varphi1}^{\varphi2}\rho(\varphi)d\varphi=\int_{\varphi1}^{\varphi2}Rs(\varphi)+\frac{dRg(\varphi)}{d\varphi}d\varphi \tag{6.35}$$

行程容积：对通用涡旋型线集成型线涡旋压缩机而言，其压缩比和体积利用系数是非常重要的性能指标，对提高压缩性能和对整个空压系统工作性能的影响关系比较大。所以行程容积的计算是至关重要的。在实际中，动、静涡盘是有厚度的，我们假设厚度为 t 。通过节线方程平移的原则沿节线法向平移 $t/2$ 距离得到型线动静涡盘型线方程。于是动静涡盘内外型线围成的区域面积如图 6.3 所示。

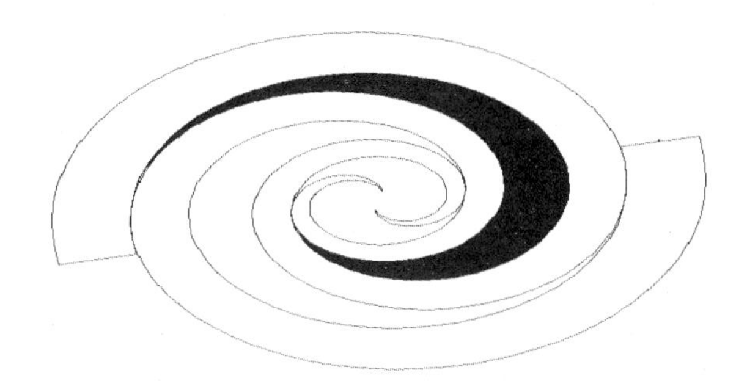

图 6.3　动静涡盘形成动态压缩腔

单独分析月牙型动态压缩腔面积，如6.4图所示。

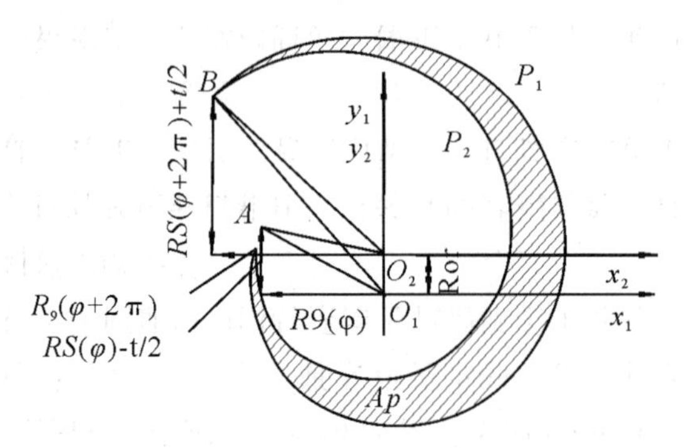

图6.4　静涡盘与动涡盘所围面积域

$$Ap = S_{AP_1B0_1} - S_{AP_2BO_2} - S_{BO_1O_2} + S_{AO_1O_2} \tag{6.36}$$

$$S_{AP_1B0_1} = \frac{1}{2}\int_{\varphi+\pi}^{\varphi+3\pi} (Rs - \frac{t}{2})^2 + Rg\frac{t'}{2} + (Rs - \frac{t}{2})Rg' d\varphi$$

$$S_{BO_1O_2} = \frac{1}{2}RorRg(\varphi + 2\pi)$$

$$S_{AO_1O_2} = \frac{1}{2}RorRg(\varphi)$$

$$Ap = \frac{1}{2}\int_{\varphi+\pi}^{\varphi+3\pi} (Rs - \frac{t}{2})^2 + Rg\frac{t'}{2} + (Rs - \frac{t}{2})Rg' d\varphi\ldots$$

$$- \frac{1}{2}\int_{\varphi}^{\varphi+2\pi} (Rs + \frac{t}{2})^2 - Rg\frac{t'}{2} + (Rs + \frac{t}{2})Rg' d\varphi\ldots$$

$$- \frac{1}{2}Ror[Rg(\varphi + 2\pi) - Rg(\varphi)] \tag{6.37}$$

6.2.4　涡旋型线泛函表征分析

涡旋型线是由几何共扼型线构成的，根据平面曲线弧微分固有方程理论和Taylor级数思想，任意函数曲线的数学表达式都可以将其展开为切向角参数 φ 的级数的弧函数形式；反之，只要曲率半径 ρ（φ）是关于切向角参数 φ 的递增函数，均可通过切向角参数 φ 的级数的弧函数形式来表征任意共扼函数曲线。同时，三角函数、指数函数、对数函数等均可用幂级数函数来表达。根据现有涡旋型的级数表达形式的共有特性构成的共扼曲线可取函数类的级数表达式

$$F(x, y) = c_1 f_1(x, y) + c_2 f_2(x, y) + \cdots + c_n f_n(x, y) \tag{6.38}$$

简化得

$$\begin{aligned} s(\varphi) &= c_0 + c_1\varphi + c_2\varphi^2 + c_3\varphi^3 + \cdots + c_n\varphi^n \\ &= \sum_{k=0}^{n} c_k \varphi^k \end{aligned} \tag{6.39}$$

如上涡旋型线的向量表示类似，基于涡旋型线的几何性质（曲率半径、线长）分别为

$$\rho = \frac{ds}{d\varphi} = \sum_{k=1}^{n} c_k k \varphi^{k-1} \tag{6.40}$$

$$s = \int_{s(\varphi 1)}^{s(\varphi 2)} ds \tag{6.41}$$

结合向量形式的涡旋型线可得

$$\rho = Rs(\varphi) + \frac{dRg(\varphi)}{d\varphi} = \frac{ds}{d\varphi} = \sum_{k=1}^{n} c_k k \varphi^{k-1} \tag{6.42}$$

且知

$$Rg = \frac{dRs}{d\varphi}$$

故有关于 Rs（φ）二阶常系数非齐次线性微分方程

$$Rs(\varphi) + \frac{d^2 Rs(\varphi)}{d\varphi^2} = \sum_{k=1}^{n} c_k k \varphi^{k-1}$$

微分方程求解得

$$Rs(\varphi) = C_1\cos(\varphi) + C_2\sin(\varphi) + Q_n(\varphi) \tag{6.43}$$

注：$C_1\cos(\varphi) + C_2\sin(\varphi)$ 为其齐次解，$Q_n(\varphi)$ 是与 $\sum_{k=1}^{n} c_k k \varphi^{k-1}$ 同阶的多项式的微分方程的特解。

故有行程容积为

$$\begin{aligned} A_p &= Ror\int_{\varphi}^{\varphi+2\pi} Rs(\varphi)\,d\varphi \\ &= Ror\int_{\varphi}^{\varphi+2\pi} C_1\cos(\varphi) + C_2\sin(\varphi) + Q_n(\varphi)\,d\varphi \end{aligned} \tag{6.44}$$

直角坐标系坐标表征转换

$$dx = \cos\varphi ds$$
$$dy = \sin\varphi ds$$
$$\frac{ds}{d\varphi} = \sum_{k=0}^{n} kc_k\varphi^{k-1}$$

故：

$$x = \int dx = \int_0^{\varphi}(\cos\varphi ds)d\varphi$$
$$y = \int dy = \int_0^{\varphi}(\sin\varphi ds)d\varphi \tag{6.45}$$

$$\begin{cases} x = \sum_{k=0}^{n} c_k \sum_{j=1}^{[\frac{k}{2}]} (-1)^{j+1}\{[k(k-1)\cdots(k-2j+2)\varphi^{k-2j+1} \\ \times \sin\varphi] + [k(k-1)\cdots(k-2j+1)\varphi^{k-2j}\cos\varphi]\} \\ y = \sum_{k=0}^{n} c_k \sum_{j=1}^{[\frac{k}{2}]} (-1)^{j}\{[k(k-1)\cdots(k-2j+2)\varphi^{k-2j+1} \\ \times \cos\varphi] + [k(k-1)\cdots(k-2j+1)\varphi^{k-2j}\sin\varphi]\} \end{cases}$$

注：$[\frac{k}{2}]$ 为 k/2 向零的方向取整。

其共轭曲线表示

$$x' = -x + r\cos(\varphi_1 + \theta) \tag{6.46}$$
$$y' = -y - r\sin(\varphi_1 + \theta)$$

相关文献利用齿轮耦合理论已求得

$$\cos(\varphi + \varphi_1 + \theta) = 0 \tag{6.47}$$

故有

$$x' = -x + r\sin(\varphi)$$

$$y' = -y - r\cos(\varphi) \begin{cases} x' = -\sum_{k=0}^{n} c_k \sum_{j=1}^{[\frac{k}{2}]} (-1)^{j+1}\{[k(k-1)\cdots(k-2j+2)\varphi^{k-2j+1} \\ \times \sin\varphi] + [k(k-1)\cdots(k-2j+1)\varphi^{k-2j}\cos\varphi]\} + r\sin\varphi \\ y' = \sum_{k=0}^{n} c_k \sum_{j=1}^{[\frac{k}{2}]} (-1)^{j}\{[k(k-1)\cdots(k-2j+2)\varphi^{k-2j+1} \\ \times \cos\varphi] + [k(k-1)\cdots(k-2j+1)\varphi^{k-2j}\sin\varphi]\} - r\cos\varphi \end{cases}$$

注：$[\frac{k}{2}]$ 为 k/2 向零的方向取整。r 是关于 $f(c_0, c_1, c_2, c_3, \cdots, c_n)$

的函数。

其中：t 为厚度，它是关于 φ 的函数；θ 为公转角度；Ror 是动静涡盘的公转。t 是关于 φ 的函数，t，Ror 与 s 涡旋型线函数之间关系于下面讨论。

t 与 Ror 之间的关系：

当任意一对共轭点接触时，两涡盘的中心距离为一常量，即圆周公转平动半径 Ror，如图 6.5 所示，即将两个涡旋盘中心重合放置在一起，任意一对共轭点在垂直于相应表面的方向上相距为 Ror。

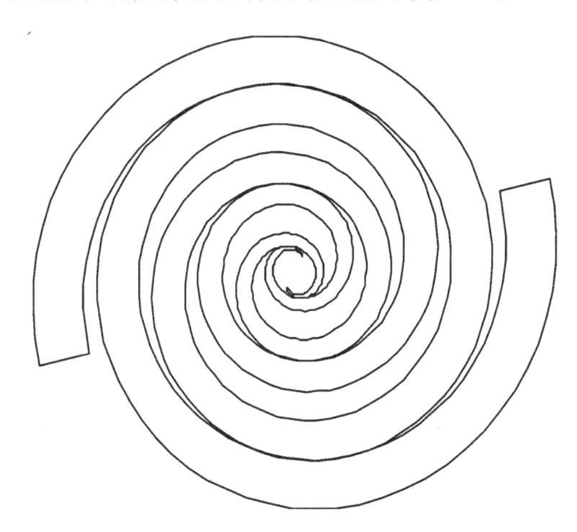

图 6.5　t 与 Ror 之间关系图

$$\frac{t(\varphi+2\pi)}{2}+\frac{t(\varphi)}{2}+t(\varphi+\pi)=\frac{ds(\varphi+2\pi)}{d\varphi}-\frac{ds(\varphi)}{d\varphi}-2Ror \tag{6.48}$$

其中：
$$t(\varphi)=\sum_{k=0}^{n-2}a_k\varphi^k \tag{6.49}$$

6.2.5　通用涡旋型线举例

此处假设，当 k=3，公转半径 Ror=2，大盘半径 $R=40$ 情况下研究其涡旋型线的几何特性：

6.2.5.1　型线方程及线长

$$s=0.021\,2\varphi^3 \tag{6.50}$$

6.2.5.2　直角坐标系下表征

由几何特性知 Rs、Rg、t、Ror：

$Rs=0.0637\varphi^2-0.1275$

$Rg=0.1275\varphi$

$t=0.4005\varphi-2$

则有其涡旋型线直角坐标表征为

$$X_{f,0}=\left[0.0637\varphi^2-0.1275+\frac{1}{2}(0.4005\varphi-2)\cos\left(\varphi-\frac{\pi}{2}\right)\right]+0.1275\varphi\cos(\varphi)$$

$$Y_{f,0}=\left[0.0637\varphi^2-0.1275+\frac{1}{2}(0.4005\varphi-2)\sin\left(\varphi-\frac{\pi}{2}\right)\right]+0.1275\varphi\sin(\varphi)$$

$$X_{f,i}=\left[0.0637\varphi^2-0.1275-\frac{1}{2}(0.4005\varphi-2)\cos\left(\varphi-\frac{\pi}{2}\right)\right]+0.1275\varphi\cos(\varphi)$$

$$Y_{f,i}=\left[0.0637\varphi^2-0.1275-\frac{1}{2}(0.4005\varphi-2)\sin\left(\varphi-\frac{\pi}{2}\right)\right]+0.1275\varphi\sin(\varphi)$$

$$X_{0,0}=\left[0.0637\varphi^2-0.1275+\frac{1}{2}(0.4005\varphi-2)\cos\left(\varphi+\frac{\pi}{2}\right)\right]+0.1275\varphi\cos(\varphi+\pi)+2\cos(\theta)$$

$$Y_{0,0}=\left[0.0637\varphi^2-0.1275+\frac{1}{2}(0.4005\varphi-2)\sin\left(\varphi+\frac{\pi}{2}\right)\right]+0.1275\sin(\varphi+\pi)+2\sin(\theta)$$

$$X_{0,i}=\left[0.0637\varphi^2-0.1275-\frac{1}{2}(0.4005\varphi-2)\cos\left(\varphi+\frac{\pi}{2}\right)\right]+0.1275\cos(\varphi+\pi)+2\cos(\theta)$$

$$Y_{0,i}=\left[0.0637\varphi^2-0.1275-\frac{1}{2}(0.4005\varphi-2)\sin\left(\varphi+\frac{\pi}{2}\right)\right]+0.1275\sin(\varphi+\pi)+2\sin(\theta) \tag{6.51}$$

即涡旋型线形状如图 6.6 所示。

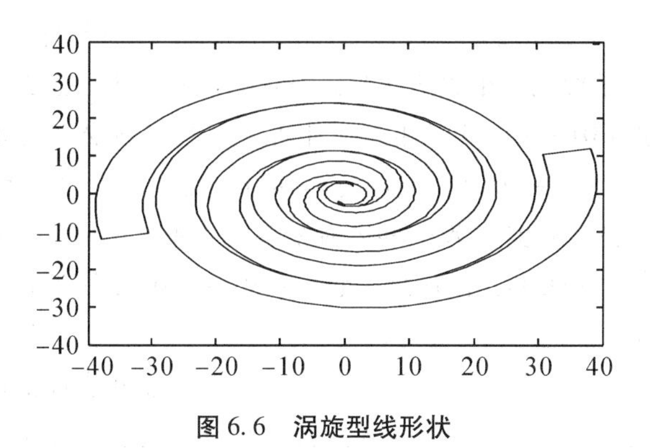

图 6.6 涡旋型线形状

6.2.5.3 行程容积与压缩比及气体有效利用率

通过 matlab 编程计算可得此涡旋型线行程容积与压缩比：

行程容积 $Ap=295.6867$

压缩比 $\lambda=5.2354$

气体有效利用率：

$$\eta=\frac{2Ap}{\pi R^2}=\frac{2\times 295.6867}{40^2\times 3.14}=0.1177$$

6.2.5.3 本节小结

（1）针对单一涡旋型线受其固定数学模型固有特性的限制，提出基于泛函的通用涡旋型线形式设计思路。基于泛函的通用涡旋型线是所有涡旋型线类型的集合，是涡旋型线设计的新思路。

（2）本节就基于泛函的通用型线形式，从控制方程入手，结合泰勒级数思想，在笛卡尔直角坐标系下，分步讨论研究了其曲率半径、行程容积、型线线长特性；涡盘厚度变化 t，公转半径 Ror 与型线方程之间的关系；以及在直角坐标系下涡旋型线的表示。

（3）举例说明基于泛函理论的通用涡旋型线几何特性。基于泛函的通用涡旋型线的研究为涡旋压缩机型线设计理论奠定了基础。

6.3 压缩机通用型线包络原理研究

取圆心在平面曲线 C 上，以等距参数 h 为半径画圆，作该圆族上下两条包络线 C′与 C″，显然，必为平面曲线 C 的等距曲线。在任一点 P 存在相对应的公法线 P-P′及 P-P″。借助包络法来求解涡旋型线的等距曲线方程即为涡旋型线内外壁型线方程。

取固定标架 {0; i; j}，动标架 { P; i_p; j_p} ，原点 P 在平面曲线 C 上，i_p 沿 O-P 连线向外，该动标架的起始位置为 {Po; ip_o; jp_o}，Po 点在固定的 i 轴上，以 Po 点为圆心等距参数 h 为半径画圆，固结在动标架上。当 Po 点沿已知曲线 C 运动到任意 P 点时构成一圆族。同时，在起始位置圆上的 Mo 点位置由有向角 θ 决定，而 P 点位置由有向角 φ 决定。

则圆族方程为

$$r_p = r(t) + h(\cos(\theta)i_p + \sin(\theta)j_p) \tag{6.52}$$

其中，动标架底失与固定标架底失的变换关系如下：

$$\begin{cases} i_p = \cos(\varphi)i + \sin(\varphi)j \\ j_p = -\sin(\varphi)i + \cos(\varphi)j \end{cases} \tag{6.53}$$

式中，φ 值由曲线参数 t 决定，即 $\varphi=\varphi$（t），无论函数关系如何，标架底失变换总是成立的，对圆族方程没有什么影响，故就对最简单情况取 $\varphi=t$。于是可得圆族方程为

$$r_\varphi = [x(t) + h\cos(\theta + t)]i + [y(t) + h\sin(\theta + t)]j \tag{6.54}$$

笛卡尔坐标表达式如下

$$\begin{cases} x = x(t) + h\cos(\theta + t) \\ y = y(t) + h\sin(\theta + t) \end{cases} \tag{6.55}$$

由包络原理就上式分别对参变量 t 和 θ 求偏导，并令

$$\frac{\partial x'}{\partial t} \cdot \frac{\partial y'}{\partial \theta} - \frac{\partial x'}{\partial \theta} \cdot \frac{\partial y'}{\partial t} = 0 \tag{6.56}$$

解得 $\varphi=\varphi$（t），从而确定了特征点位置。联立式（6.55）和式（6.56），得

$$\begin{cases} x = x(t) + h\cos(\theta + t) \\ y = y(t) + h\sin(\theta + t) \\ \dfrac{\partial x'}{\partial t} \cdot \dfrac{\partial y'}{\partial \theta} - \dfrac{\partial x'}{\partial \theta} \cdot \dfrac{\partial y'}{\partial t} = 0 \end{cases} \tag{6.57}$$

削去参变量 θ 可得圆族的两条包络线，即已知曲线 C 的两条等距曲线。

6.4 压缩机通用涡旋型线坐标变换分析

实现通用型线涡旋压缩机正常工作的必要条件是动涡盘与静涡盘的涡旋体在涡旋型腔内能够正确啮合，即静涡盘的涡旋体在涡旋型腔内的某一点必有动涡盘涡旋体上的一点与之对应且瞬时接触。设 O_2 在坐标系 $O_1x_1y_1$ 中的坐标是（x_a，y_a），平面中任意一点 P 可用两个坐标独立表示，设在 $O_1x_1y_1$ 坐标系中坐标为（x_1，y_1），在 $O_2x_2y_2$ 坐标系中坐标为（x_2，y_2），从而得坐标变换公式

$$\begin{cases} x_1 = x_2 + a_x \\ y_1 = y_2 + a_y \end{cases} \tag{6.58}$$

得

$$\begin{cases} \bar{i}_2 = \cos\alpha_1 \bar{i}_1 + \cos\beta_1 \bar{j}_1 \\ \bar{j}_2 = \cos\alpha_2 \bar{i}_1 + \cos\beta_2 \bar{j}_1 \end{cases} \tag{6.59}$$

由

$$x_1 \bar{i}_1 + y_1 \bar{j}_1 = OP = x_2 \bar{i}_2 + y_2 \bar{j}_2 \tag{6.60}$$

整理可得

$$\begin{cases} x_1 = x_2\cos\alpha_1 + y_2\cos\alpha_2 \\ y_1 = x_2\cos\beta_1 + y_2\cos\beta_2 \end{cases} \tag{6.61}$$

得平面笛卡尔坐标系之间的旋转公式。

由式（6.59）、式（6.61）得任意平面笛卡尔坐标系之间的变换公式。

$$\begin{cases} x_1 = x_2\cos\alpha_1 + y_2\cos\alpha_2 + a_x \\ y_1 = x_2\cos\beta_1 + y_2\cos\beta_2 + a_y \end{cases} \tag{6.62}$$

对于涡旋压缩机的两坐标系，O_2 在坐标系 $O_1x_1y_1$ 中的坐标（ax，ay）满足

$$\begin{cases} a_x = r\cos\theta \\ a_y = - r\sin\theta \end{cases} \tag{6.63}$$

式中，r——主轴偏心距；

θ——主轴转角。

其坐标轴之间的夹角为：

$$\begin{cases} x_1 = - x_2 + r\cos\theta \\ y_1 = - y_2 - r\sin\theta \end{cases} \tag{6.64}$$

在此基础上再建立两个动坐标系 $O_1x_1y_1$ 和 $O_2x_2y_2$，以各自原点为圆心，随动、静涡盘一起旋转。图中此刻分别转过角度 φ_1 和 φ_2，P 为啮合点。

利用坐标变换基本式（6.65），得涡旋型线平面啮合各坐标系之间的变换公式，即

$$\begin{cases} X_1 = x_1\cos\varphi_1 + y_1\sin\varphi_1 \\ Y_1 = - x_1\sin\varphi_1 + y_1\cos\varphi_1 \end{cases} \tag{6.65}$$

$$\begin{cases} X_2 = x_2\cos\varphi_2 + y_2\sin\varphi_2 \\ Y_2 = - x_2\sin\varphi_2 + y_2\cos\varphi_2 \end{cases} \tag{6.66}$$

$$\begin{cases} X_1 = - X_2 + r\cos\theta \\ Y_1 = - Y_2 - r\sin\theta \end{cases} \tag{6.67}$$

由式（6.65）和式（6.66）得

$$\begin{cases} x_1 = - x_2\cos(\varphi_1 - \varphi_2) - y_2\sin(\varphi_1 - \varphi_2) + r\cos(\varphi_1 + \theta) \\ y_1 = - y_2\cos(\varphi_1 - \varphi_2) - y_2\sin(\varphi_1 - \varphi_2) - r\sin(\varphi_1 + \theta) \end{cases} \tag{6.68}$$

由涡旋型线正常啮合的前提条件

$$\varphi_1 = \varphi_2$$

式（6.68）可简化为

$$\begin{cases} x_1 = - x_2 + r\cos(\varphi_1 + \theta) \\ y_1 = - y_2 - r\sin(\varphi_1 + \theta) \end{cases} \tag{6.69}$$

得到涡旋型线平面啮合的动坐标变换公式。

涡旋型线要满足啮合性要求，就要分析两条平面曲线间的相对关系，这就涉及定义这两条平面曲线的两个平面坐标系之间的相对关系，在笛卡尔坐标系里研究。

设两平面 $\Pi\zeta$ 和 Π_z 相对旋转 180°放置，若平面 $\Pi\zeta$ 直角坐标系 $O_2x_2y_2$ 的 O_2 原点相对于平面 Πz 的直角坐标系 $O_1x_1y_1$ 的原点 O_1 作圆周平动且满足如下关系：

$$\begin{cases} x = R\cos\theta \\ y = R\sin\theta \end{cases} \tag{6.70}$$

式中，R——两坐标系原点 O_1 和 O_2 之间的距离。

则平面 Πz 的原点 O_1 也相对围绕着平面 Πζ 的原点 O_2 作圆周平动：

$$\begin{cases} \zeta = R\cos\theta \\ \eta = R\sin\theta \end{cases} \tag{6.71}$$

平面 Πζ 中的任意一点（ζ1，η1）也将作圆周平动，可表示为

$$\begin{cases} x = -\zeta_1 + R\cos\theta \\ y = -\eta_1 + R\sin\theta \end{cases} \tag{6.72}$$

平面 Πζ 中的任意曲线可表示为

$$\begin{cases} \zeta = \zeta_1(t) \\ \eta = \eta_1(t) \end{cases} \tag{6.73}$$

映射到平面 Πz 中形成一簇曲线：

$$\begin{cases} x = -\zeta_1(t) + R\cos\theta \\ y = -\eta_1(t) + R\sin\theta \end{cases} \tag{6.74}$$

6.5 压缩机通用涡旋型线共轭啮合理论研究

6.5.1 通用涡旋型线构成原则

（1）基本共轭啮合条件

从涡旋压缩机通用的工作过程入手，寻求其共轭啮合的广义条件。涡旋压缩机的一种典型描述是：偏置两个涡旋盘，使一个涡旋盘的内凹面与另一涡旋盘的外凸面形成一系列的月牙形腔，此两面互为共轭面；同时，前一涡旋盘的外凸面与后一涡旋盘的内凹面也形成一系列的月牙形腔，此两面也互为共轭面；当两个涡旋盘相对公转时，这些腔进行着形成、密闭、缩小、解密封直至消失等一系列过程。应特别指出的是，涡旋压缩机有两对独立的共轭面。此两对共轭面的控制方程当然可以相同，也可以不同。当开始形成涡旋腔时，涡旋盘在啮合表面或工作表面的一个端点开始接触。随着涡旋盘的相对运动接触点由起始点向工作表面的另一端点连续移动。在接触点处瞬时作用是滑动，且任意一点与其啮合点的接触仅为一无穷小、理论上为零的时间。因而，关于涡旋共轭的第一个广义条件为：涡旋盘工作表面上任意一点，在另一涡旋盘表面上有且仅有一点是其共轭

点。由于连续地存在一个特定的接触点，且其沿着整个涡旋盘移动，换句话说，在任意曲轴转角下涡旋盘总是接触的，所以说公转路径是涡旋盘自身的固有特性，而不是任何驱动机构的特点。鉴于实际应用，我们的讨论限制在圆形公转路径的涡旋压缩机上。这样我们可以将共轭的第二个广义条件表述为：当任意一对共轭点接触时，两涡旋盘的中心偏移量为一常数，即公转半径（Ror）。反过来也可以将此条件陈述为：将两个涡旋盘中心重合放在一起时，任意一对共轭点在垂直于相应表面的方向上相距 Ror。当两个共轭点接触时，它们代表两个涡旋面的一个相切点。相对运动平行于相切方向，垂直于公转运动的半径 Ror。Ror 的方向与两个涡旋盘中心偏移方向相同。因此，共轭的第三个广义条件为：在两个共轭点处，与两个面相切的向量相互平行且垂直于两个涡旋盘偏置的方向。

（2）共轭啮合条件拓展

三个广义条件与曲线的啮合理论相一致，而满足曲线啮合条件的曲线未必能构成涡旋型线，所以现有的三个广义条件仅是构成涡旋型线的必要条件，作为涡旋型线的等价定义，至少应包含以下条件：

①连续光滑性即在动静盘涡旋型线的啮合区，型线连续且光滑。

②容积递减性即工作腔容积随啮合角递减，以保证增压减体的效果。

③周期性即型线法向角呈周期性变化，且至少大于 2π。

④封闭性即动静涡盘所围成的容积腔是封闭的。

⑤连续性即动静涡旋盘的容积连续生成三类型腔：吸气腔、压缩腔和排气腔。

⑥正定性即型线壁厚大于 0，内外型线不交叉。

⑦相容性即静盘型线间的槽宽应容下动盘涡圈的回转运动。

⑧等槽宽当动盘型线中心平移到与静盘型线中心重合时，动盘外型线与静盘内型线、动盘内型线与静盘外型线的法线距离相等。

⑨涡旋性即无限逼近性，曲线共轭啮合不一定达到涡旋，但给共轭啮合逐步递加相应的约束条件，那么共轭啮合条件就是会无限逼近涡旋条件，即涡旋条件是共轭啮合条件的无限逼近。随着科技的发展和认识水平的不断提高，共轭啮合最终将无限接近涡旋条件，从而成为涡旋型线生成的充要条件。

6.5.2 通用涡旋型线判定方法

（1）几何判定法

几何判定法又称为直观判别法，该方法的实质在于先假定某种曲线可以构成涡旋型线，并用它去构成涡旋压缩机的涡旋腔，再根据涡旋型线的构成条件，通过直观的图示予以判定。

（2）数值判定法

数值判定法是利用电子计算机计算步骤进行，若某种型线位于压缩腔内的任一点与另一涡旋盘上该种型线没有相应的啮合点，则这种型线不能构成涡旋型线；相反，若某种型线位于压缩腔内的任一点与另一涡旋盘上该种型线均有相应的啮合点，则就可以判定这种型线满足构成涡旋型线的基本条件，能构成涡旋型线。

7 通用涡旋型线变化规律及优化

涡旋式流体机械性能的决定因素是涡旋型线的设计理论，这也一直是各国学者研究的热点。基于泛函的通用涡旋型线设计理论是一种新的涡旋型线研究方向，它是利用了泛函的分析理论，根据其啮合机理，得到通用涡旋型线，并由此研究通用涡旋型线形状的变化规律，及基于泛函的通用涡旋型线的收敛原则。

7.1 基于 GA 算法的通用型线优化研究

7.1.1 遗传算法概述

遗传算法（genetic algorithm，简称 GA）是一种基于进化论优胜劣汰、适者生存的物种遗传思想的搜索算法。20 世纪 50 年代初，由于一些生物学家尝试用计算机模拟生物系统，从而产生了 GA 的基本思想。美国密执根大学的霍勒德（J. H. Holland）于 20 世纪 70 年代初提出并创立了遗传算法。遗传算法作为一种解决复杂问题的崭新的有效优化方法，近年来得到了广泛的实际应用，同时也渗透到人工智能、机器学习、模式识别、图像处理、软件技术等计算机学科领域。GA 在机器学习领域中的一个典型应用就是利用 GA 技术作为规则发现方法应用于分类系统。

遗传算法将个体的集合——群体作为处理对象，利用遗传操作——交换和突变，使群体不断“进化”，直到成为满足要求的最优解。

在霍勒德的 GA 算法中采用二进制串来表示个体。考虑到物种的进化或淘汰取决于它们在自然界中的适应程度，GA 算法为每一个体计算一个适应值或评价值，以反映其好坏程度。因而，个体的适应值越高，就有更大的可能生存和再生，即它的表示特征有更大的可能出现在下一代中。遗传操作“交换”旨在通过交换两个个体的子串来实现进化；遗传操作“突变”则随偶地改变串中的某一（些）位的值，以期产生新的遗传物质或再现已在进化过程中失去的遗传物质。

霍勒德提出的遗传算法也称为简单遗传算法（simplegenetic algorithm，SGA），是一种基本的遗传算法。SGA 的处理过程如下：

Begin

1. 选择适当表示，生成初始群体；

2. 评估群体；

3. While 未达到要求的目标　do

Begin

1. 选择作为下一代群体的各个体；

2. 执行交换和突变操作；

3. 评估群体；

End

End

因此，对于一个 SGA 算法来说主要涉及以下内容：

· 编码和初始群体生成；

· 群体的评价；

· 个体的选择；

· 交换；

· 突变。

7.1.1.1　编码和初始群体的生成

GA 的工作基础是选择适当的方法表示个体和问题的解（作为进化的个体）。SGA 要求个体均以 0、1 组成的串来表示，且所有个体串都是等长的。实际上，可以任意指定有限元素组成的串来表示个体，而不影响 GA 的基本算法。

对于同一问题，可以有不同的编码表示方法。由于遗传操作直接作用于所表示的串上，因而不同的表示方法对 SGA 的效率和结果都会有影响。从原理上讲，任何取值为整数（或其它有限可枚举的值）的变量，均可用有限长度的 0、1 串来表示，而任何取值为连续实数的变量也均可用有限长度的 0、1 串来近似表示。因此，对任何一个变量，均可在一定程度上用 0、1 串来表示（编码），而当问题的解涉及多个变量时，则可用各变量对应串的拼接（形成一个长串）来表示相应解。

SGA 处理的起始点并非一个个体，而是由一组个体所组成的群体。一般可用随机方法来产生初始群体，当然最好能考虑各个体的代表性和分布概率。

2. 群体的评价

对群体中各个体的适应性评价常需直接利用待优化问题的目标函数。这一目标函数也可称为适应函数，个体选择（或再生）过程正是基于这一函数来评价当前群体中各个体的再生概率。

3. 个体的选择

选择操作是对自然界“适者生存”的模拟。评价值（目标函数值）较大的个体有较高的概率生存，即在下一代群体中再次出现。

一种常用的选择方法是按比例选择，即若个体 i 的适应值（目标函数值）是 f_i，则个体 i 在下一代群体中复制（再生）的子代个数在群体中的比例将为：$f_i/\sum f_i$。其中，$\sum f_i$ 是指所有个体适应值之和。

若当前群体与下一代群体的个数均维持在 n，则每一个体 i 在下一代群体中出现的个数将是：

$$n * f_i/\sum f_i = f_i/f$$

其中 $f = \sum f_i/n$ 是群体评价的平均值。f_i/f 的值不一定是一个整数。为了确定个体在下一代中的确切个数，可将 f_i/f 的小数部分视为产生个体的概率。如，若 f_i/f 为 2.7，则个体 i 有 70%的可能再生 2+1=3（个），而有 30%的可能只再生 2 个。

SGA 采用称为旋转盘（roulette wheel）的方法来产生各个体的再生数。方法是：

每一个体均对应于旋转盘中的一个以园点为中心的扇形区域，区域角度为 $2\pi * f_i/\sum f_i$，因而，各个体的区域角度之和等于 2π。然后随机产生一个 0 到 2π 的值，根据该值所对应的区域，再生一个对应个体，直到产生的个体个数达到所需的数目，从而生成下一代的原始群体。这个群体还需进一步应用交换和突变操作。

4. 交换

交换是 GA 中最主要的遗传操作，其工作于选择过程结束后产生的下一代群体。交换操作应用于从这一群体中随机选择的一系列个体对（串对）。

SGA 采用的是单点交换。设串长为 L，交换操作将随机选择一个交换点（对应于从 1 到 L-1 的某个位置序号），紧接着两串交换点右边的子串互换，从而产生了两个新串。

例如，设 A1，A2 为要交换的串，交换点被随机选择为 7（串长为 10）。

A1 = 1000011111

A2 = 1111111011

交换得新串 A1′，A2′：

A1′ = 1000011011

A2′ = 1111111111

当然，并非所有选中的串对都会发生交换。这些串对发生交换的概率是 P_c。P_c为事先指定的 0-1 之间的值，称为交换率。

5. 突变

另一种遗传操作是突变，它一般在交换后进行。突变操作的对象是个体（串），旨在改变串中的某些位的值，即由 0 变为 1，或由 1 变为 0。并非所有位都能发生变化，每一位发生变化的概率是 P_m。P_m 为事先指定的 0 -1 之间的某个值，称为突变率。串中每一位的突变是独立的，即某一位是否发生突变并不影响其它位的变化。突变的作用是引进新的遗传物质或恢复已失去的遗传物质。例如，若群体的各串中每一位的值均为 0，此时无论如何交换都不能产生有 1 的位，只有通过突变产生。

遗传算法进化循环的一个例子：设每一串的长度为 10，共有 4 个串组成第一代群体（POP1），目标函数（适应函数）为各位值之和，因而函数值为0-10。POP1 中四个串的适应值分别为：3，6，6，9，所以再生的比例个数为：0.5，1，1，1.5。若最后实际的再生个数为 0，1，1，2，则产生选择后的群体 POP2。下一步对 POP2 中各串配对，随机选择串 1 和串 4 为一对，串 2 和串 3 为另一对。

群体 POP1

串	适应值
0000011100	3
1000011111	6
0110101011	6
1111111011	9

群体 POP2（选择后）

串	适应值
1000011111	6
0110101011	6
1111111011	9
1111111011	9

群体 POP3（交换后）

串	适应值
000011011	5
0110101011	6
1111111011	9
1111111111	10

群体 POP4（突变后）

串	适应值
1000011011	5
0110111011	7
1111111011	9
0111111111	9

设交换率为 0.5，即只有一对串发生交换，如串 1 和串 4。若交换点随机选在位置 7，因而交换后产生群体 POP3。设突变率为 0.05，即在 POP3 的 40 个位中，共有 2 个位发生突变，不妨设突变发生在串 2 的第 6 位和串 4 的第 1 位，从而产生群体 POP4。注意，仅群体 POP4 代表新一代的群体（上一代为 POP1），POP2 和 POP3 只是一些进化中的中间群体。

在 SGA 算法中，一般采用的群体大小为 30~200，交换率为 0.5~1，突变率为 0.001~0.05。这些参数：群体大小、交换率、突变率，统称为 GA 的控制参数，应在算法运行前事先设定。当然，已有人研究了控制参数在算法运行中的自适应调整，以提高 GA 的灵活性。

尽管遗传算法在实际优化问题中取得了很好的效果，目前对该算法尚无一个清晰完整的理论解释。霍勒德的图式理论（schema theory）和戈尔伯格（Goldberg，1989）的积木块假设仅在一定程度上解释了 GA 的工作原理。

7.1.2 实验部分

7.1.2.1 确定 k 值与圈数

$$s = \sum_{k=0}^{n} c_k \varphi^k \tag{7.1}$$

令 $s_1 = c_2\varphi^2$；$s_2 = c_3\varphi^3$；$s_3 = c_4\varphi^4$；$s_4 = c_5\varphi^5$； …；$s_{n-1} = c_n\varphi^n$ 。

(1) 当大盘直径 D=80，圈数 N=2.5，公转半径 Ror=1.5，2，3 时求解涡旋型线所围绕成的动静涡盘的压缩比，以及吸气容积的气体容积利用率。Matlab 编辑程序得图 7.1：

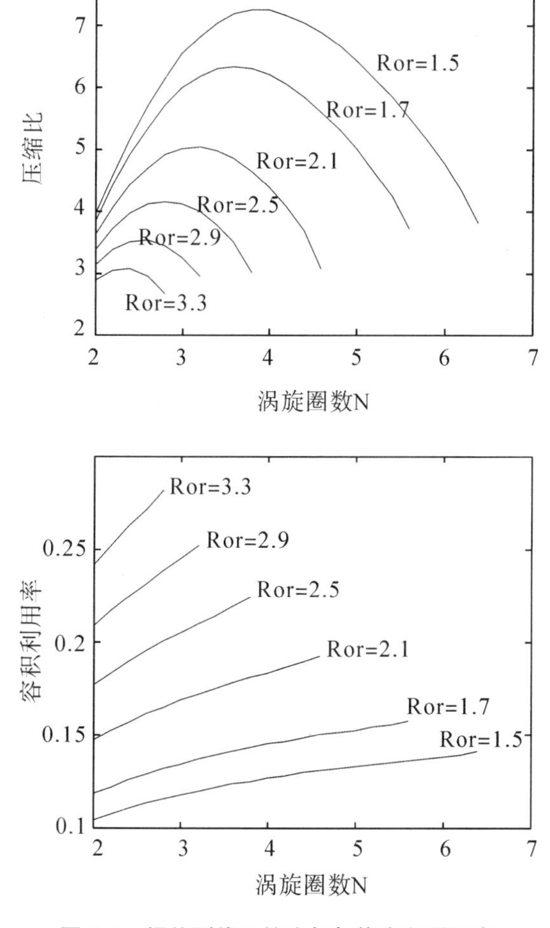

图 7.1 涡旋型线压缩比与气体容积利用率

由图 7.1 可知：

①在 D、N 确定时，动静涡盘形成的压缩比与容积利用率大小主要取决于 Ror，Ror 越大压缩比越小；Ror 越大容积利用率越大。故 Ror 过大过小都不利于涡旋盘的设计，并且 Ror 有大小范围限制的。它的限制条件如下

$$t(\varphi)=\frac{1}{2}\frac{ds}{d\varphi}\bigg|_{\varphi}^{\varphi+2\pi}-\text{Ror} \tag{7.2}$$

②基于 $s(\varphi)=c_1\varphi+c_2\varphi^2+\cdots+c_k\varphi^k$ 形式的涡旋型线，当 $k=2$ 时，涡旋型线形状是等壁厚的，其压缩比只和型线圈数有关，与公转半径 Ror 以及型线方程 $s=c_1*\varphi+c_2*\varphi_2$ 无关。这和基圆涡旋型线性质一样。

③由图知次数 $k\geqslant3$ 时，随着 k 值的增大，压缩比的值逐渐减小。$k=2$ 时方程压缩比不随着改变；且在 D、N、Ror 确定时，$k=2$ 时的压缩比小于 $k=3$ 时的压缩比。故在 $k=3$ 时，压缩比取得最大值。由此得知，取方程 $s=c_1*\varphi+c_2*\varphi_2+c_3*\varphi_3$。

（2）当 $D=80$，$k=3$，Ror = 1.5，1.7，2.1，2.5，2.9，3.3 时 $N=2$，3，4，…，10 求解涡旋型线所围绕成的动静涡盘的压缩比，以及吸气容积的气体容积利用率。Matlab 编辑程序得图 7.2。

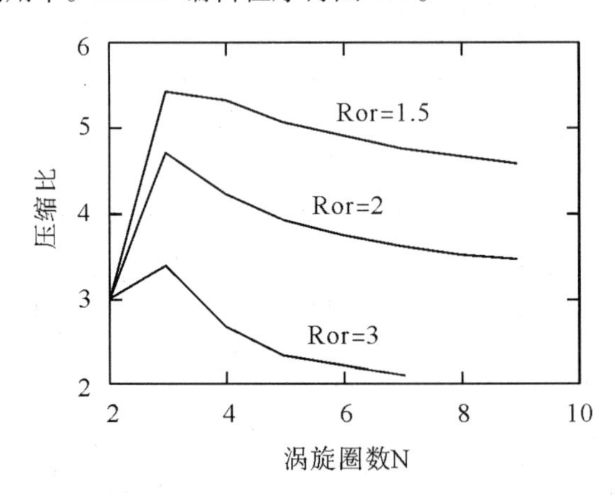

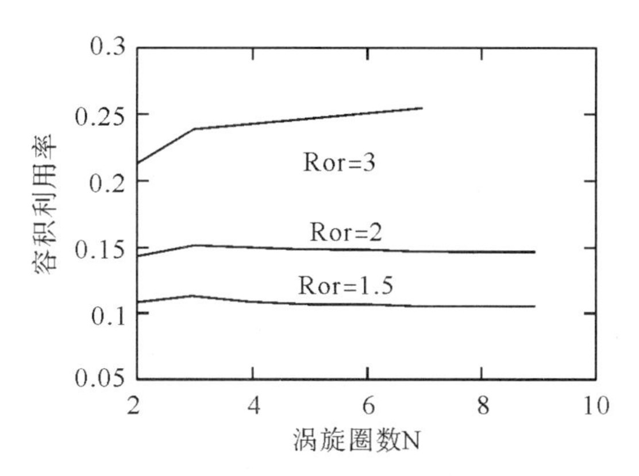

图 7.2　涡旋型线压缩比与气体容积利用率

由图 7.2 可知：

①D，Ror 确定，N 改变时，动静涡盘形成的压缩比与容积利用率大小也主要取决于 Ror，Ror 越大压缩比越小；Ror 越大容积利用率越大，容积利用率随着 N 的变化没有显著的变化。

②Ror 直接影响在规定大盘直径 D 中，涡旋型线所能形成的最大圈数。如，Ror=1.5 时，最大能形成的圈数是 6.7 圈。而 Ror=3.7 时，最大能形成的圈数是 3 圈。

③D，k，Ror 确定，N 改变时，压缩比与圈数 N 成类抛物线形状。在 Ror=1.5 时，压缩比在 N=3.8 时取得最大。在 Ror=1.7 时，压缩比在 N=3.6 时取得最大。在 Ror=3.3 时，压缩比在 N=2.6 时取得最大。如表 7.3 所示：

表 7.3　Ror/D 与 N 近似关系

N	3.8	3.6	3.2	2.8	2.6	2.4
Ror	1.5	1.7	2.1	2.5	2.9	3.3

故本节中引出 Ror/D 数，即表中 Ror 除以大盘直径 D。于是与 N 得到关系图 7.3：

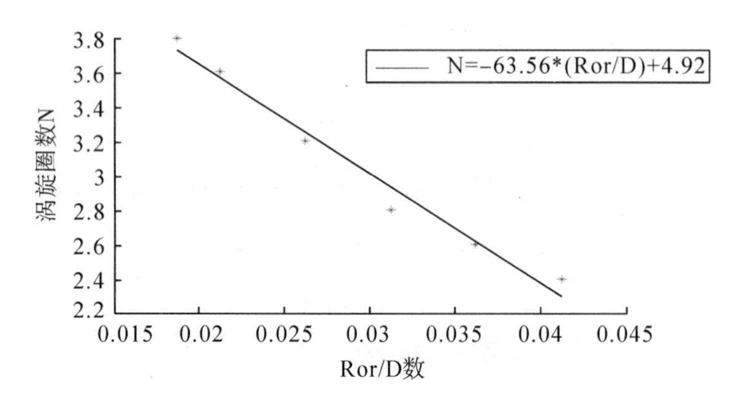

图 7.3　Ror/D 与 N 的关系图

由图 7.3 可粗略得出在 $k=3$ 时，已知 Ror/D 后，圈数为多少为最佳压缩比。

$$N=-63.56*(\mathrm{Ror/D})+4.92$$

7.1.2.2　遗传算法确定 S 系数值与公转半径大小

由上面可知，当 $k=3$ 时，压缩比最佳；圈数符合图 7.3，即 Ror/D 与 N 对应。但还并不能确定 $s=c_1*\varphi+c_2*\varphi_2+c_3*\varphi_3$ 中 c_1，c_2，c_3 的值，以及 Ror 的值。为此，利用基于 MATLAB 的遗传算法来求。数学模型描述如下

$$\mathrm{Min}\ fun(x)=[fun1(x),\ fun2(x)];$$
$$\mathrm{s.t.}\quad gi(x)\leqslant 0,\quad i=1,2,\cdots,t;$$
$$x=[x1,\ x2,\ \cdots,\ xm]。$$

其中 fun_1 为压缩比的目标函数；fun_2 为气体容积利用率；$fun(x)$ 为 fun_1 与 fun_2 函数归一化处理，再加权后的综合目标函数；$gi(x)$ 为约束函数；x 为变量，本文取型线方程系数 c_1，c_2，c_3 以及公转半径 Ror，涡旋圈数 N。遗传算法参数设置：initial range（初始取值范围）：［1；10］。elite count（优良计数）：2。crossover fraction（交叉概率）：0.8。generation（迭代次数）：100。stall time limit（停止时间限制）：1 000。如图 7.4 所示：

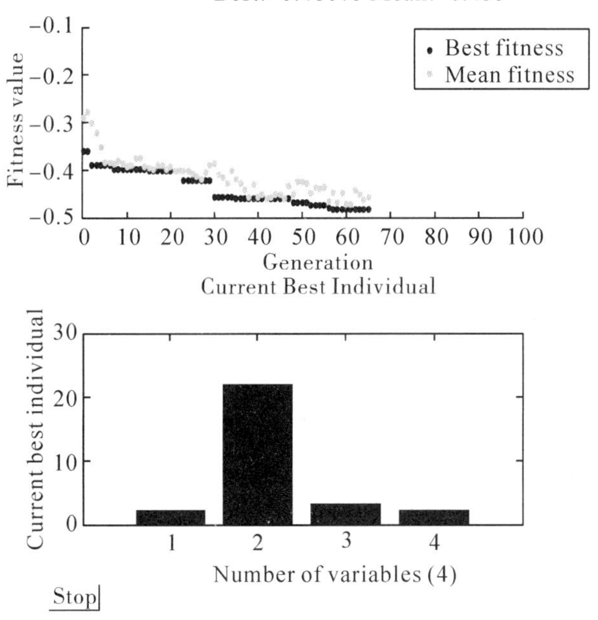

图 7.4　遗传算法结果图

MATLAB 部分清单如下：

```
function y=sga（D，X）
%sga 为遗传算法的适应度函数，D 为大盘直径，X 为变量
s=［0 X（1）X（2）X（3）］；%型线方程
r=X（4）；%公转半径
n=X（5）；%型线圈数
if（r>1.5） &&（r<5）%变量范围
if（n>2） &&（n<5）%变量范围
［y1 R S a t Ap］=xxyouhua（r，D，n，s，0）；
%xxyouhua 为自定义函数，所有变量的计算都在此
m=2 * Ap/（pi * D^2）；%体积利用率
if（m<1） &&（m>0）
%体积利用率的范围：0<m<1
y1=（y1-2.5）/（15-2.5）；
%归一化处理
m=（m-0.1）/（1-0.1）；%同上
```

```
            y=-0.5*y1-0.5*m;
    else
                y=NaN;
    end
else
                y=NaN;
    end
else
                y=NaN;
End
```

易知 $s=0.0544\varphi+0.5306\varphi^2+0.0240\varphi^3$，Ror=3.294 1，N=2.585 5。如图 7.5 所示：

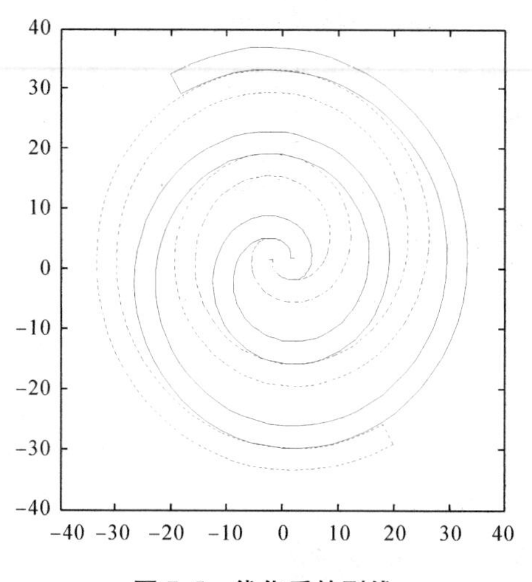

图 7.5　优化后的型线

其压缩比与容积利用率各为：压缩比 η = 4.655 1，容积利用率 ν = 0.257 8。与基于泛函的等壁厚涡旋型线进行对比，如图 7.6 所示。表 7.4 中 $s_2(\varphi)$ 为基于泛函的等壁厚涡旋型线。

表 7.4　型线性能对比

型线类型	公转半径	型线圈数	大径	线长	吸气面积	压缩面积	压缩比	体积利用率
$s_3(\varphi)$	3.294 1	2.585 5	80.000 0	243.804 7	1 295.844 1	278.370 8	4.655 1	0.257 8
$s_2(\varphi)$	3.294 1	2.585 5	80.000 0	294.254 9	1 354.600 5	435.003 4	3.114 0	0.269 5

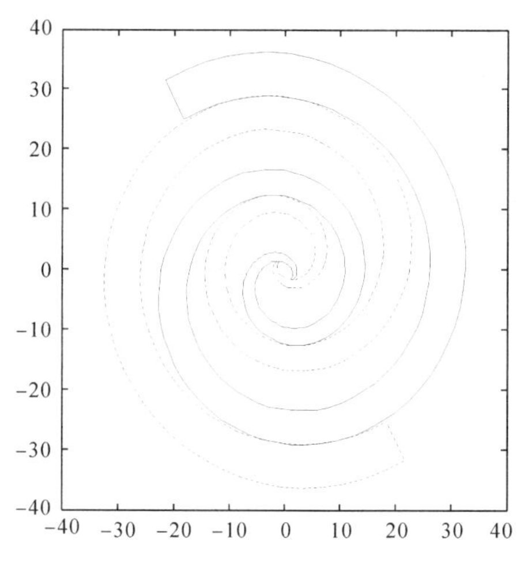

图 7.6　等壁厚型线

由表 7.4 可知，在相同公转半径，涡旋圈数以及大盘直径下，型线 $s_3(\varphi)$ 具有更小的型线线长；吸气体积相差较小，即体积利用率相差较小；$s_3(\varphi)$ 压缩体积小于 $s_2(\varphi)$，即使得压缩比大于后者。

7.1.2.3　本节小结

（1）在通用涡旋型线的形状优化设计中，通过对其变化规律的研究，得知公转半径大小、大盘直径、圈数以及级数项 k 是涡旋压缩机的压缩比体积利用率等的主要影响因素。如公转半径越大，其他因素不变，压缩比越小，体积利用率越大。同理，其他系数不变，涡旋圈数改变其压缩比呈抛物线形式变化。在定大盘直径 D 下，N 与 Ror 不是无限增大的，Ror 满足式（4）的情况下，还与涡旋圈数有关，型线方程等有关。

（2）根据上面计算可知，型线次数 k = 3 时压缩比最大，即型线方程设计中取 $s = c_1\varphi + c_2\varphi^2 + c_3\varphi^3$。利用遗传算法，以压缩比、体积利用系数为目标函数（加权法），c_1，c_2，c_3 以及公转半径 Ror，涡旋圈数 N 为变量，得出最优化参数与方程：$s = 0.0544\varphi + 0.5306\varphi^2 + 0.0240\varphi^3$，Ror = 3.294 1，N = 2.585 5，压缩比 $\eta = 4.6551$，容积利用率 $\nu = 0.2578$。通过比较可知型线更优于等壁厚的基于泛函的等壁厚涡旋型线。

（3）基于泛函的通用涡旋型线是根据平面曲线弧微分固有方程理论和 Taylor 级数思想，通过切向角参数 φ 的级数的弧函数形式来表征任意共扼函数曲线。它也为涡旋压缩机型线设计拓展了思路。

（4）涡旋压缩机的制冷系统作为强制冷凝设备，运用于废油再炼制设备，是压缩机新的应用领域。

7.2 基于NSGA-II算法的通用型线优化研究

对通用涡旋压缩机关键零部件参数的优化设计是提高整机性能的重要途径。上节用GA对通用型线进行了优化，而这些优化方法主要参数取值范围有特殊要求时，优化运算后参数不一定满足要求或者陷入局部极值，没有达到最优结果，甚至导致设计无效。而改进型遗传算法二能较好地克服上述缺点。本节主要结合改进的遗传算法即NSGA-Ⅱ和动静涡旋盘受到的气体力和力矩、能效比进行多目标优化设计探讨。

7.2.1 NSGA-Ⅱ 简述

虽然遗传算法有许多优点，但是也存在许多问题，如早熟现象、适应度值标定方式多样，没有一个简洁、通用方法，快要接近最优解附近左右摆动，收敛较慢等。现有改进遗传算法中有分层遗传算法、CHC算法、Messy遗传算法、自适应遗传算法、隔离小生境遗传算法、并行遗传算法、混合遗传算法等算法能较好地克服基本遗传算法的缺点。下面就对这几种算法做简单介绍：

跨世代异物种重组大变异（cross generation heterogeneous recombination cataclysmic mutation，CHC）。CHC算法是简单遗传算法的改进，它强调优良个体的保留，其改进之处首先表现在选择上。通常，遗传算法是依据个体的适应度复制个体完成选择操作的；而在CHC算法中，20世代种群与通过新的交叉方法产生的个体种群混合起来，从中按一定的概率选择较优的个体。这一策略称为跨世代精英选择。其明显特征表现在：

（1）健壮性。这一选择策略，即使当交叉操作产生较劣个体偏多时，由于原种群大多数个体残留，不会引起个体的评价值降低。

（2）遗传多样性保持。由于大个体群操作，可以更好地持进化过程中的遗传多样性。

（3）排序方法。克服了比例适应度计算的尺度问题。

（4）在交叉操作上很灵活，根据不同的应用领域采取不同的交叉方法。自动组卷由于通常采用符号编码方案，可以利单点交叉、双点交叉及均匀交叉等。变异操作上 CHC 算法在进化前期不采取变异操作，当种群进化到一定的收敛时期，从优秀的个体中选择一部分个体进行初始化。初始化的方法是选择一定比例的基因座，随机地决定它们的位值。这个比例值称为扩散率，一般取 0.34。

一种变长度染色体遗传算法即 messy GA。messy GA 是将常规的遗传算法的染色体编码串中各基因座位置及相应的基因值组成一个二元组，把这个二元组按一定顺序排列起来，就组成一个变长度染色体的一种编码方式。再根据现有的方法粗略确定一个隐层结点数目，把这个数先进行二进制编码。将该编码的长度作为 messy GA 所使用的初始值，进行 messy GA 的选择、交叉、变异等操作，对所求得的满足条件的个体进行解码，求得神经网络的隐层结点数目。

自适应遗传算法的概念是自适应改变基因编码的长度、自适应改变群体规模、随个体适应度改变交叉和变异概率等。由于遗传算法的参数中交叉概率和变异概率的选择是影响遗传算法行为和性能的关键所在，所以自适应改变交叉和变异概率的策略，自适应遗传算法在一定程度上有效解决了算法的早熟问题。

隔离小生境技术的基本概念及进化策略依照自然界的地理隔离技术，将遗传算法的初始群体分为几个子群体，子群体之间独立进化，各个子群体的进化快慢及规模取决于各个子群体的平均适应水平。由于隔离后的子群体彼此独立，界限分明，可以对各个子群体的进化过程灵活控制。生物界中，竞争不仅存在于个体之间，种群作为整体同样存在着竞争，适者生存的法则在种群这一层次上同样适用。在基于隔离的小生境技术中，是通过将种群的规模同种群个体平均适应值相联系来实现优胜劣汰、适者生存这一机制的。子群体平均适应值高，则其群体规模就大，反之，群体规模就小。生物界在进化过程中，适应环境的物种能得到更多的繁殖机会，其后代不断地增多，但这种增加不是无限制的，否则就会引起生态环境的失衡。在遗传算法中，群体的总体规模是一定的，为了保证群体中物种的多样性，就必须限制某些子群体的规模，称子群体中所允许的最大规模为子群体最大允许规模（maximum allowed scale），记为 s。生物界中同样会出现某些物种因不适应环境数量逐渐减少，直至灭绝的现象。在隔离小生境机制中，为了保持群体的多样性，有时需要有意识地保护某些子群体，使之不会过早地被淘汰，并保持一定的进化能力。子群体的进化能力是和子群体的规模相联系的，要保证子群体的进化能力，必须规定每一子群体生存的最小规模，称为子群体最小生存规模（minimum live scale），记为S。在群体进化过程中，如果某一子群体在规定的代数内，持续表现最差，应该使这个子群体灭绝，代之以搜索空间的新解，这一最劣子群体灭绝的机制，定义为劣种不活（the worst die）。子群体在进化过程中，如果出现两个子群体相似或相同的现象，则去掉其中的一个，代之以搜索空间的新解，这种策略称为同种互斥或种内竞争（intraspecific competition）。解群中出现的新的子群体，在进化的初期往往无法同已经得到进化的其它子群体相竞争，如果不对此施加保护，这些新解往往在进化的初期就被淘汰掉，这显然是我们所不希望的。为了解决这个问题，必须对新产生的解加以保护，这种保护新解的策略叫幼弱保护（immature protection），子群体在进化过程中，如果收敛到或接近局部最优解，会出现进化停滞的现象，此时应当以某种概率将该子群体去掉，代之以搜索空间的新解，此种策略称为新老更替（the new superseding the old），在进化过程中，表现最优的个体进化为最优解的概率最大，应当使它充分进化，故新老更替策略不能用于最优子群体，这种做法称为优种保留（the best live），优种保留可以作用于最好的一个子群体，也可以作用于最好的几个子群体。

并行遗传算法的四种并行模型：主从式模型、粗粒度模型、细粒度模型及混合模型。主从式模型（master-slave modal）这种实现方案是把原来遗传算法中的种群分成若干个子种群，分别由各自的处理器运行，设置一个主处理器负责若干个从处理器间的通信和协调。主处理器主要基于全局统计执行选择操作；而各个从处理器则接收来自主处理器的新个体进行交叉和变异的遗传操作，产生新个体，并计算其适应值，把结果传回主处理器，再由主处理器进行选择。这种并行模型于1992年由Abramson在共享存储器的并行计算机上实现。主从式并行模型有其自身的局限性。因为这种方法要求同步机制，这就可能导致主进程和子进程之间的负载不平衡，造成一方忙而另一方闲的问题，引起效率下降。尤其当问题所需要的目标函数的适应值计算量不太大时，会由于通信时间超过计算时间而影响算法的整体效率。

混合遗传算法（hybrid genetic algorithm），标准GA比其它传统搜索方法有更强的鲁棒性，但在实际应用中容易产生早熟（过早地陷入局部最优群体中）现象，局部搜索能力不足。研究表明，GA能以极快的速度达到最优解的90%，但要达到真正的最优解则要花费相当长的时间。解决该问题目前较为活跃的研究领域是考虑GA与其他算法的结合，从而形成混合遗传算法。无论GA与哪一种启发式搜索算法结合，都是集GA与启发式搜索的优势于一体，其基本原理如下：

（1）随机产生初始种群，即初始化过程；

（2）用某种启发式算法获得局部最优解；

（3）利用评价函数对新个体计算适应值；

（4）对这些局部最优解作交叉和变异操作；

（5）若满足终止条件则停止，否则除第一步以外，继续上述步骤。

对于多目标优化问题，现有多种求解方法，如目标达到法、NSGA-Ⅱ、惩罚函数法、非控制排序基因算法。其中NSGA-Ⅱ应用最广，NSGA-Ⅱ是一种新型的多目标遗传算法，由印度科学家Deb于2002年在NSGA的基础上改进后提出，它的优越性表现在：具有优秀的Pareto解搜索广度；一次求解可以获得全部Pareto解集合；可以处理离散搜索空间问题。

多目标遗传算法的核心就是协调各目标函数之间的关系，找出使各目标函数能尽量达到比较大（或比较小）的最优解集。它能在较短的时间内实现近似解集的计算。NSGA-Ⅱ的主要思想：一是利用非支配排序算法对种群进行非支配分层，然后通过选择操作得到下一代种群；二是使用共享函数的方法保持群体的多样性。相对于NSGA的3大缺陷，NSGA-Ⅱ有如下改进：计算复杂性降低，能够更好地保持种群的多样性和避免优秀个体的流失，而且无须主观地设定一些算法参数，从而进一步提高计算效率和算法的鲁棒性。该算法求得的Pareto最优解分布均匀，收敛性和鲁棒性好。将NSGA-Ⅱ应用于多目标优化，该算法一次运行可以获得多个Pareto最优解，决策者可根据系统的实际要求选择最终的满意解，为各目标函数之间的权衡分析提供了有效的工具。NSGA-Ⅱ的程序流程图如图7.7所示。

一般的多目标优化（MOP）问题包括N个决策变量，K个目标函数，L条件。目标函数和约束条件是决策变量的函数。以最小为例，可用如下数学模型描述：

$$V\text{-Min}\, f(x) = [f1(x), f2(x), \cdots, fn(x))]T$$

$$\text{s.t.} \quad x \in X$$

$$X \in Rm$$

式中，V-Min 表示向量极小化，即向量目标函数 $f(x)=[f_1(x), f_2(x), \cdots, f_n(x)]T$ 中的各个子目标函数都尽可能地达到极小化。

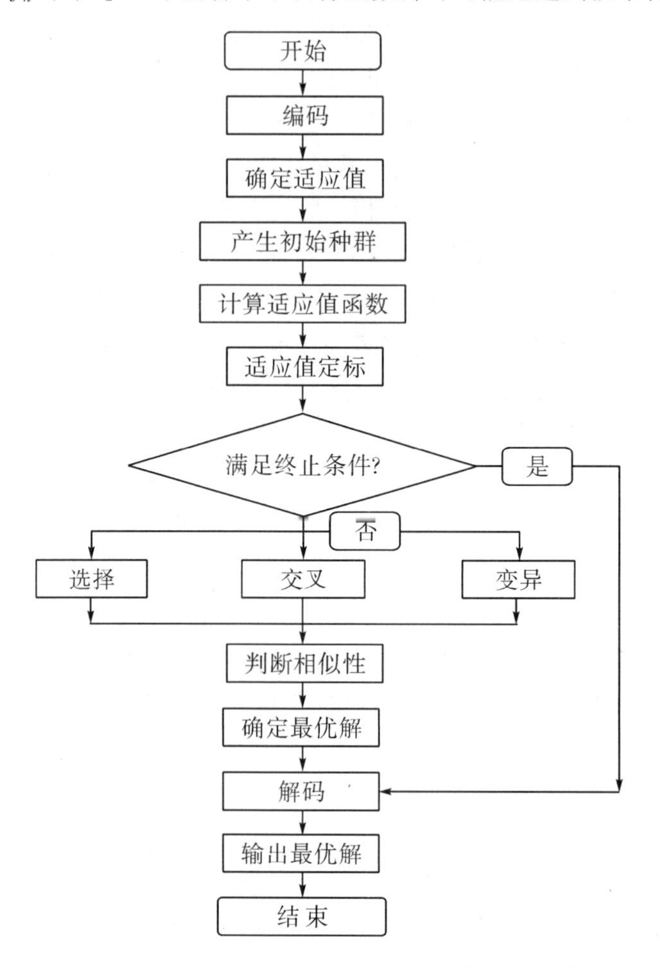

图 7.7　NSGA-Ⅱ 的程序流程图

7.2.2　适应度函数的确定

适应度函数可反映个体对环境适应能力的强弱，决定了个体的生存机会，适应度函数值大的个体就是好的个体，它的目标函数值大，其基因表现型为较优解。将目标函数转化为适应度函数：

$$f(x_i^{'}) = \frac{g(x_i) - g(x_i)_{\min}}{g(x_i)_{\max} - g(x_i)_{\min}} \tag{7.3}$$

其中 $g(x_i)$ 为种群中个体的目标函数，按式（7.3）计算；$g(x_i)_{max}$、$g(x_i)_{min}$ 分别为种群中目标函数的最大、最小值。

7.2.3 NSGA-Ⅱ应用

在确定目标函数之前先确定出泛函通用涡旋型线的特殊涡旋型线，能效比优化函数、气体力及力矩目标优化函数。在本书中是基于泛函通用涡旋型线的特殊涡旋型线的基础之上和在一定的假设条件下取得能效比公式下研究多目标优化问题。

7.2.3.1 基于泛函通用涡旋型线的特殊涡旋型线

已知共轭曲线可取函数类的通用表达式：

$$s(\varphi) = c_0 + c_1\varphi + c_2\varphi^2 + c_3\varphi^3 + \cdots + c_n\varphi^n = \sum^{n} c_k\varphi^k \tag{7.4}$$

式中，s——型线弧函数；

c_k——涡旋型线泛函方程系；

$k=1$，2，…，n. ——为切向角。

当 k=2，$C_0=0$，$C_1=0$，得其型线表征形式为

$$S(\varphi) = C_2 * \varphi^2 \tag{7.5}$$

由通用型线控制方程

$$R_s(\varphi) + \frac{d^2R_s(\varphi)}{d\varphi^2} = \frac{dS}{d\varphi} \tag{7.6}$$

$$R_s(\varphi) = \frac{dS}{d\varphi} = 2 * C_2 * \varphi \tag{7.7}$$

得

$$R_g(\varphi) = \frac{dR_s(\varphi)}{d\varphi} = 2 * C_2 \tag{7.8}$$

$$\rho(\varphi) = \frac{dS}{d\varphi} = 2 * C_2 * \varphi \tag{7.9}$$

曲线方程沿其切向和法向的分解如图 7.8 所示。

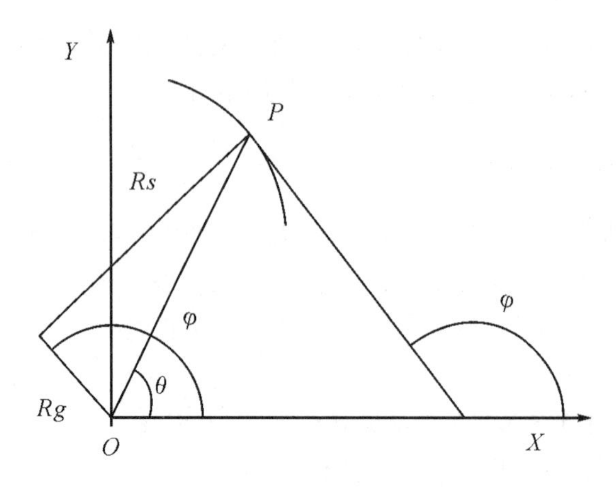

图 7.8　曲线方程沿其切向和法向的分解

由式（7.8）、式（7.9）可判定该型线为圆渐开型线且有

$$2t = \frac{dS(\varphi + 2\pi)}{d\varphi} - \frac{dS(\varphi)}{d\varphi} - 2R_{or} \tag{7.10}$$

$$\rightarrow \quad t = 2\pi - R_{or} \quad a = R_g \quad t = 2 * a * \alpha \tag{7.10}$$

式中，R_s ——切向向量；

R_g ——法向向量；

$\rho(\varphi)$ ——曲率半径；

R_{or} ——公转半径；

t ——涡旋体壁厚；

a ——基圆半径；

α ——基圆渐开角。

7.2.3.2　优化变量的选取

由上可构造出通用涡旋压缩机的涡旋盘的涡旋型线，而主轴转角 θ、涡旋型线渐开角 α、涡旋型线基圆半径 a、涡旋圈数 N、涡旋体高 h 这五个变量直接影响涡旋压缩机的加工难易程度，涡旋体受力以及轴向泄漏、摩擦等问题，同时动涡盘上的各种气体力主要是轴向气体力 $Y_{f,\ i}$ 、径向气体力 $X_{f,\ o}$ 、切向气体力 $Y_{f,\ o}$ 、倾覆力矩 $X_{o,\ o}$ 、自转力矩 $Y_{o,\ o}$ 等直接影响压缩机的整机性能，而能效比又是评价压缩机性能最主要的指标，因此将它们作为优化变量。

$$X = (\theta,\ \alpha,\ a,\ N,\ h\ ,X_{o,\ i}\ ,Y_{o,\ i}\ ,F_t\ ,\alpha = \pi/6\ ,R_s = 3\varphi\ ,EER)^T$$
$$= (x_1,\ x_2,\ x_3,\ x_4,\ x_5,\ x_6,\ x_7,\ x_8,\ x_9,\ x_{10},\ x_{11})^T$$

7.2.3.3 能效比优化函数说明

涡旋压缩机的能效比是衡量其工作性能优劣的主要性能指标。涡旋压缩机的能效比 EER 是压缩机单位时间的制冷量与输入功率的比值。

为了便于研究，不妨设涡旋压缩机制冷工质为 R22，蒸发温度 7.5℃，冷凝温度 53.5℃，冷凝器出口温度 45.2℃，吸气温度 36.14℃。压缩机电机功率 3.69kW，电机效率 85.25%。主轴转速 3 150 r/min。

该空调工况下，制冷循环各计算点的状态参数由 R22 热物理性质图表查取，如表 7.5 所示：

表 7.5　各状态参数

$t_1 = 7.2$℃	压力 $p_1 = 0.635$MPa
$t'_2 = 35$℃	压力 $p'_2 = 0.835$MPa 比体积 $v'_2 = 0.039\text{m}^3/\text{kg}$ 比焓 $h'_2 = 423$kJ/kg
$t'_3 = 54.4$℃	压力 $p'_3 = 0.835$MPa
$t_4 = 46.1$℃	压力 $p_4 = 0.635$MPa 比焓 h4 = 559kJ/kg

在 p-h 图上的制冷循环如图 7.9 所示：

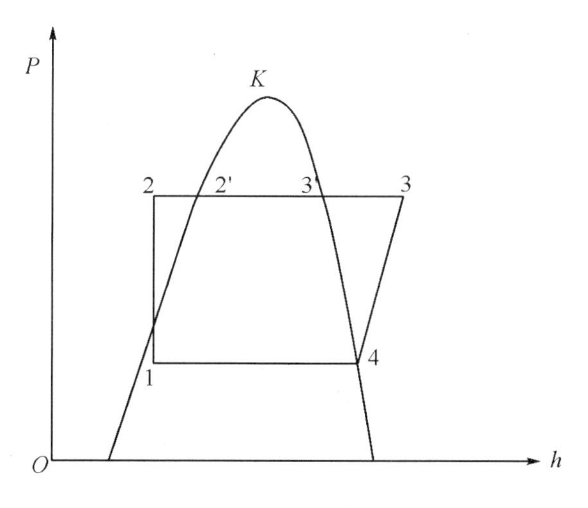

图 7.9　制冷循环在 p-h 图

$$EER = \frac{Q_e}{W_{in}}$$

式中，EER——压缩机能效比；

Q_e——涡旋压缩机的制冷量，KW；

W_{in}——涡旋压缩机的输入功率，KW；

$$Q_e = \frac{nv_s\eta_v q_0}{v_1}$$

$$v_s = \pi p(p - 2t)(2N - 1)h$$

则

$$Q_e = \frac{n\eta_v q_0}{v_1}\pi p(p - 2t)(2N - 1)h \tag{7.11}$$

式中，n——主轴转速，r/s；

v_s——主轴旋转一圈的吸气容积，m3；

ηv——容积效率，%；

q_0——单位质量制冷量，，kJ/kg；

v_1——比体积，m3/kg；

p——渐开线节距，mm；

t——涡旋体壁厚，mm；

N——涡旋的圈数；

h——涡旋体高度，mm。

已知：$n = 3\ 150$r/min，$\eta_v = 0.95$，$q_0 = $ h4 - h′2 = 136kJ/kg，$v_1' = $ 0.043m3/kg。

则　Qe = 9.464×105p（p-2t）（2N-1）h

为便于运用遗传算法进行优化，在此将能效比进行转化：

$$f(EER) = \frac{1}{EER} \tag{7.12}$$

则优化目标是使 $f(EER)$ 最小，即

$$f(EER) = \frac{1}{EER} = \frac{3.27 * 10^{-6}}{\mathrm{p}(\mathrm{p} - 2\mathrm{t})(2\mathrm{N} - 1)\mathrm{h}} \tag{7.13}$$

7.2.3.4　气体力及力矩目标优化函数说明

作用在动、静涡盘上的力分为气体作用力和非气体作用力两大类。涡旋压缩机的压缩腔是对称型，所以动、静涡旋盘上承受着相同的气体作用

力，作用在静涡盘上的气体力主要引起涡旋压缩机的振动和噪声。由于在主轴一个周期内气体力较稳定，与往复式压缩机相比，这种振动与噪声是比较小的，而动涡盘上的气体力则直接影响着涡旋压缩机的容积效率和机械效率等，应着重讨论作用在动涡盘上的各种气体力及力矩。

动涡盘上的各种气体力主要是轴向气体力 F_a 、径向气体力 F_r 、切向气体力 F_t 、倾覆力矩 M_t 和自转力矩 M_r ，如图 7.10 所示。

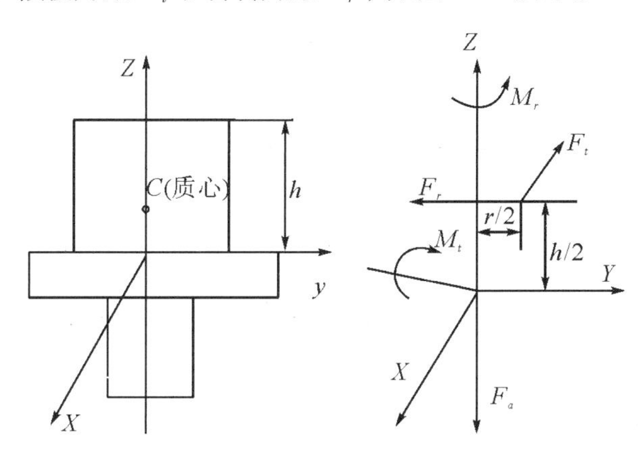

图 7.10　作用在动涡盘上的气体力及力矩示意图

7.2.3.5　目标函数的确定

构造数学模型。根据所给条件可以构造此多目标优化问题的数学模型，目标函数和约束条件分别如下：

优化设计的目标函数由动涡盘的切向气体力、径向气体作用力、轴向气体作用力、自转力矩作用力、倾覆力矩作用力、涡旋压缩机综合性能指标能效比组成。

目标函数之一为动涡盘的切向气体力

$$F_t = p_s \cdot 2 \cdot \pi \cdot a \cdot h \cdot \sum_{i=1}^{N} (2i - \theta/\pi) \cdot (\rho_i - \rho_{i+1}) \tag{7.14}$$

目标函数之二为动涡盘的径向气体作用力

$$F_r = 2 \cdot a \cdot h \cdot \rho_s \cdot (\rho_s/\rho_d - 1) \tag{7.15}$$

目标函数之三为动涡盘的轴向气体作用力。

由公式推导动涡盘 N 个压缩腔时，动涡盘上受到的轴向气体力为：

当 $r>=2a$ 时 ：

$$S_{L1} = a^2/2 \cdot (\pi - 4 \cdot \alpha)$$

当 $r<2a$ 时：

$$S_{L1}=a^2/2\cdot\{\pi-4\cdot\alpha+2\cdot\cos^{-1}(\pi/2-\alpha)-(\pi-2\cdot\alpha)\cdot\sin[\cos^{-1}\cdot(\pi/2-\alpha)]$$

当 $0\leqslant\theta\leqslant\theta^*$ 时：

$$A=a^2/3\{(2.5\cdot\pi-\theta)^3-(1.5\cdot\pi-\theta)^3\}-S_{L1}$$

当 $\theta^*\leqslant\theta\leqslant 2\pi$ 时：

$$A=a^2/3\{(4.5\pi-\theta)^3-(3.5\cdot\pi-\theta)^3\}-S_{L1}$$

当 $0\leqslant\theta\leqslant\theta^*$ 时：

$$F_a=\pi\cdot\rho_s\cdot P\cdot\left[(A\cdot\rho_1)/\pi\cdot P+\sum_{i=2}^{N}(2\cdot i-1-\theta/\pi)\cdot\rho_i\right]$$

当 $\theta^*\leqslant\theta\leqslant 2\pi$ 时：

$$P=4\pi^2\cdot a^2$$

$$F_a=\pi\cdot\rho_s\cdot P\cdot\left[(A\cdot\rho_1)/\pi\cdot P+\sum_{i=3}^{N}(2\cdot i-1-\theta/\pi)\cdot\rho_i\right] \tag{7.16}$$

目标函数之四为作用在动涡盘的倾覆力矩作用力。

由公式推导动有 N 个压缩腔时，动涡盘上受到的倾覆力矩为

$$H=h/2+h_1$$

$$F=\sqrt{(F_t{}^2+F_r{}^2)}$$

$$M_t=F\cdot H \tag{7.17}$$

目标函数之五为作用在动涡盘的自转力矩作用力。

由公式推导动涡盘 N 个压缩腔时，动涡盘上受到的自转力矩为

$$M_r=r/2\cdot\rho_s\cdot 2\pi\cdot a\cdot h\cdot\sum_{i=1}^{N}(2\cdot i-\theta/\pi)\cdot(\rho_i-\rho_{i+1}) \tag{7.18}$$

目标函数之六为：反映涡旋压缩机综合性能指标——能效比。

能效比（EER）是压缩机单位时间的制冷量与输入功率的比值：

$$f(EER)=\frac{1}{EER}=\frac{3.27\cdot 10^{-6}}{p(\mathrm{p}-2\mathrm{t})(2\mathrm{N}-1)h}$$

这里采用处理多目标问题常用的线性加权法，将上述六个目标线性组合作为系统目标函数 $F(X)$。

$$F(X)=\sum_{i=1}^{6}\lambda_i f_i(X) \tag{7.19}$$

其中 λ_i 为加权系数，从而将多目标问题转化为单目标问题。

7.2.3.6 约束条件的确定

涡旋压缩机的约束条件主要由强度、刚度条件，加工条件等来确定，对动静涡旋盘优化设计主要满足如下约束条件：

（1）涡旋圈数 N

涡旋圈数过小使被压缩气体量减少，从而降低压缩效率；圈数过多不仅给加工带来困难，而且泄漏线加长，局部散热差，涡旋体变形大，因此：

$$2 \leqslant N \leqslant 4$$

（2）涡旋型线高度 h

行程容积一定时，增加型线壁高 h 有利于减少泄漏，但过大又导致运动稳定性差，且壁面刚度下降，加工困难。因此：

$$10\text{mm} \leqslant h \leqslant 80\text{mm}$$

（3）涡旋型线基圆半径 a

基圆半径是一个与涡旋体壁厚和渐开角相关的参数，当涡旋体壁厚和渐开角取定后，渐开角便成为已知量，或者由基圆半径、涡旋体壁厚、渐开角中的任意两个参数来确定另外一个参数。一般情况下基圆半径的取值范围如下：

$$1.2\text{mm} \leqslant a \leqslant 6.5\text{mm}$$

（4）涡旋型线渐开角 α

渐开角是关联基圆半径和涡旋体壁厚的一个几何参数，根据经验，渐开角的取值范围如下：

$$15 \leqslant \alpha \leqslant 75$$

（5）涡旋盘主轴转角 θ

根据压缩机的运动特性，涡旋盘的主轴呈周期性变化，取值范围如下：

$$0 \leqslant \theta \leqslant 2\pi$$

7.2.4 用 NSGA-Ⅱ方法求解

本节采用 NSGA-Ⅱ方法计算的参数见表 7.6。

表 7.6　NSGA-Ⅱ方法参数设定

种群数量	迭代次数	交叉概率	变异率
10 000	5 000	0.95	0.02

在 Matlab 环境下运用 NSGA-Ⅱ解决多目标优化问题，通过优化上述数学模型求解得到全局 Pareto 非劣解集，不同优化结果如表 7.7 所示。

表 7.7　NSGA-Ⅱ方法优化数据结果

x1	x2	x3	x4	x5	x6 (10^7)	x7 (10^7)	x8 (10^8)	x9 (10^9)	x10 (10^8)	x11
1.24	10.89	3.16	15.21	3	6.26	2.43	1.86	2.38	4.54	3.24
1.23	11.01	3.24	15.07	3	6.28	2.43	1.85	2.39	4.46	2.98
1.22	10.25	3.15	15.01	3	6.80	2.27	1.89	2.51	4.10	3.54
1.20	10.12	3.31	15.04	3	5.62	2.18	1.62	2.12	4.24	3.75
1.25	10.23	3.24	15.47	3	5.92	2.30	1.76	2.23	4.60	3.87
1.20	10.11	3.16	15.23	3	5.62	2.18	1.61	2.11	4.24	3.58
1.23	10.57	3.82	15.34	3	6.03	2.34	1.77	2.28	4.45	3.36
2.30	18.25	3.17	15.89	3	5.94	3.5	1.05	3.64	3.75	3.75
2.09	10.68	4.15	25.30	3	1.03	3.01	0.98	3.96	2.28	3.68
1.29	10.87	3.68	15.24	3	6.50	2.52	2.04	3.47	4.80	2.99

7.2.5　本节小结

（1）通过优化数据结果验证了 NSGA-Ⅱ在计算多目标优化问题的有效性，NSGA-Ⅱ可方便处理多目标非线性约束的复杂优化问题。

（2）将 NSGA-Ⅱ与气体力和力矩、能效比相结合，对通用涡旋压缩机基本参数进行优化，通过结果表明，NSGA-Ⅱ可为求解优化基本参数优化决策提供支持。

（3）NSGA-Ⅱ应用在通用涡旋压缩机设计上时，在满足约束设计条件下很大程度改善了通用压缩机的气体力和力矩、能效比，达到提高通用涡旋压缩机整机性能的目的。同时为节约能源、保护环境，构建和谐社会有其重大意义。

7.3 基于泛函的涡旋压缩机结构参数优化

传统的涡旋机械优化设计，如涡旋压缩机参数优化，主要针对圆的渐开线的型线方程优化。设定的参数为节距 p、型线厚度 t、涡旋圈数 N 以及涡旋盘的高度 h，由于方程的固有特性，其具有很大的局限性。本书提出基于泛函的通用涡旋型线理论，即根据平面曲线弧微分固有方程理论和 Taylor 级数思想，任意函数曲线的数学表达式都可以将其展开为切向角参数 φ 的级数的弧函数形式；它集成了单一型线的优点，可在不同约束条件下，运用优化的思想得到综合各目标函数最好的型线方程。本书以能效比为目标函数，利用通用涡旋型线几何理论研究其参数变化。

7.3.1 涡旋压缩机能效比优化

7.3.1.1 能效比方程

涡旋压缩机的结构一般包括动、静涡旋盘、十字滑块、轴向支撑结构、曲轴驱动机构、支架体等。如图 7.11 所示。

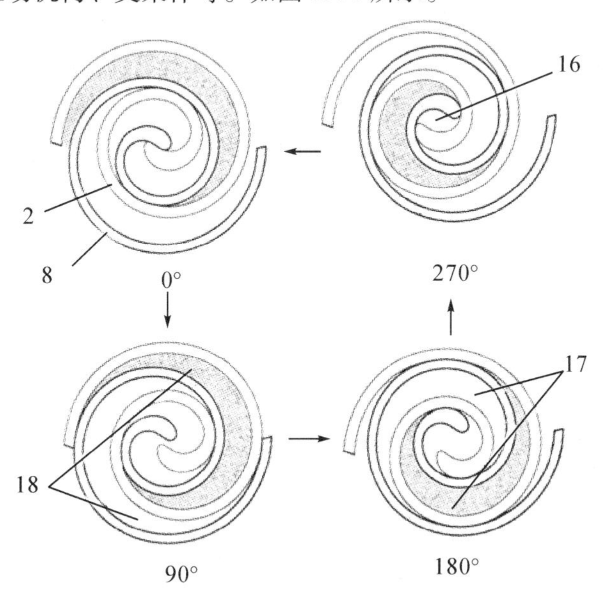

图 7.11 涡旋体示意图

本节采用涡旋压缩机的 EER 为优化设计的目标函数。能效比 EER 是压缩机单位时间的制冷量与输入功率的比值：

$$EER = Q_e / W_{in} \tag{7.20}$$

式中，Q_e——输出功率、制冷量，W；

W_{in}——输入功率，W；

EER——能效比。

7.3.1.2 涡旋压缩机工作状态的状态方程与焓变

涡旋压缩机运行时，动静涡盘周期性吸气压缩直至排气。运行方式如图 7.12。

图 7.12 涡旋压缩机运行原理图

易知气态制冷工质（R134a）被压缩时，体积 V 逐渐减小，压力 P 逐渐增大，温度 T 也是逐渐增大的。故设在吸气时，进入涡旋盘的气体状态为（P_1，V_1，T_1），在进行压缩的任何状态为（P，V，T），排气时的气体状态为（P_2，V_2，T_2）。假设气体模型为绝热状态下理想气体模型，则涡旋压缩机压缩时其 P、V、T 之间的关系为

$$PV^K = P_1 V_1^K = P_2 V_2^K = \cdots = \text{常数} \tag{7.21}$$

根据热力学第一定律知：

$$\Delta H = Q - W_s \tag{7.22}$$

式中，Q——工质内能变化，J；

W_s—对外界做功，J；

ΔH—焓变，J。

又知在绝热条件下 Q=0，故有：

$$\Delta H_e = - W_s = \frac{K}{K-1} nRT_1 \left[\left(\frac{P_2}{P_1} \right)^{\frac{K-1}{K}} - 1 \right] \tag{7.23}$$

式中，K——工质压缩指数；

n——工质的摩尔数，mol；

$T1$，$P1$——工质进入压缩机时的温度压力，K，Pa；

$T2$——工质被排出时的温度，K。

且知在绝热压缩下：

$$T_2 = T_1 \left(\frac{P_2}{P_1}\right)^{\frac{K-1}{K}} \tag{7.24}$$

故制冷工质制冷量为 ΔH 。

本节考虑制冷工质在绝热情况，没有热的损失，不交换热。故这是一种理想状态。实际情况下，摩擦损失，热传递等都会有热的损失。

7.3.1.3 结构参数与能效比的关系

由上知，能效比在单位时间内的制冷量即是在绝热情况下的焓变。则有

$$Qe = \Delta H \tag{7.25}$$

在单位时间里，制冷工质（R134a）的流量为 Vc。

$$Vc = N \cdot V_1 = N \cdot h \cdot S_p \tag{7.26}$$

式中，N——电动机的的转速，r/s；

V_1——压缩机的吸气体积，m3；

h——涡旋体高度，m；

S_p——吸气时动静涡盘围成的面积，m^2。

又知：

$$\begin{aligned} S_p = & \int_{\varphi+\pi}^{\varphi+3\pi} \left(Rs - \frac{t}{2}\right)^2 + Rg\frac{t'}{2} + \left(Rs - \frac{t}{2}\right)Rg'd\varphi \ldots \\ & - \int_{\varphi}^{\varphi+2\pi} \left(Rs + \frac{t}{2}\right)^2 - Rg\frac{t'}{2} + \left(Rs + \frac{t}{2}\right)Rg'd\varphi \ldots \\ & - Ror[Rg(\varphi + 2\pi) - Rg(\varphi)] \end{aligned} \tag{7.27}$$

式中，Rs——s 曲线法线上的分量，

Rg——s 曲线切线上的分量，

t——壁厚，它们都是关于 φ 的函数；

Rg'，t'——分别其对应的一次导数；

Ror——公转半径，m。

制冷工质状态（P_1，V_C，T_1）已知或计算求得，式（7.23）中摩尔数 n 根据气体状态方程可以得知。

绝热条件下，式（7.21）成立，则 $P_1V_1K = P_2V_2K$。V_2 为压缩终止时的涡旋体围成体积，计算如式（7.27），φ 取 φ'。

$$Rv = \frac{V_1}{V_2} = \frac{h \cdot S_{p1}}{h \cdot S_{p2}} = \frac{S_{p1}}{S_{p2}} \tag{7.28}$$

式中，Rv 为压缩比。

故式（7.25）可得。且知：

$$W_{in} = W_p / \eta_m \tag{7.29}$$

$$W_p = \frac{K}{K-1}(p_2/R_v - p_1)V_c \tag{7.30}$$

式中，W_p 为多方压缩功，W；η_m 为电机效率；W_{in}，P_1，P_2，R_v，V_c 同上。

综上可知，已知涡旋体的结构参数则能计算能效比。优化参数时，以能效比为目标函数，使得能效比最优，就能得出最佳的结构参数。

7.3.2 遗传算法原理以及数学模型的建立

7.3.2.1 遗传算法简介

在遗传算法前面已经介绍，此处不在累述。

7.3.2.2 适应度函数的确定

在遗传算法中使用适应度这个概念度量群体中各个个体在优化计算中能达到或接近于或有助于找到最优解的优良程度。而适应度函数也称为评价函数，是根据目标函数确定的作用于区分群体中个体好坏的指标，是算法演化过程的驱动力，也是进行自然选择的唯一依据。本节以能效比为目标函数，其适应度函数亦为

$$f(EER) = 1/EER \tag{7.31}$$

其中 EER 为目标函数能效比方程。f 值为 EER 倒数，这是由于基于 MATLAB 遗传算法是就最小值的，倒数的最小值为最大值。故所求能效比越大越好。

7.3.2.3 优化变量的选取与约束条件的确定

优化变量的选取：直接影响涡旋压缩机整机性能的参数包括，涡旋盘的高度 h、涡旋盘的大盘直径 D 以及关键部件的涡旋型线形状。涡旋型线形状又包括：型线圈数 N、公转半径 r、以及型线方程 $s(\varphi) = c_0 + c_1\varphi + c_2\varphi^2 + c_3\varphi^3 + \cdots + c_n\varphi^n$ 中 c_0，c_1，…，c_n 等参数。因此选取的优化变量为

$$X=(c_0,\ c_1,\ c_2\ldots\ c_n,\ r,\ N,\ D,\ h)T$$
$$=(x_1,\ x_2,\ \cdots,\ x_n,\ x_{n+1},\ x_{n+2},\ x_{n+3},\ x_{n+4},\ x_{n+5})T \tag{7.32}$$

优化变量与能效比方程之间联系：每组优化变量表示一种情况下的涡旋压缩机，则压缩机的结构可以确定，如型线方程、型线线长、压缩比、吸气容积、压缩容积、涡旋体高度等；制冷系统中，在电机的作用下，涡旋压缩机如图2运行，则知制冷工质的以初始状态（P_1，T_1），Vc制冷流量由吸气形成容积与转速决定，经压缩到末状态（P_2，T_2），一个周期所产生的焓变，就是制冷工质在此涡旋压缩机下的制冷量。优化方法求的最佳一组优化变量，即优化结果。

优化变量约束条件的确定：

（1）涡旋圈数N：涡旋圈数过小使被压缩气体量减少，从而降低压缩效率；圈数过多不仅给加工带来困难，而且泄漏线加长，局部散热差，涡旋体变形大，经验取2<N<5。

（2）公转半径r：公转半径r直接影响吸气体积与排气体积，以及涡旋壁厚厚度t。1.5mm<r<5mm。

（3）涡旋盘高度h：行程容积一定时，增加型线壁高h有利于减少泄漏；但过大又导致运动稳定性差，且壁面刚度下降，加工困难，因此20mm<h<50mm。

（4）涡旋壁厚厚度t：由于基于泛函的通用涡旋型线s（φ），在k>2时为变壁厚，壁厚从薄到厚t（φ）是随着φ变化的函数。当厚度太薄容易使刚度下降。太厚使得涡旋盘体积过大。因此选择0.5mm<t<5mm。

（5）涡旋体大盘直径D：涡旋盘直径D直接由型线方程s（φ）与涡旋型线圈数N决定。同时它也反制约后两个参数。一般可取40mm~100mm，本节取80mm。

7.3.3 算例

在前面的研究已得到，基于泛函的通用涡旋型线的变化规律是在k=3时压缩比最佳。采用制冷工质为R134a，在制冷循环系统中，进入压缩机的R134a的初始状态为Ps=0.607MPa，T0=35℃，电机功率为4kw，电机效率为0.90，主轴转速47r/s。本书就基于MATLAB的遗传算法对上述问题进行优化。部分MATLAB程序清单如下：

```
[x fval] =ga (@ (x) eer_ ga (x), navs, gaopts);
function  eer=eer_ ga (X, D, t)
%能效比适应度函数
  N=X (1);
r=X (2);
h=X (3);
s= [0 X (4) X (5) X (6) ];
if (r>1.5) && (r<5)
  if (N>2) && (N<5)
    if (h>=20) && (h<=50)
EER=eer_ fun (N, D, r, h, s, t);%能效比目标函数
    eer=1/EER;
        else
            eer=nan;
        end
    else
        eer=nan;
    end
else
    eer=nan;
end
```

优化得 eer=0.28015，即能效比为 EER = 1/eer = 3.5695。其对应的型线方程为 $s_3(\varphi) = 0.1330\varphi + 0.3919\varphi^2 + 0.0085\varphi^3$，公转半径 $R_{or} = 2.4625$，型线圈数 $N = 4.1418$，涡旋盘高度 $h = 50$。涡旋型线如图 7.13 所示。

与基于泛函的等壁厚涡旋型线进行对比，如图 7.14 所示。表 7.8 中 $s_2(\varphi)$ 为基于泛函的等壁厚涡旋型线。

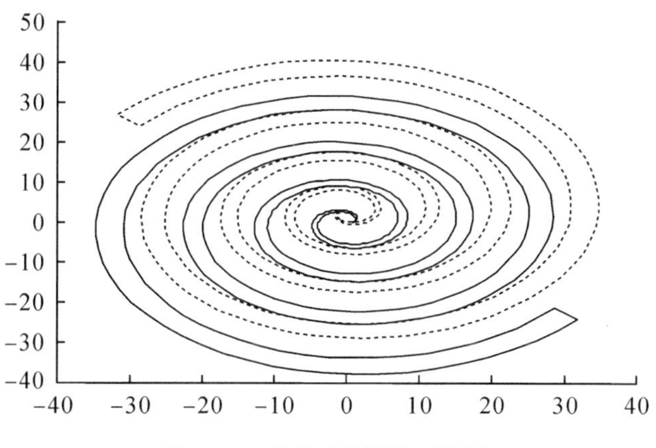

图 7.13　优化后的涡旋型线图

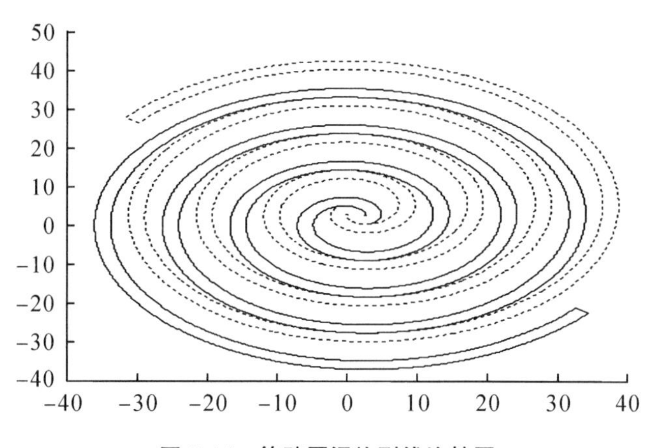

图 7.14　等壁厚涡旋型线比较图

表 7.8　型线性能比较　　单位：m

型线类型	公转半径	型线圈数	涡旋盘高度	大盘直径	线长	吸气面积 $/M^2$	压缩面积 $/M^2$	压缩比	体积利用率 /%	能效比
S_3	2.462 5	4.141 8	50.00	80.00	419.537 4	1.073 3e+03	136.545 3	7.860 2	0.213 5	3.569 5
S_2	2.462 5	4.141 8	50.00	80.00	505.623 2	1.129 9e+03	217.746 3	5.189 1	0.224 8	2.541 2

由表 7.8 可知：

（1）工程上，S_2 型线的涡旋压缩机能达到能效比 2.541 2 的相同情况下，S_3 型线涡旋压缩机能达到 3.569 5。故后者更优；

（2）在相同公转半径 *Ror*、涡旋圈数 *N*、涡旋盘高度 *h* 以及大盘直径 *D* 下，型线 S_3 具有更短的型线线长，在一定程度上减小泄露；

（3）吸气体积相差较小，即体积利用率相差较小，体积利用系数决定其制冷工质的流量 V_c 大小，在大盘直径相同的情况下，体积利用系数主要受公转半径的影响；

（4）吸气体积的比较，S_3 吸气面积稍小于 S_2，但由于前者的压缩体积更小，使得压缩比大于后者；

（5）综上，在假设涡旋压缩机压缩制冷工质为绝热的情况下，在大盘直径 D 为 80.00mm 的等约束条件情况下，以能效比为目标函数，利用遗传算法优化，优化出型线 S_3。并用相同公转半径及型线圈数的等壁厚相比较，其能效比大于等壁厚的型线 S_2 的能效比。

7.3.4 本节小结

（1）建立了以能效比为目标函数的结构参数优化模型。通过参数变化，能准确直观地分析涡旋压缩机热力过程中的由排气容积变化而引起的热能变化以及能效比变化。

（2）优化变量选取涡旋盘的高度 h、涡旋盘的大盘直径 D 以及型线圈数 N、公转半径 Ror、以及型线方程 $S_{(\varphi)}=c_0+c_1\varphi+c_2\varphi_2+c_3\varphi_3+\cdots+c_n\varphi_n$。公转半径 Ror 与涡旋型线圈数 N 对能效比的影响最为显著。

（3）通过具体实例计算 $n=3$ 时的型线方程，优化得其在能效比最佳时的型线方程，以及 N，Ror 等参数。并与等壁厚的型线方程性能比较，综合可知优化后的型线及参数的能效比优于后者。

（4）基于泛函的通用涡旋型线是根据平面曲线弧微分固有方程理论和 Taylor 级数思想，通过切向角参数 φ 的级数的弧函数形式来表征任意共扼函数曲线。它也为涡旋压缩机型线设计拓展了思路。

8 通用涡旋型线压缩机关键部件力学分析

鉴于压缩机的整机性能对节约能源和保护环境有重大意义。目前，对涡旋压缩机整机性能的研究主要集中在机构力学特性、空气动力特性、振动噪音特性等单一性能或单一学科的研究。但这些研究由于受单一性能或单一学科特性因素的限制，没有从整机特性层面上来全面考量涡旋型线的优劣，同样不能从根本上解除制约整机全性能的因素，从而难以提高整机特性。在压缩比和能耗两大指标下，整机性能主要从两方面来研究；第一方面从整机实际工况来研究，如改变样机的压缩机频率、电压、电流、转速等参数，研究整机的功耗和压缩比，对相关参数进行实测变量各种数据，以此来优化整机性能。第二方面对整机的各个关键部件进行分析气流脉动特性、机构力学特性、动平衡特性、摩擦热力特性、振动噪音特性、压缩机功率特性研究，进而减少机械摩擦，流动摩擦，吸排气压力损失等，以此来提高整机性能。在涡旋压缩机领域关键部件就是动静涡旋盘、十字环、主轴三大部件。而动静涡旋盘涡旋型线优化是提高压缩比最佳途径，在此基础上对动静涡旋盘相关力进行研究。分析相关力对压缩机性能的影响，最大限度提高压缩机整机性能。在本章节中作者从整机性能第二方面进行研究，即基于通用涡旋型线动涡盘的气体力进行阐述。利用MATLAB 单独分析各相关气体力，在整机性能综合指标下提出关键参数值的合理范围，并用实例计算验证了约束范围的有效性，达到避免参数选取的盲目性，提高涡旋压缩机整机性能的效果。

8.1 泛函通用涡旋型线的特殊涡旋型线

已知共轭曲线可取函数类的通用表达式

$$s(\varphi)=c_0+c_1\varphi+c_2\varphi^2+c_3\varphi^3+\cdots+c_n\varphi^n=\sum_{k=0}^{n}c_k\varphi^k \tag{8.1}$$

式中，s——型线弧函数，

c_k——涡旋型线泛函方程系，

$k=1$，2，…，n，φ 为切向角。

当 $k=2$，$c_0=0$，$c_1=0$，得其型线表征形式为：

$$S(\varphi)=c_2*\varphi^2 \tag{8.2}$$

由通用型线控制方程：

$$R_s(\varphi)+\frac{d^2R_s(\varphi)}{d\varphi^2}=\frac{dS}{d\varphi} \tag{8.3}$$

得

$$R_s(\varphi)=\frac{dS}{d\varphi}=2*c_2*\varphi \tag{8.4}$$

$$R_g(\varphi)=\frac{dR_s(\varphi)}{d\varphi}=2*c_2 \tag{8.5}$$

$$\rho(\varphi)=\frac{dS}{d\varphi}=2*c_2*\varphi \tag{8.6}$$

曲线方程分解如图 8.1 所示。

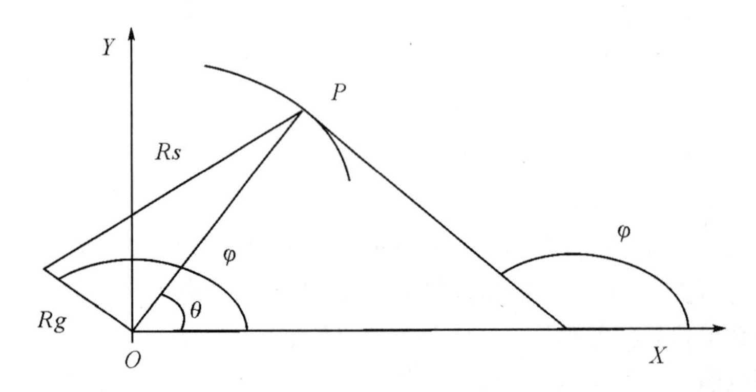

图 8.1　曲线方程沿其切向和法向的分解

由式（8.5）、式（8.6）可判定该型线为圆渐开型线且有

$$2t=\frac{dS(\varphi+2\pi)}{d\varphi}-\frac{dS(\varphi)}{d\varphi}-2R_{or} \tag{8.7}$$

$$\rightarrow t=2\pi-R_{or}\qquad a=R_g\,t=2*a*\alpha$$

注：R_s ——切向向量；

R_g ——法向向量；

$\rho(\varphi)$ ——曲率半径；

R_{or} ——公转半径；

t ——涡旋体壁厚；

a ——基圆半径。

8.2 涡旋压缩机关键部件——动涡旋盘的力学分析

作用在动、静涡盘上的力分为气体作用力和非气体作用力两大类。涡旋压缩机的压缩腔是对称型，所以动、静涡旋盘上承受着相同的气体作用力，作用在静涡盘上的气体力主要引起涡旋压缩机的振动和噪声。由于在主轴一个周期内气体力较稳定，与往复式压缩机相比，这种振动与噪声是比较小的，而动涡盘上的气体力则直接影响着涡旋压缩机的容积效率和机械效率，应着重讨论作用在动涡盘上的各种气体力，如图 8.2 所示。

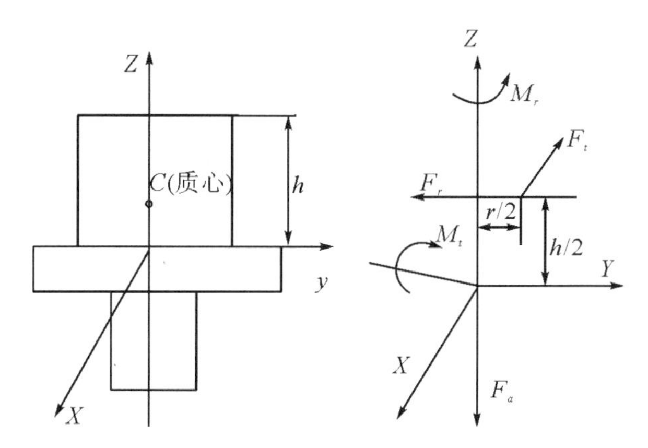

图 8.2　作用在动涡盘上的气体力及力矩示意图

动涡盘上的各种气体力主要是轴向气体力 F_a 、径向气体力 F_r 、切向气体力 F_t 、倾覆力矩 M_t 和自转力矩 M_r 。受力分析图如图 8.2 所示，下面就这些力进行逐一分析。

初始参数范围：涡旋圈数——（$2 \leqslant N \leqslant 4$）；等熵指数——（K = 1.2）；吸气结束角——（$\theta_s = 2\pi$）；主轴排气角——$\theta^* = 1.25\pi$；吸气压力——（P_S = 0.4Mpa）；排气压力——（Pd = 1.3Mpa）；涡旋体高度

—— $10mm \leqslant h \leqslant 80mm$；主轴转角—— $0 \leqslant \theta \leqslant 2\pi$；渐开角—— $15° \leqslant d \leqslant 75°$；约束系数——（A=4）；基圆半径—— $1.2mm \leqslant a \leqslant 6.5mm$；驱动面到动涡盘底高度——$h_1 = 15mm$。

8.2.1 动涡盘的切向气体作用力分析

由公式推导动涡盘有 N 个压缩腔时，动涡盘上受到的切向气体力为

$$F_t = p_s \cdot 2 \cdot \pi \cdot a \cdot h \cdot \sum_{i=1}^{N} (2i - \theta/\pi) \cdot (\rho_i - \rho_{i+1}) \tag{8.8}$$

其中：$\rho_i = ((2 \cdot N - 1 - \theta_s/\pi)/(2 \cdot i - 1 - \theta/\pi))^K$

8.2.1.1 用 MATLAB 遗传算法工具求

将力学公式用 MATLAB 编程，在程序中加入各种约束条件和目标函数，MATLAB 程序如下：

```
function f=fp (x, n, b, k, ps, A)
  t=2*x (1) *x (4);
  if x (2) / (P-t) <=A
      ……
  f=m*f2;
  else
 f=NaN;
end
```

再利用 MATLAB 里的遗传算法工作 GATOOL，输入@（x）fp（x，4，360，1.2，4，4）等到 GATOOL，结果如下：

由图 8.3 可知动涡盘参数分别在基圆半径 $a = 1.2$mm，高度 $h = 10$mm，主轴转角 $\theta = 0.022\ 35$，渐开角 $d = 15.01$ 时取得最小值：（F_t）min = 1 625.029 6N，基圆半径 $a = 6.49$，高度 $h = 79.99$，主轴转角 $\theta = 6.28$，渐开角 $\alpha = 62.36$ 时在取得最大值为（F_t）max = $1.762\ 4 \times 10^5 N$。

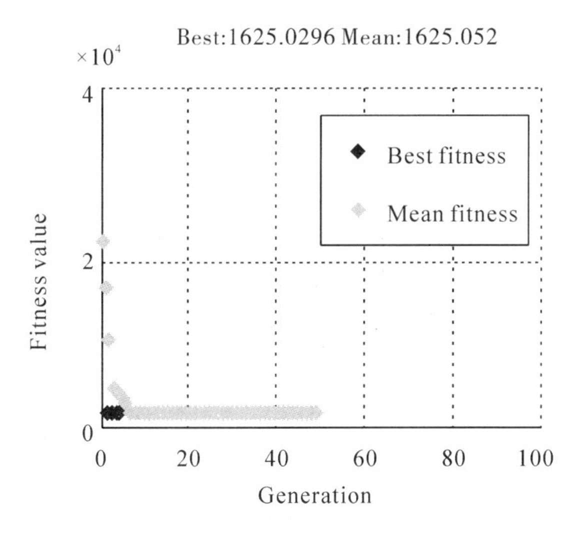
Best:1625.0296 Mean:1625.052
×10^4
4
2
0
Fitness value
Best fitness
Mean fitness
0
20
40
60
80
100
Generation

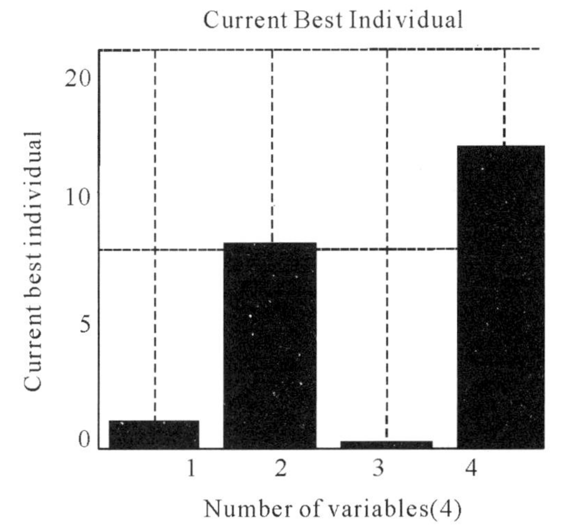
Current Best Individual
20
10
5
0
Current best individual
1
2
3
4
Number of variables(4)

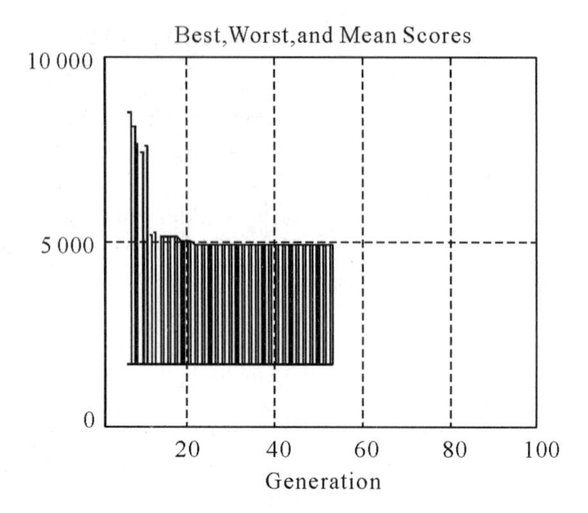

图 8.3　动涡盘的切向气体作用力遗传算法结果

（$N=4$，$K=1.2$，$P_S=0.4$Mpa，$A=4$，$\theta_s=2\pi$，$1.2mm \leqslant a \leqslant 6.5mm$，$0 \leqslant \theta \leqslant 2\pi$，$10mm \leqslant h \leqslant 80mm$，$15° \leqslant \alpha \leqslant 75°$。）

8.2.1.2　定基圆半径和基圆渐开角，以高度和主轴转角为变量求切向气体力

图 8.4 是在定涡旋盘基圆半径（1.2mm）、渐开角（30°），以涡旋盘的高度和主轴转角为变量求切向气体力。可知在此条件下涡旋盘的高度最大只能取到 55mm。

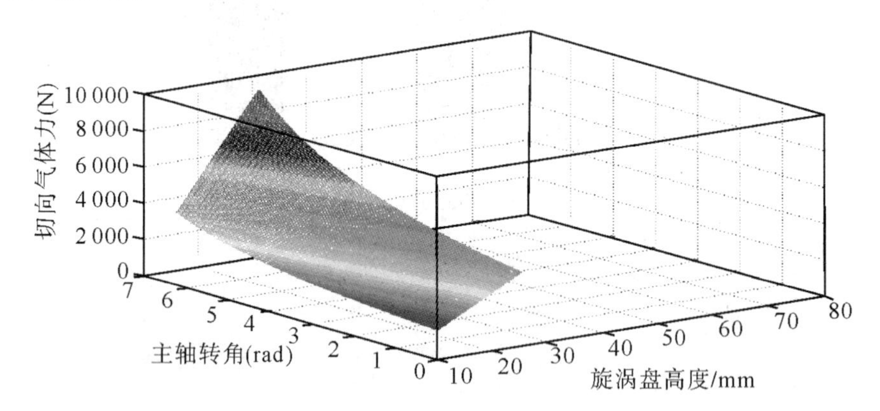

图 8.4　定基圆和渐开角下动涡盘的切向气体作用力

（$N=4$，$K=1.2$，$P_S=0.4$Mpa，$A=4$，$\theta_s=2\pi$，$d=30°$，$a=1.2mm$，$0 \leqslant \theta \leqslant 2\pi$，$10mm \leqslant h \leqslant 80mm$。）

8.2.1.3　定高度和渐开角，以半径和主轴转角为变量求切向气体力

图 8.5 是在定涡旋盘高度（10mm）、渐开角（30°），以涡旋盘的基圆半径和主轴转角为变量求切向气体力。可知在此条件下要使切向气体力较小我们应该避开涡旋盘基圆半径（5~6.5mm）的范围。

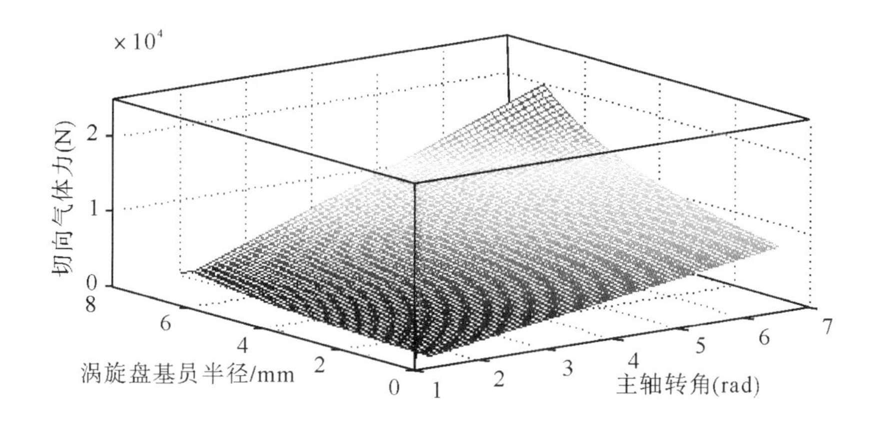

图 8.5　定高度和渐开角下动涡盘的切向气体作用力

（$N=4$, $K=1.2$, $P_S=0.4$Mpa, $A=4$, $\theta_s=2\pi$, $h=10mm$,

$\alpha=30°$, $1.2mm \leqslant a \leqslant 6.5mm$, $0 \leqslant \theta \leqslant 2\pi$。）

8.2.2　动涡盘的径向气体作用力分析

由公式推导动有 N 个压缩腔时，动涡盘上受到的径向气体力为

$$F_r = 2 * a * h * \rho_s * (\rho_s/\rho_d - 1) \tag{8.9}$$

8.2.2.1　用 MATLAB 遗传算法工具求

将力学公式用 MATLAB 编程，在程序中加入各种约束条件和目标函数

MATLAB 程序如下：

```
function f=fr (x, ps, pd)
......
    f=NaN;
End
```

再利用 MATLAB 里的遗传算法工作 GATOOL，输入@（x）fr（x，4，13）等到 GATOOL，结果如图 8.6：

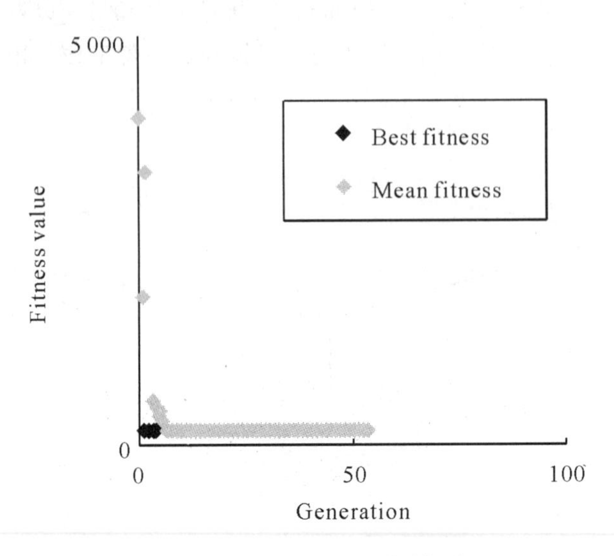
Best:216 Mean:216.0014
5 000
0
Fitness value
Best fitness
Mean fitness
0
50
100
Generation

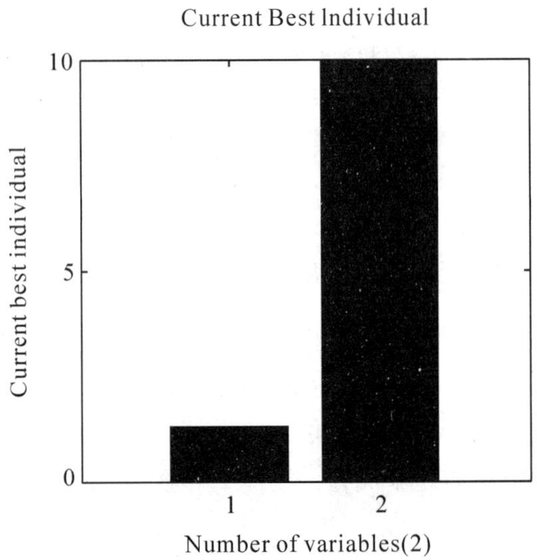
Current Best Individual
10
5
0
Current best individual
1
2
Number of variables(2)

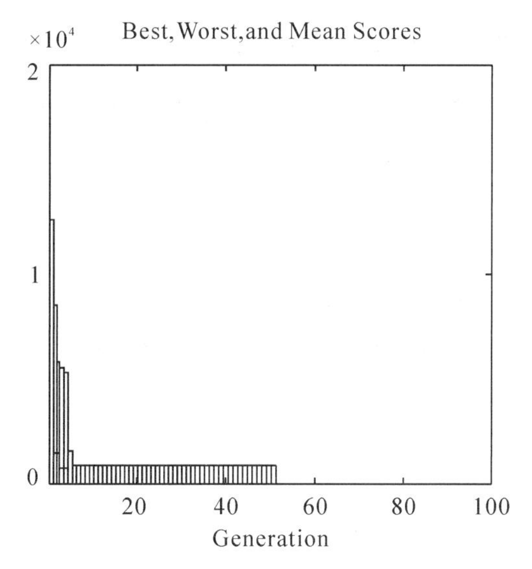

图 8.6　动涡盘的径向气体作用力遗传算法结果

（P_S =0.4Mpa, P_d =1.3Mpa, $1.2mm \leqslant a \leqslant 6.5mm$, $10mm \leqslant h \leqslant 80mm$ 。）

图 8.6 显示当基圆半径 a =1.212mm，高度 h =10.235mm 时，径向气体力取得最小值（ F_r ）min=216.0N。当基圆半径 a =6.499mm，高度 h = 79.99mm 时为，径向气体力取得值（ F_r ）max=9 359.943N。

8.2.2.2　*以基圆半径和高度求径向气体力*

图 8.7 是以涡旋盘的高度和基圆半径为变量求径向气体力。可知在此条件下涡旋盘的高度取值范围应以 10~55mm、基圆半径 1.2~5mm 为宜。

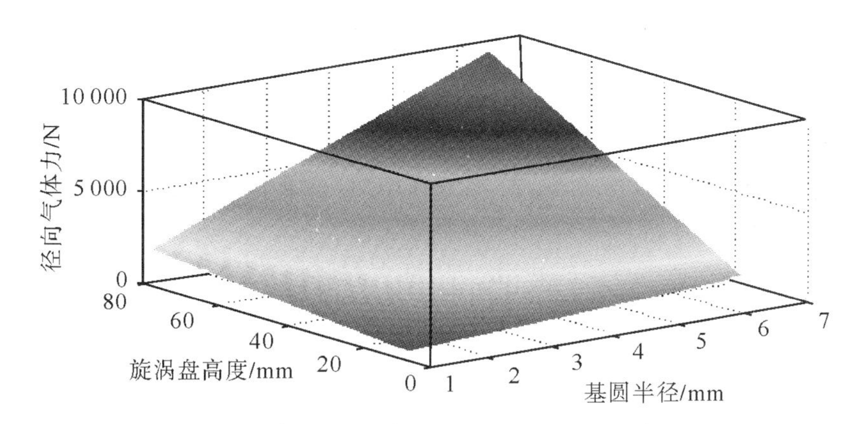

图 8.7　基圆半径和高度为变量动涡盘的径向气体力

（P_S =0.4Mpa, P_d =1.3Mpa, $1.2mm \leqslant a \leqslant 6.5mm$, $10mm \leqslant h \leqslant 80mm$。）

8.2.3 动涡盘的轴向气体作用力分析

由公式推导动涡盘 N 个压缩腔时，动涡盘上受到的轴向气体力 F_a 为

当 r>=2a 时：

$$S_{L1} = a^2/2 * (\pi - 4 * \alpha) \quad (8.10)$$

当 r<2a 时：

$$\begin{aligned} S_{L1} &= a^2/2 * \\ &\{\pi - 4 * \alpha + 2 * \cos^{-1}(\pi/2 - \alpha) \\ &- (\pi - 2 * \alpha) * \\ &\sin[\cos^{-1} * (\pi/2 - \alpha)] \end{aligned} \quad (8.11)$$

当 $0 \leqslant \theta \leqslant \theta^*$ 时：

$$A = a^2/3\{(2.5 * \pi - \theta)^3 - (1.5 * \pi - \theta)^3\} - S_{L1} \quad (8.12)$$

当 $\theta^* \leqslant \theta \leqslant 2\pi$ 时：

$$A = a^2/3\{(4.5\pi - \theta)^3 - (3.5 * \pi - \theta)^3\} - S_{L1} \quad (8.13)$$

当 $0 \leqslant \theta \leqslant \theta^*$ 时：

$$F_a = \pi * \rho_s * P * \left[(A * \rho_1)/\pi * P + \sum_{i=2}^{N}(2 * i - 1 - \theta/\pi) * \rho_i\right]$$

(8.14)

当 $\theta^* \leqslant \theta \leqslant 2\pi$ 时：

$$P = 4\pi^2 * a^2$$

$$F_a = \pi * \rho_s * P * \left[(A * \rho_1)/\pi * P + \sum_{i=3}^{N}(2 * i - 1 - \theta/\pi) * \rho_i\right] (5)$$

(8.15)

8.2.3.1 用 MATLAB 遗传算法工具求 F_a

将力学公式用 MATLAB 编程，在程序中加入各种约束条件和目标函数。MATLAB 程序如下：

```
    function f=fa (x, pd, ps, n, th, ths, k)
        x (3) =x (3) *pi/180;
if  (pi*x (1) -2*x (1) *x (3) ) >=2*x (1)
        ……
      f=NaN;
End
```

再利用 MATLAB 里的遗传算法工作 GATOOL，输入@（x）fa（x，13，4，4，1.25 * pi，360，1.2）等到 GATOOL，结果如图 8.8 所示。

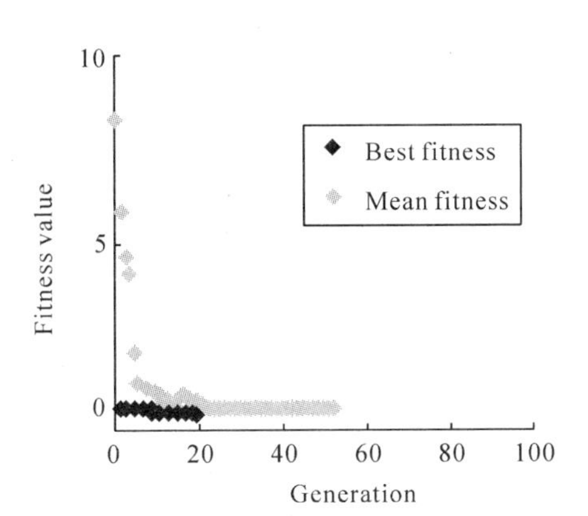

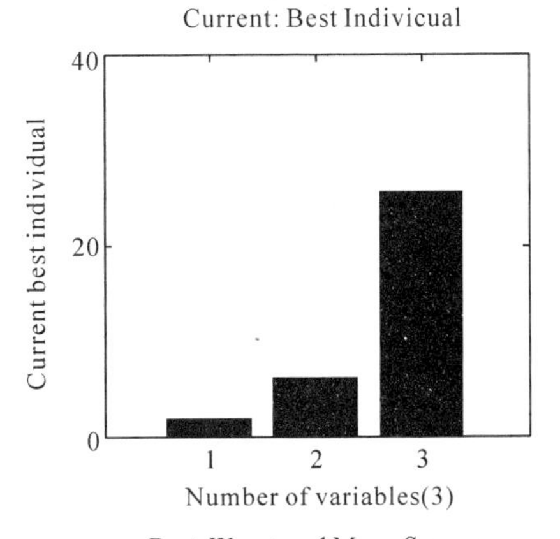

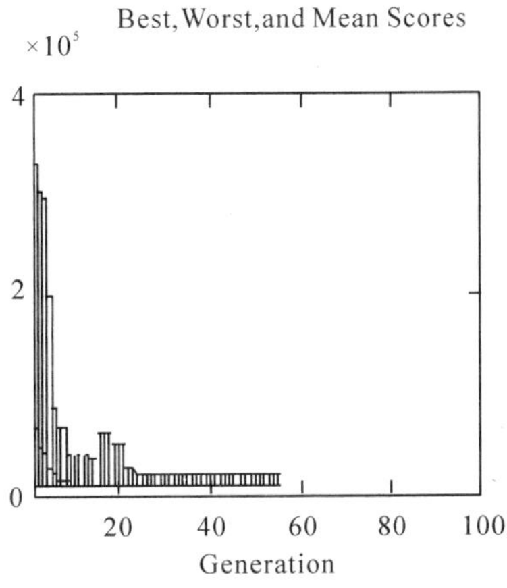

图 8.8　动涡盘的轴向气体作用力遗传算法结果

图 8.8 显示当基圆半径 a =1.200 15mm，主轴转角 θ = 5.727 73，型线渐开角 α =25.679 73 时，轴向气体力取得最小值（ F_a ）min=5 366.96N。当基圆半径为 a =6.49mm，主轴转角 θ = 0.001 8，型线渐开角 α =28.70 时，轴向气体力取得最大值（ F_a ）max=2.15×10^{5}N。

8.2.3.2 定渐开角下求 F_a

图 8.9 是在定渐开角 α = 30°，以涡旋盘的基圆半径和主轴转角为变量求切向气体力。由图可知在此条件下要使轴向气体力较小我们应该选择涡旋盘基圆半径（4~6.5）mm 的范围。

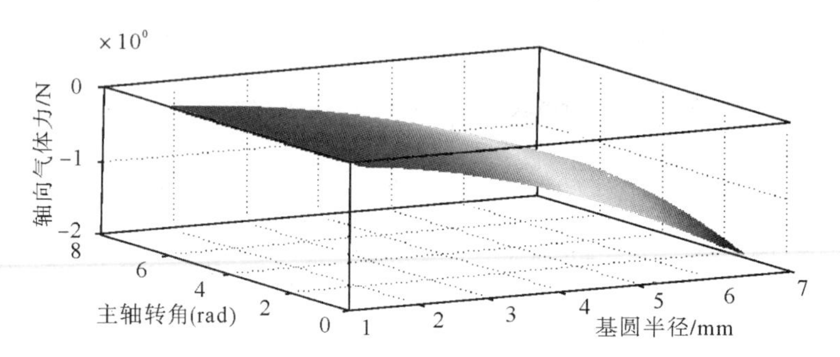

图 8.9 定渐开角下轴向气体作用力

注：N =4，θ_s = 2π，θ^* = 1.25π，P_S =0.4Mpa，P_d =1.3Mpa，α = 30°，0 ≤ θ ≤ 2π，1.2mm ≤ a ≤ 6.5mm。

8.2.3.3 定基圆半径下求 F_a

图 8.10 是在定基圆周半径 a =3mm，以基圆渐开角和主轴转角为变量求轴向气体力。由图可知在此条件下要使轴向气体力较小我们应该选择涡旋盘基圆渐开角（ 15° ~ 40° ）的范围。

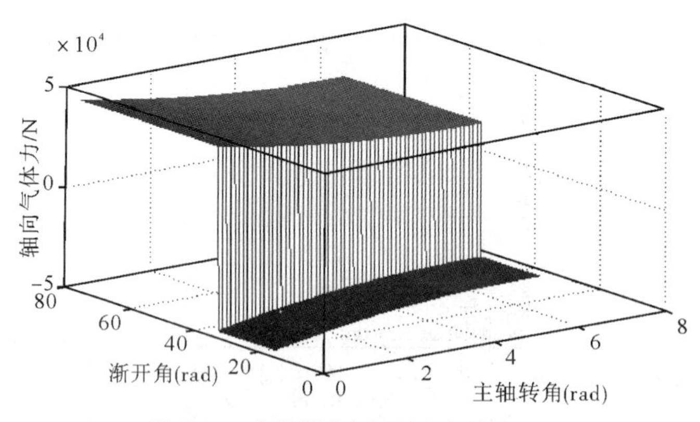

图 8.10 定基圆半径下轴向气体作用力

8.2.4 作用在动涡盘的倾覆力矩作用力分析

由公式推导动有 N 个压缩腔时，动涡盘上受到的倾覆力矩（ M_t ）为

$$H = h/2 + h_1 \qquad F = \sqrt{(F_t{}^2 + F_r{}^2)} \qquad M_t = F * H \tag{8.16}$$

8.2.4.1 用 MATLAB 遗传算法工具求 M_t

将力学公式用 MATLAB 编程，在程序中加入各种约束条件和目标函数。

MATLAB 程序如下：

```
function f=fq（x，n，b，k，ps，A，pd，h1）
f1=sqrt（fp（x，n，b，k，ps，A）^2+fr（x，ps，pd）^2）;
H=x（2）/2+h1;
f=f1 * H
```

再利用 MATLAB 里的遗传算法工作 GATOOL，输入@（x）fq（x，3，360，1.2，4，4，13，15）等到 GATOOL，结果如图 8.11 所示。.

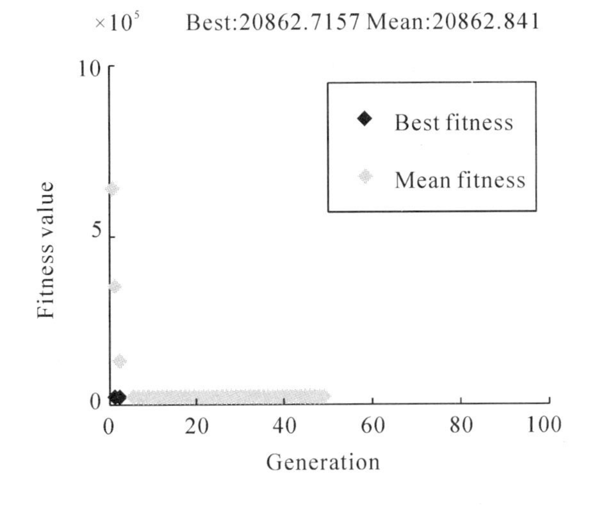

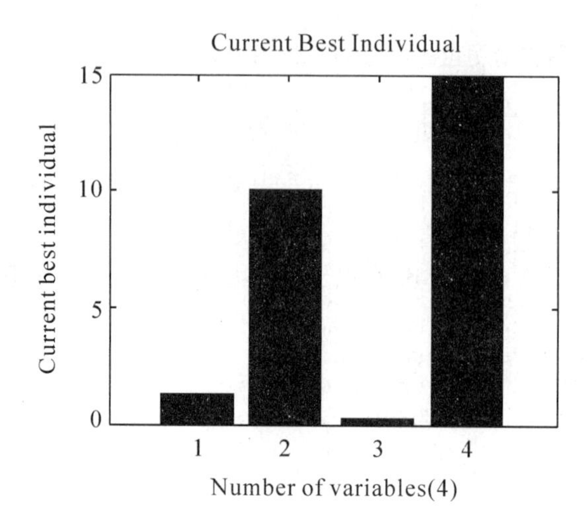

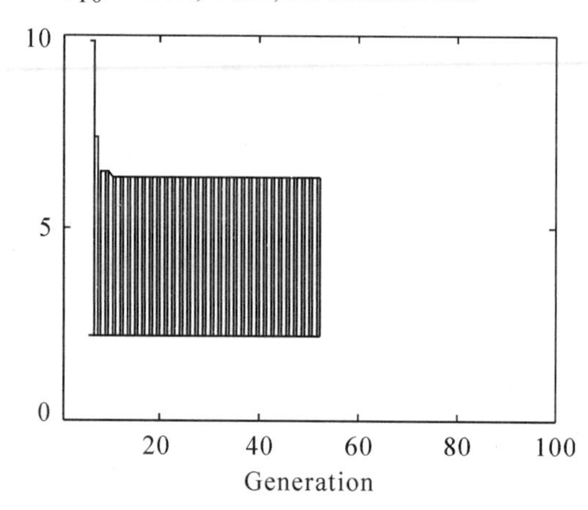

图 8.11　动涡盘的倾覆力矩作用力遗传算法结果

注：N=3，K=1.2，P_S=0.4Mpa，P_d=1.3Mpa，A=4，$\theta_s = 2\pi$，h_1=15mm，$1.2\text{mm} \leqslant a \leqslant 6.5\text{mm}$，$0 \leqslant \theta \leqslant 2\pi$，$10\text{mm} \leqslant h \leqslant 80\text{mm}$，$15° \leqslant \alpha \leqslant 75°$。

图 8.11 显示当基圆半径 a=1.25，高度 h=10，主轴转角 θ =0.42，渐开角 α =15 时，倾覆力矩取得最小值（M_t）min=2.181 05N，当基圆半径 a=6.5，高度 h=66.65，主轴转角 θ =6.283，渐开角 α =28.02 时，倾覆力矩取得最大值（M_t）max=5.32×106N。

8.2.4.2　定高度和渐开角下求 M_t

图 8.12 是在定涡旋盘的高度 h =25mm 和渐开角 α = 30°，以涡旋盘的基圆半径和主轴转角为变量求倾覆力矩。由图 8.12 可知在此条件下要使倾

覆力矩较小，我们应该选择涡旋盘基圆半径 1.2~5.5mm 的范围。

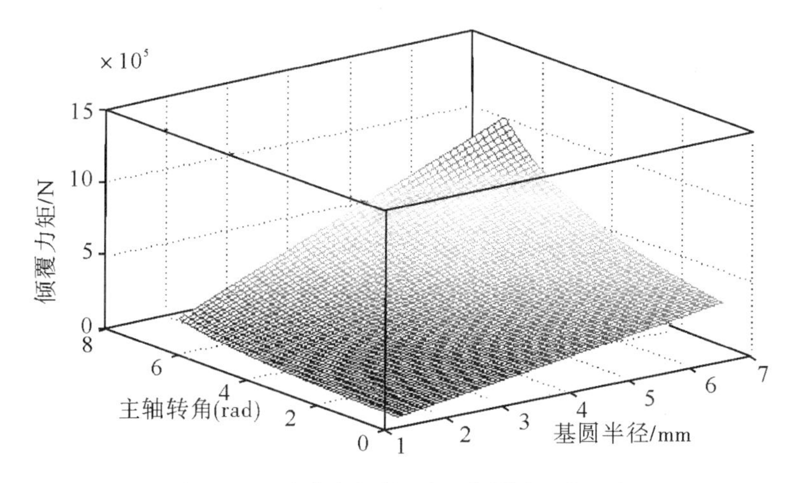

图 8.12　定高度和渐开角下倾覆力矩作用力

注：N=3，K=1.2，P_S=0.4Mpa，P_d=1.3Mpa，A=4，$\theta_s = 2\pi$，h_1=15mm，$h = 25$mm，$\alpha = 30°$，$0 \leqslant \theta \leqslant 2\pi$，1.2mm $\leqslant a \leqslant$ 6.5mm。

8.2.4.3　定半径和渐开角下求 M_t

图 8.13 是在定基圆半径 $a = 3$mm 和渐开角 $h = 30$mm，以涡旋盘的高度和主轴转角为变量求倾覆力矩。由图 8.13 可知在此条件下要使倾覆力矩较小，我们应该选择涡旋盘的高度 10~60mm 的范围。

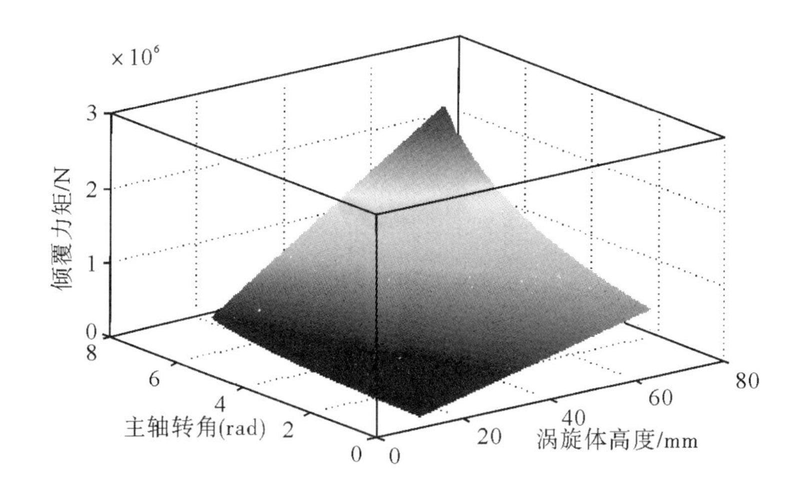

图 8.13　定半径和渐开角下倾覆力矩作用力

注：N=3，K=1.2，P_S=0.4Mpa，P_d=1.3Mpa，A=4，$\theta_s = 2\pi$，h1=15mm，$a = 3$mm；$\alpha = 30°$，$0 \leqslant \theta \leqslant 2\pi$，10mm $\leqslant h \leqslant$ 80mm。

8.2.4.4　定半径和高度下求 M_t

图 8.14 是在定基圆半径 $a = 3mm$ 和涡旋盘的高度 $h = 30mm$ ，以基圆渐开角和主轴转角为变量求倾覆力矩。由图 8.14 可知在此条件下倾覆力矩与渐开角和主轴转角成规则变化。

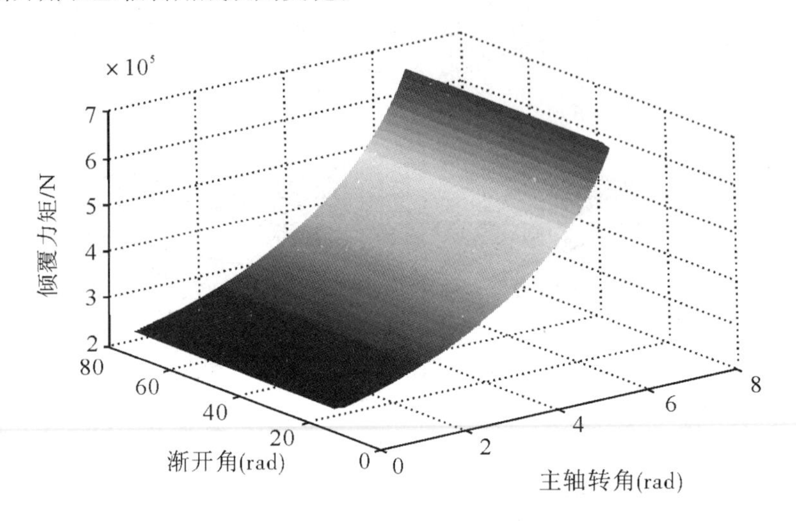

图 8.14　定半径和高度下倾覆力矩作用力

注：N=3，K=1.2，P_s=0.4Mpa，P_d=1.3Mpa，A=4，$\theta_s = 2\pi$ ，h_1=15mm，$a = 3mm$ ，$h = 30mm$ ，$15° \leqslant \alpha \leqslant 75°$ ，$0 \leqslant \theta \leqslant 2\pi$。

8.2.5　作用在动涡盘的自转力矩作用力分析

由公式推导动涡盘 N 个压缩腔时，动涡盘上受到的自转力矩 M_r 为：

$$M = r/2 \times \rho + 2\pi \times a \times h \times \sum (2 \times i - \theta/\pi) \times (\rho - p) \quad (8.17)$$

8.2.5.1　用 MATLAB 遗传算法工具求 M_r

将力学公式用 MATLAB 编程，在程序中加入各种约束条件和目标函数。

MATLAB 程序如下 ：

```
    function f=fm (x, n, b, k, ps, A)
  if x (2) / (P-t) <=A
    ……
  f=m * f2;
  else
```

```
f=NaN;
end
```

再利用 MATLAB 里的遗传算法工具 GATOOL，输入@（x）fm（x，3，360，1.2，4，4）得到 GATOOL，结果如图 8.15 所示。

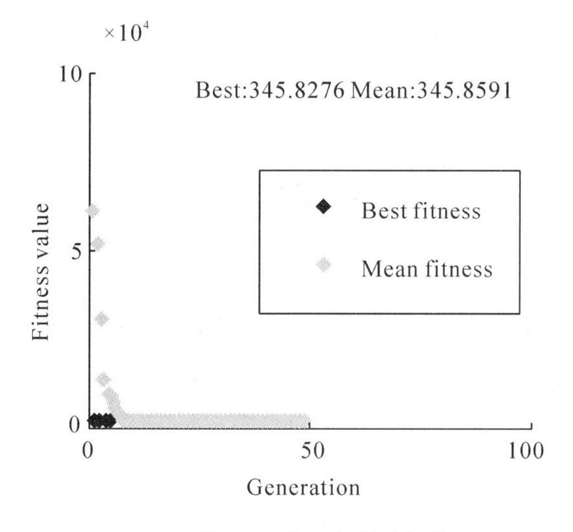

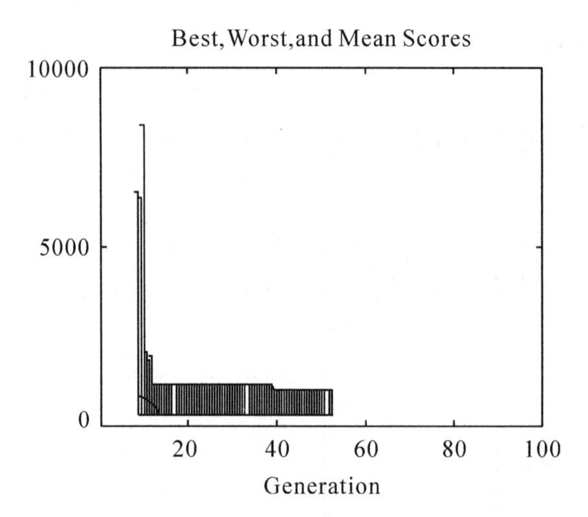

图 8.15　动涡盘的自转力矩作用力遗传算法结果

注：$N=3$，$K=1.2$，$P_S=0.4$Mpa，$A=4$，$\theta_s = 2\pi$，$1.2\text{mm} \leqslant a \leqslant 6.5\text{mm}$，$0 \leqslant \theta \leqslant 2\pi$，$10\text{mm} \leqslant h \leqslant 80\text{mm}$，$15° \leqslant \alpha \leqslant 75°$。

由图 8.15 计算结果显示当基圆半径 a = 1.22，高度 h = 10.52，主轴转角 θ = 0.137，渐开角 α = 72° 时，自转力矩取得最小值（M_r）min = 261N，当基圆半径 a = 6.48，高度 h = 79.86，主轴转角 θ = 6.281，渐开角 α = 32.50° 时，自转力矩取得最大值（M_r）max = 4.64×10^6N。

8.2.5.2　定高度和渐开角下求 M_r

图 8.16 是在涡旋盘的高度 h = 30mm 和渐开角 α = 30°，以基圆半径和主轴转角为变量求自转力矩。由图 8.16 可知在此条件下要使自转力矩较小我们应该选择基圆半径 1.2~5.5mm 的范围。

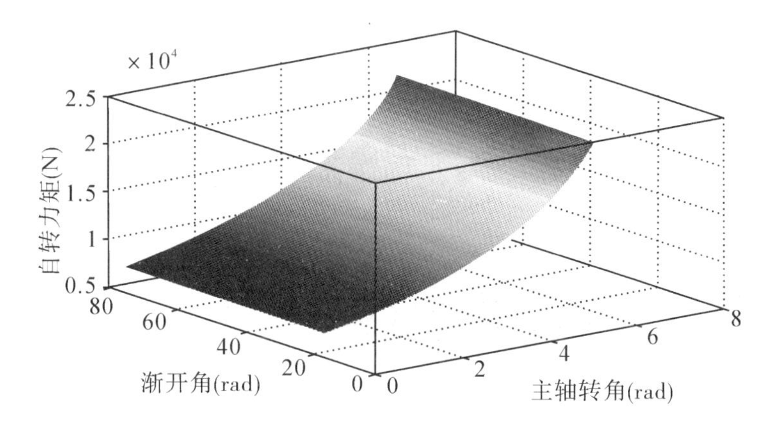

图 8.16　定高度和渐开角下自转力矩作用力

注：N=3，K=1.2，P_s=0.4Mpa，A=4，$\theta_s = 2\pi$，h = 30mm，α = 30°，$0 \leqslant \theta \leqslant 2\pi$，1.2mm ≤ a ≤ 6.5mm。

8.2.5.3　定半径和渐开角下求 M_r

图 8.17 是在定基圆半径 a =3mm 和渐开角 α = 30°，以涡旋盘的高度和主轴转角为变量求自转力矩。由图可知在此条件下要使自转力矩较小我们应该选择涡旋盘的高度在 10~55mm 的范围。

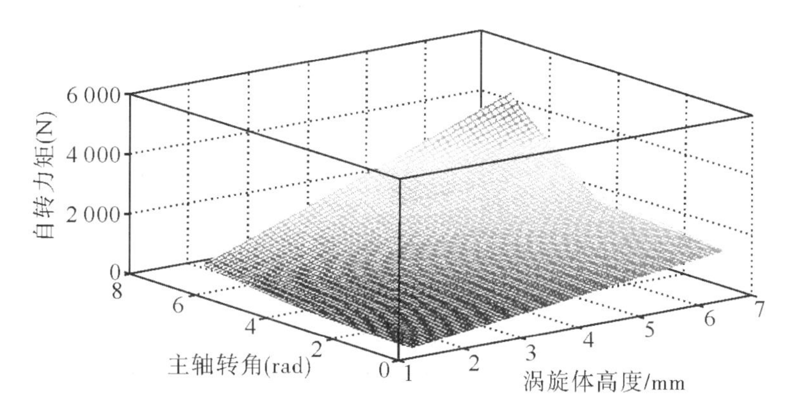

图 8.17　定半径和渐开角下自转力矩作用力

注：N=3，K=1.2，P_s=0.4Mpa，A=4，$\theta_s = 2\pi$，α = 30°，a = 3mm，$0 \leqslant \theta \leqslant 2 * pi$，10mm ≤ h ≤ 80mm。

8.2.5.4　定半径和高度下求 M_r

图 8.18 是在定基圆半径 a = 3mm 和涡旋盘的高度 h = 30mm，以基圆渐开角和主轴转角为变量求自转力矩。由图 8.18 可知在此条件下自转力矩

与渐开角和主轴转角成规则变化。

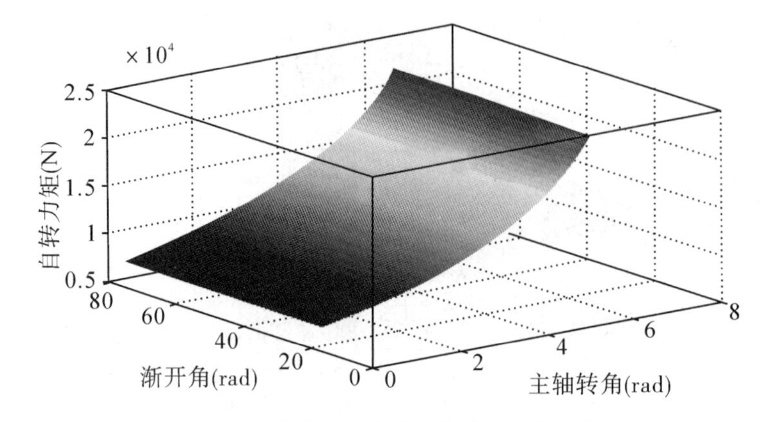

图 8.18　定半径和高度下自转力矩作用力

N=3，K=1.2，P_s=0.4Mpa，A=4，$\theta_s = 2\pi$，$a = 3mm$，

$h = 30mm$，$0 \leqslant \theta \leqslant 2\pi$，$10mm \leqslant h \leqslant 80mm$。

8.3　计算实例

取两组实验数据进行计算分析，取值原则为第一组数据参数在上述研究取得的约束范围内取值，第二组在非约束范围内取值，在此不妨取一组数据为：高度 h =30mm、渐开角为 30^0、基圆半径为 4.5mm。第二组数据为：高度 h =70mm、渐开角为 60^0、基圆半径为 4.5mm。以上述二组数据来计算动涡盘上的气体力及力矩以及压缩比和体积利用率，结果如下表 8.1 所示。

表 8.1　两组数据结果比较

数据组	F_a	M_r	F_t	M_t	F_r	压缩比	体积利用率/%
组 1	2.93	8.06	1.71	5.18	0.24	4.75	0.267 8
组 2	6.62	10.6	5.32	26.8	0.75	4.53	0.259 5

（注：气体力及力矩单位为 10^9N）

从上表 8.1 可以看出数据组 2 的取值会使动涡盘上的气体力及力矩明显大于数据组 1，组 1 比组 2 压缩比提高 4.6%，体积利用率提高 2.35%，压缩比和体积利用率都没有数据组 1 好。通过上述计算比较可以更进一步验证前面研究结果的正确性和实用性，严格按照约束范围来取值可有效避免设计的盲目性。

8.4 本节小结

（1）通过对动涡盘上的轴向气体力、径向气体力、切向气体力、倾覆力矩和自转力矩的综合分析可知，影响压缩机整机性能主要涉及四个基本参数：涡旋体高度、主轴转角、基圆渐开角、基圆半径，且这四个参数与力总体上呈现线性关系。

（2）在轴向气体力分析中可知，如果轴向气体力增大，会使动涡盘沿轴向脱离静涡盘，增大轴向间隙，导致径向气体泄漏量增加，显然在本书特定条件下，如在定渐开角下基因半径应该取 4~6.5mm 范围，以此避开轴向力偏大，进而提高整机性能。

（3）径向气体力会驱使动涡盘向静涡盘中心靠近，使径向间隙扩大，通过径向间隙的切向气体泄漏量增加，影响压缩比，所以我们应该在参数之间选择合适值，由图 8.5 所示基圆周半径应该选择在 1.2~5.5mm 之间。

（4）倾覆力矩会引起涡盘工作状态的不稳定，并使动、静涡盘的涡旋之间进行接触，增加摩擦功耗。显然我们应该尽量使倾覆力矩较小，如图 8.11 在定半径和渐开角下，涡旋体的高度应取 10~60mm。

（5）自转力矩会破坏涡旋压缩机的正常工作，在结构设计时应严格限制动涡盘的自转，在参数选取时应选择使力较小的参数范围，由图 8.15 所示涡旋盘的高度在 10~55mm 的范围。

（6）通过上述对动涡旋盘受到的气体力分析，可知我们通过综合权衡，F_a、F_t、F_r、M_t、M_r 取得新的参数范围。

从表 8.2 看出新的约束范围比前有研究明显缩小，有效避免参数选取的盲目性，达到提高涡旋压缩机整机性能的效果。

表 8.2 新旧参数约束范围对照表

约束范围＼参数	高度 /mm	渐开角 /°	基圆半径 /mm
原参数约束范围	$10 \leqslant h \leqslant 80$	$15 \leqslant \alpha \leqslant 75$	$1.2 \leqslant a \leqslant 6.5$
新参数约束范围	$10 \leqslant h \leqslant 50$	$15 \leqslant \alpha \leqslant 40$	$4 \leqslant a \leqslant 5.5$

9 冷凝系统关键设备涡旋型线建模及有限元分析

涡旋式压缩机与其它类型的压缩机相比，具有运动部件少、结构紧凑、低振动、低噪音、高效率和高可靠性，较高的容积效率和绝热效率。本章节取泛函通用涡旋型线的特殊涡旋型线，基于泛函通用涡旋型线是根据平面曲线弧微分固有方程理论和 Taylor 级数思想构成的，即任意函数曲线的数学表达式都可以将其展开为切向角参数 φ 的级数的弧函数形式。方法步骤为：利用 MATLAB 软件编程得到关于切向角参数 φ 的相应空间坐标；接着利用 PRO/ENGINEER 软件中的 PART 模块生成相应的静、动涡旋盘和其它关键部件；然后在 PRO/ENGINEER 的 ASSEMBLY 模块下进行装配；最后对其进行静力学动力学分析。对了解和研究基于泛函理论的通用涡旋压缩机特性，以及提高涡旋压缩机的整机性能有其重要意义。

9.1 泛函通用涡旋型线的特殊涡旋型线

基于泛函通用涡旋型线是根据平面曲线弧微分固有方程理论和 Taylor 级数思想构成的，即任意函数曲线的数学表达式都可以将其展开为切向角参数 φ 的级数的弧函数形式；反之，只要曲率半径 $\rho(\varphi)$ 是关于切向角参数 φ 的递增函数，均可通过切向角参数 φ 的级数的弧函数形式来表征任意共扼函数曲线。同时，三角函数、指数函数、对数函数等均可用幂级数函数来表达。根据现有涡旋型的级数表达形式的共有特性构成的共扼曲线可取函数类的级数表达式：

$$F(x, y) = c_1 f_1(x, y) + c_2 f_2(x, y) + \cdots + c_n f_n(x, y) \tag{9.1}$$

简化得

$$s(\varphi) = c_0 + c_1\varphi + c_2\varphi^2 + c_3\varphi^3 + \cdots + c_n\varphi^n = \sum_{k=0}^{n} c_k\varphi^k \tag{9.2}$$

其动静涡盘在直角坐标系的表征分别为

$$\begin{aligned}
X_{f,\ o} &= [R_s + \frac{t}{2}]\cos(\varphi - \frac{\pi}{2}) + R_g\cos(\varphi) \\
Y_{f,\ o} &= [R_s + \frac{t}{2}]\sin(\varphi - \frac{\pi}{2}) + R_g\sin(\varphi) \\
X_{f,\ i} &= [R_s - \frac{t}{2}]\cos(\varphi - \frac{\pi}{2}) + R_g\cos(\varphi) \\
Y_{f,\ i} &= [R_s - \frac{t}{2}]\sin(\varphi - \frac{\pi}{2}) + R_g\sin(\varphi) \\
X_{o,\ o} &= [R_s + \frac{t}{2}]\cos(\varphi + \frac{\pi}{2}) + R_g\cos(\varphi + \pi) + R_{or}\cos(\theta) \\
Y_{o,\ o} &= [R_s + \frac{t}{2}]\sin(\varphi + \frac{\pi}{2}) + R_g\sin(\varphi + \pi) + R_{or}\sin(\theta) \\
X_{o,\ i} &= [R_s - \frac{t}{2}]\cos(\varphi + \frac{\pi}{2}) + R_g\cos(\varphi + \pi) + R_{or}\cos(\theta) \\
Y_{o,\ i} &= [R_s - \frac{t}{2}]\sin(\varphi + \frac{\pi}{2}) + R_g\sin(\varphi + \pi) + R_{or}\sin(\theta)
\end{aligned} \tag{9.3}$$

其中，R_s 为 s 曲线法线上的分量，R_g 为 s 曲线切线上的分量，t 为壁厚，它们都是关于 φ 的函数；R_{or}为公转半径为定长；θ 为公转角度；$X_{f,\ i}$ 和 $Y_{f,\ i}$ 为静涡盘内壁型线方程坐标，$X_{f,\ o}$ 和 $Y_{f,\ o}$ 为静涡盘外壁型线方程坐标，$X_{o,\ o}$ 和 $Y_{o,\ o}$ 为动涡盘外壁型线方程坐标，$X_{o,\ i}$ 和 $Y_{o,\ i}$ 为动涡盘内壁型线方程坐标。

9.2 利用 MATLAB 软件取得型线空间数据

由于基于泛函通用涡旋型线具有多变性各复杂性，直接利用 PRO/ENGINEER 软件的相关功能不能构造出涡旋型线，故首先利用 MATLAB 软件的强大计算功能取得涡旋型线的空间数据点集，为下步的三维建模涡旋盘作准备。

根据通用涡旋型线控制方程理论得动、静涡盘内外壁型线方程的笛卡尔坐标表征为

$$X_{f,o} = [R_s + \frac{t}{2}]\cos(\varphi - \frac{\pi}{2}) + R_g\cos(\varphi)$$

$$Y_{f,o} = [R_s + \frac{t}{2}]\sin(\varphi - \frac{\pi}{2}) + R_g\sin(\varphi)$$

$$X_{f,i} = [R_s - \frac{t}{2}]\cos(\varphi - \frac{\pi}{2}) + R_g\cos(\varphi)$$

$$Y_{f,i} = [R_s - \frac{t}{2}]\sin(\varphi - \frac{\pi}{2}) + R_g\sin(\varphi)$$

$$X_{o,o} = [R_s + \frac{t}{2}]\cos(\varphi + \frac{\pi}{2}) + R_g\cos(\varphi + \pi) + R_{or}\cos(\theta)$$

$$Y_{o,o} = [R_s + \frac{t}{2}]\sin(\varphi + \frac{\pi}{2}) + R_g\sin(\varphi + \pi) + R_{or}\sin(\theta)$$

$$X_{o,i} = [R_s - \frac{t}{2}]\cos(\varphi + \frac{\pi}{2}) + R_g\cos(\varphi + \pi) + R_{or}\cos(\theta)$$

$$Y_{o,i} = [R_s - \frac{t}{2}]\sin(\varphi + \frac{\pi}{2}) + R_g\sin(\varphi + \pi) + R_{or}\sin(\theta) \qquad (9.3)$$

（注：其中 t 为壁厚，它是关于 φ 的函数，θ 为公转角度，$X_{f,i}$ 和 $Y_{f,i}$ 为静涡盘内壁型线方程坐标，$X_{f,o}$ 和 $Y_{f,o}$ 为静涡盘外壁型线方程坐标，$X_{o,o}$ 和 $Y_{o,o}$ 为动涡盘外壁型线方程坐标，$X_{o,i}$ 和 $Y_{o,i}$ 为动涡盘内壁型线方程坐标）

当 $a=3$，渐开角 $\alpha=\pi/6$ 时，$R_s=3\varphi$；$R_g=3$；$R_{or}=2.5*\pi$；$t=\pi$ 则此特殊涡旋型线动、静涡盘内外壁型线方程的笛卡尔坐标表征为

$$X_{f,o} = [3*\varphi + \frac{\pi}{2}]\cos(\varphi - \frac{\pi}{2}) + 3*\cos(\varphi)$$

$$Y_{f,o} = [3*\varphi + \frac{\pi}{2}]\sin(\varphi - \frac{\pi}{2}) + 3*\sin(\varphi)$$

$$X_{f,i} = [3*\varphi - \frac{\pi}{2}]\cos(\varphi - \frac{\pi}{2}) + 3*\cos(\varphi)$$

$$Y_{f,i} = [3*\varphi - \frac{\pi}{2}]\sin(\varphi - \frac{\pi}{2}) + 3*\sin(\varphi)$$

$$X_{o,o} = [3*\varphi + \frac{\pi}{2}]\cos(\varphi + \frac{\pi}{2}) + 3*\cos(\varphi + \pi) + 2.5*\pi*\cos(\theta)$$

$$Y_{o,\,o} = [3 * \varphi + \frac{\pi}{2}]\sin(\varphi + \frac{\pi}{2}) + 3 * \sin(\varphi + \pi) + 2.5 * \pi * \sin(\theta)$$

$$X_{o,\,i} = [3 * \varphi - \frac{\pi}{2}]\cos(\varphi + \frac{\pi}{2}) + 3 * \cos(\varphi + \pi) + 2.5 * \pi * \cos(\theta)$$

$$Y_{o,\,i} = [3 * \varphi - \frac{\pi}{2}]\sin(\varphi + \frac{\pi}{2}) + 3 * \sin(\varphi + \pi) + 2.5 * \pi * \sin(\theta)$$

(9.4)

利用 MATLAB 软件编程，通过程序 dian 得到关于切向角参数 φ 的相应点列，如图 9.1 所示。

MATLAB 程序如下：

```
function [x1, y1, x2, y2, x11, y11, x22, y22, xa, ya, xb, yb] = dian (s, w, a, n)
[x11 y11 x22 y22 xa ya xb yb] =dan (s, w, a);
......
plot (x1, y1)
plot (x2, y2)
hold off
```

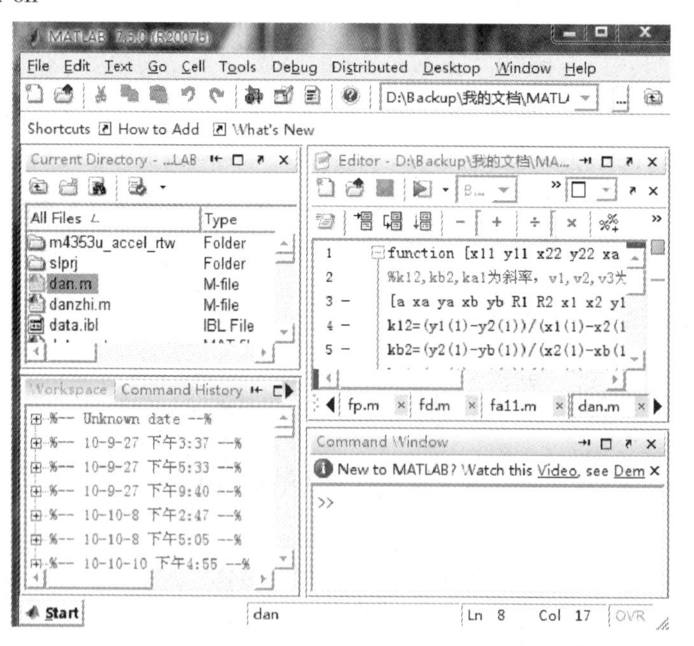

图 9.1　MATLAB 软件有关 dian 程序图

通过软件编程后可以得到如图 9.2 所示的动、静涡旋型线啮合图。

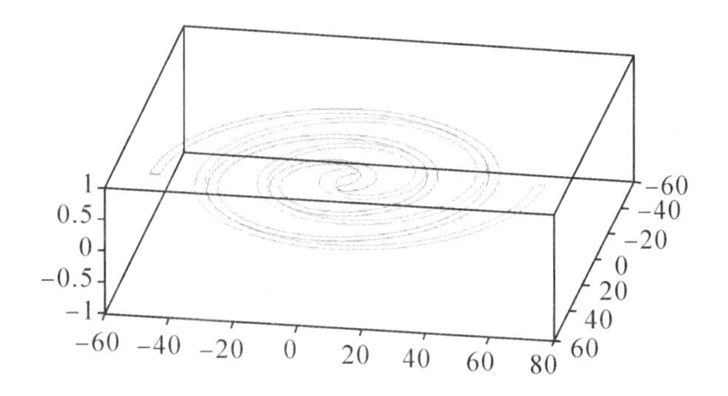

图 9.2 所示的动、静涡旋型线啮合图

利用 MATLAB 软件编程得到涡旋型线数据点集，而数据点集得到方法是要将得到的涡旋型线点数据保存为一个后缀为. ibl 的文件。步骤是新建一个 txt 文件，改后缀为 ibl，并命名为 point. ibl，用记事本打开该文件，输入以下内容：

closed

Arc length

begin section!

begin curve!

x y z

1−12. 37175411 −0. 81277319 0

2−12. 39258159−0. 931408335 0

3−12. 41227062−1. 050541803 0

4−12. 4308133−1. 170162659 0

……………………………………

3677−12. 36415504−0. 772099004 0

3678−12. 37175411−0. 81277319 0

输入完以上数据后保存好数据文件以备下步 Pro/E 建模所用。

9.3　Pro/E 建模和装配

9.3.1　Pro/E 软件简介

Pro/E 是一套由设计至生产的机械自动化软件，是新一代的产品造型系统，是一个参数化、基于特征的实体造型系统，并且具有单一数据库功能。

9.3.1.1　参数化设计和特征功能

参数化设计的、基于物体的实体模型化系统，工程设计人员模型，如腔、壳、倒角及圆角，可以随意勾画草图，轻易改变模型。这一功能给工程设计者提供了在设计上从未有过的简易和灵活。

9.3.1.2　单一数据库

Pro/E 建立在统一基层的数据库上，不像一些传统的 CAD/CAM 系统建立在多个数据库上。所谓单一数据库，就是工程中的资料全部来自一个数据库，使得每一个独立用户在为一件产品造型而工作，不管他是哪一个部门的。换言之，在整个设计过程的任何一处发生改动亦可以前后反应在整个设计过程的相关环节上。例如，一旦工程图有改变，NC（数控）工具路径也会自动更新；组装、工程图如有任何变动，也完全同样反应在整个三维模型上。这种独特的数据结构与工程设计的完整结合，使得一件产品的设计结合起来。这一优点，使得设计更优化，成品质量更高，产品能更好地推向市场，价格也更便宜。Pro/E 是一个软件包，并非模块，它是该系统的基本部分，其中功能包括参数化功能定义、实体零件及组装造型，三维实体上色或线框造型，完整工程图产生及不同视图（三维造型还可移动，放大或缩小和旋转）。Pro/E 是一个功能定义系统，即造型是通过各种不同的设计专用功能来实现，其中包括凸台（ribs）、槽（slots）、倒角（chamfers）和抽空（shells）等，采用这种手段来建立形体，对于工程师来说更自然、更直观，无需采用复杂的几何设计方式 。此系统的参数功能是采用符号式赋予形体尺寸，不像其他系统是直接指定一些固定数值于形体，这样工程师可任意建立形体上的尺寸和功能之间的关系，任何一个参数改变，其相关的特征也会自动修正。这种功能使得修改更为方便，设计优化更趋完美。造型不单可以在屏幕上显示，还可传送到绘图机上或一些支持 Postscript 格式的彩色打印机。

Pro/E 还可输出三维和二维图形给予其他应用软件，诸如有限元分析及后置处理等，这都是通过标准数据交换格式来实现，用户可配上 Pro/E 软件的其他模块或自行利用 C 语言编程，以增强软件的功能。它在单用户环境下（没有任何附加模块）具有大部分的设计能力，组装能力（人工）和工程制图能力（不包括 ANSI，ISO，DIN 或 JIS 标准），并且支持符合工业标准的绘图仪（HP，HPGL）和黑白及彩色打印机的二维和三维图形输出。

Pro/E 功能如下：

（1）特征驱动（例如：凸台、槽、倒角、腔、壳等）；

（2）参数化（参数=尺寸、图样中的特征、载荷、边界条件等）；

（3）通过零件的特征值之间，载荷/边界条件与特征参数之间（如表面积等）的关系来进行设计。

（4）支持大型、复杂组合件的设计（规则排列的系列组件，交替排列，Pro/E 的各种能用零件设计的程序化方法等）。

（5）贯穿所有应用的完全相关性（任何一个地方的变动都将引起与之有关的每个地方变动）。其它辅助模块将进一步提高扩展 Pro/E 的基本功能。

随着科学技术不断发展，Pro/E 将在计算机辅助设计中发挥着越来越重要的作用。

9.3.2 利用数据文件画涡旋型线

首先打开 Pro/E 软件，利用相关的拉伸、旋转、扫描等功能对涡旋压缩机进行建模。

详细步骤是：选取 Pro/E 软件工具栏的插入菜单，再选择基准曲线→自文件→选取坐标系→点选已将建好的 point. ibl 文件即可，如图 9.3 所示。

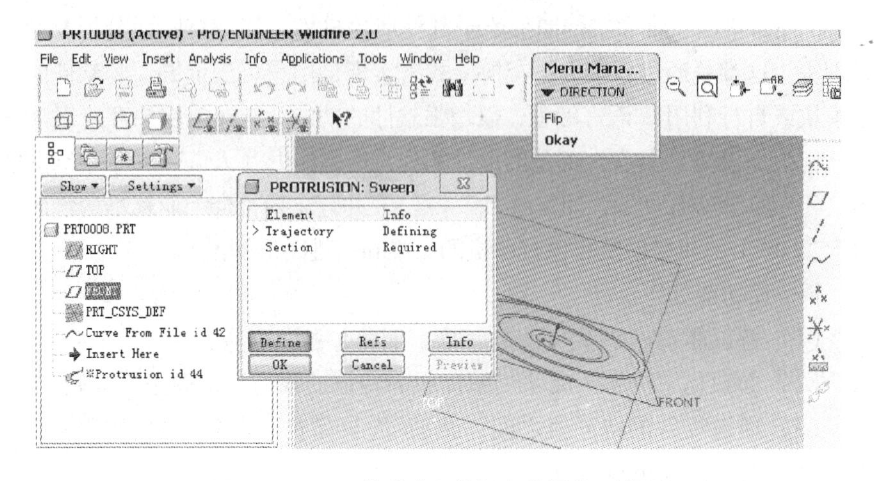

图 9.3　Pro/E 软件选取数据文件操作示意图

按上述步骤操作可得涡旋型线，如图 9.4 所示。

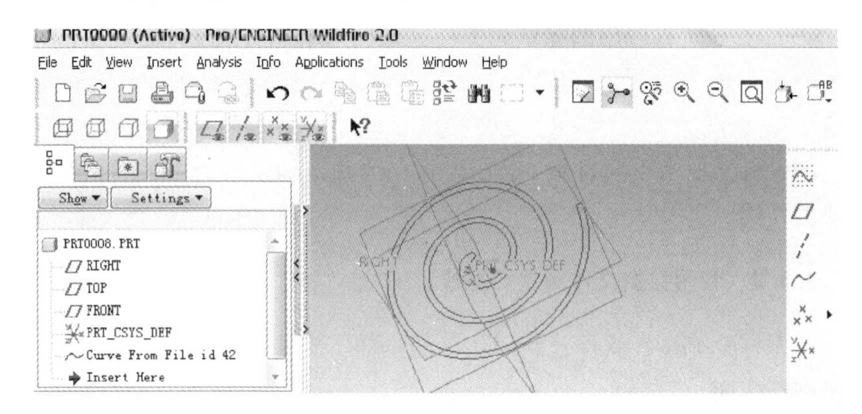

图 9.4　涡旋型线图

接着再选取 Pro/E 软件工具栏的插入菜单里的扫描工具，再按提示选择来自曲线选项，在此选择刚才建立的涡旋型线，操作步骤如图 9.5 所示。

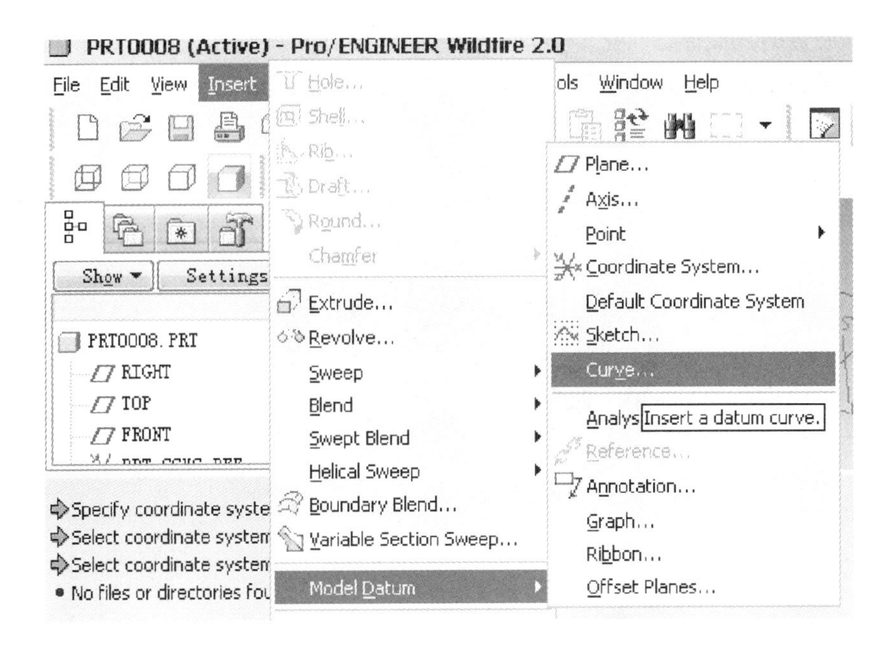

图 9.5　Pro/E 软件扫描工具选取示意图

接着再把动涡旋盘的底部加在涡旋体上，在这里涡旋体的高度根据自己的具体情况来拉伸高度。由此可建模出涡旋压缩机动涡盘，如图 9.6 所示。

图 9.6　涡旋压缩机动涡旋盘

接着根据静、动涡旋盘啮合原理静、动涡旋型线相位差 180°，可得到静涡旋盘的涡旋体，再把静涡盘的其它部分加到静涡旋体上，可得静涡旋体三维模型，如图 9.7 所示。

图 9.7　涡旋压缩机静涡旋盘

9.3.3　涡旋压缩机其他零部件建模

根据涡旋压缩机的结构，在 PRO/ENGINEER 的建模模块下再对涡旋压缩机其他零部件如主轴、十字环、壳体等零件进行建模，零件模型图如图 9.8~9.10 所示。

图 9.8　涡旋压缩机壳体

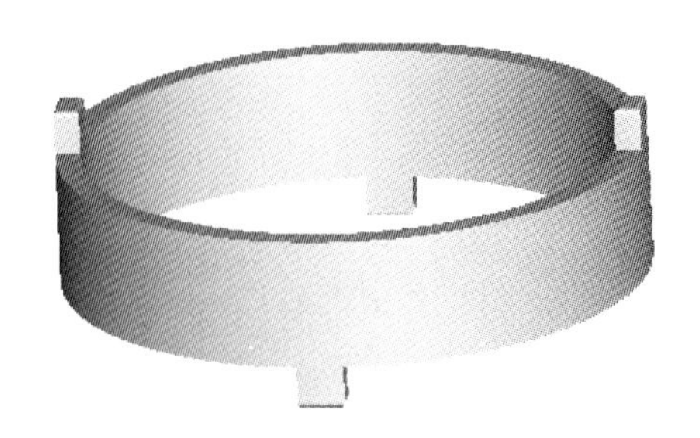

图 9.9　涡旋压缩机十字环

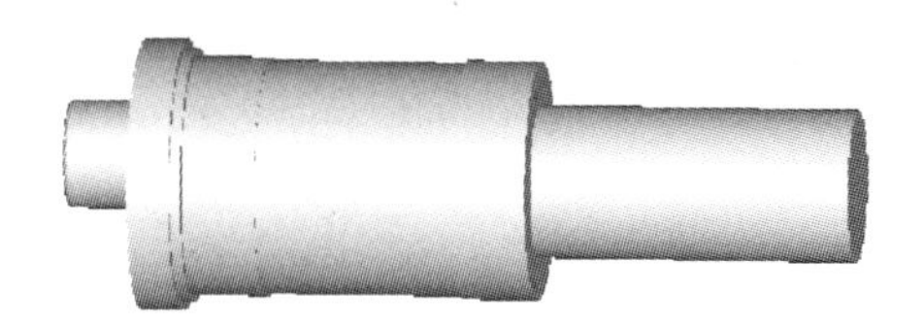

图 9.10　涡旋压缩机偏心轴承

9.3.4　涡旋压缩机的装配

涡旋压缩机公转平动、连续啮合等特点，决定了装配的特殊性。涡旋压缩机装配的重难点在于动、静涡旋盘与偏心轴承三者之间的相对位置，在 PRO/ENGINEER 的 ASSEMBLY 模块下进行装配，即把设计好的各零件按 Pro/ E 装配约束关系，如对齐、贴合、插入等，按要求装配在一起。在装配涡旋压缩机之前了解动、静涡旋盘与偏心轴的几何关系便不难装配。其他部件装配按其几何关系装配，最终装配图如图 9.11 和 9.12 所示。

图 9.11　Pro/E 软件装配模块下装配图

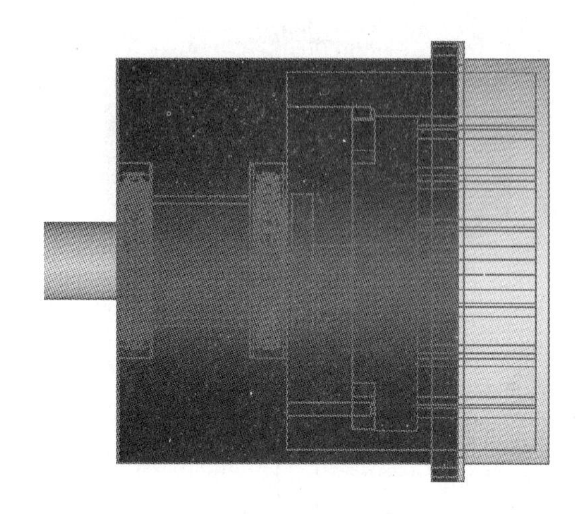

图 9.12　涡旋压缩机装配剖面图

在涡旋压缩机装配完毕后，可以施加驱动对其进行干涉检查。检查结果显示，机构不存在干涉现象，证明建模的正确性，机构具有良好的工作状况，并得到如下结论：

（1）基于泛函通用涡旋型线的特殊涡旋型线有良好的啮合特性，符合涡旋型线的理论要求。

（2）通过 PRO/ENGINEER 对涡旋制冷压缩机部件进行三维建模和干涉检查，检查分析结果显示此装配体不存在干涉现象，证明压缩机部件建模的正确性。

（3）通过 PRO/ENGINEER 对涡旋制冷压缩机部件进行三维建模和干涉检查后，为后期的有限元分析、静力、动力、热力学分析等做好准备，以便优化产品结构。

9.4　有限元模型建立及分析

通用涡旋型线压缩机动涡盘、偏心轴、十字架是涡旋压缩机的关键零件，其受力情况将直接影响到涡旋压缩机的工作性能与可靠性。由于涡旋压缩机关键部件的结构形状比较复杂，其各部位受力不同，随主轴转角的变化各压缩腔内气体压力、作用在动涡盘上的气体力也会变化、应力也随时间变化，所以，对其实际工况下的受力情况分析至关重要。但是，不能用简单的力学方法来计算其应力与应变，而应利用有限元技术，可以较好地分析并描述涡旋压缩机实际运行中的应力与应变或高应力、应变区的情况，以寻求相应的对策以改进涡盘的结构及提高压缩机的性能。

图 9.13~图 9.18 是动涡盘、偏心轴、十字架的有限元模型以及受力分析。

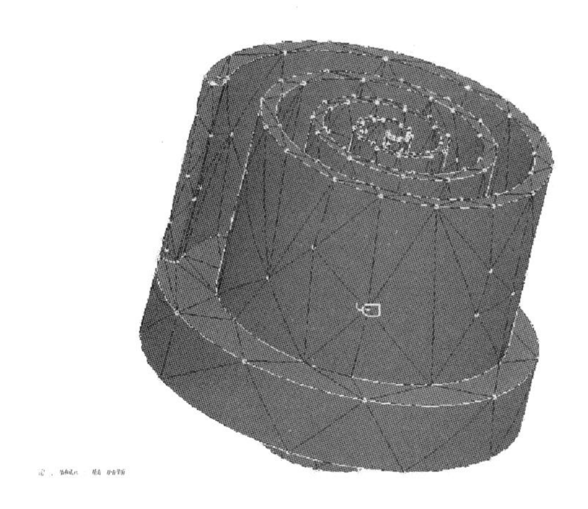

图 9.13　动涡盘有限网格划分

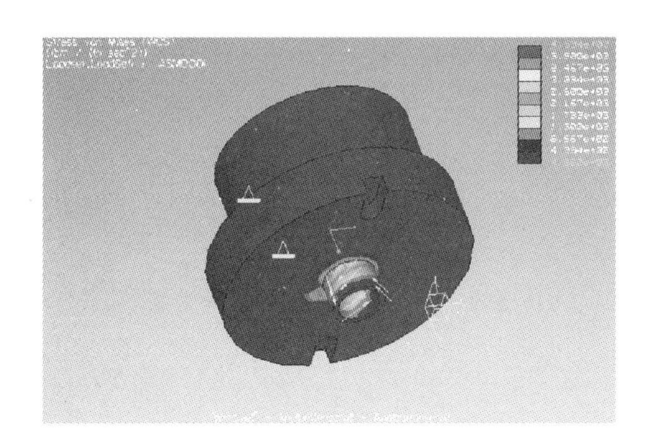

图 9.14　动涡盘下部偏心轴受力图

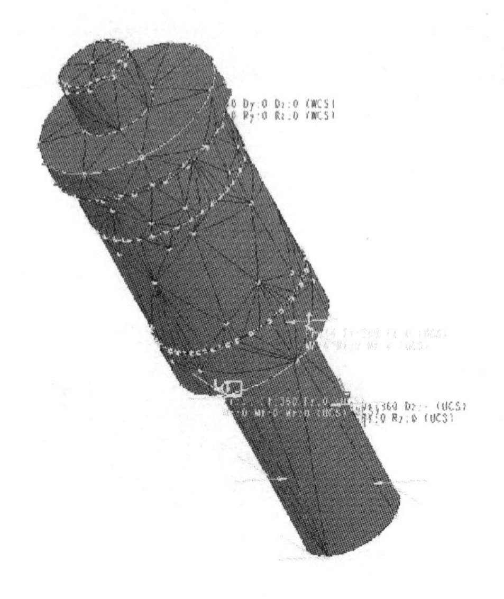

图 9.15　偏心轴的有限网格划分

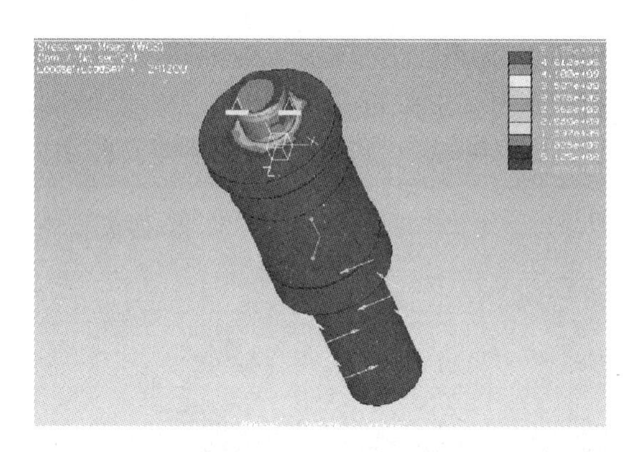

图 9.16　压缩机偏心轴受力分析

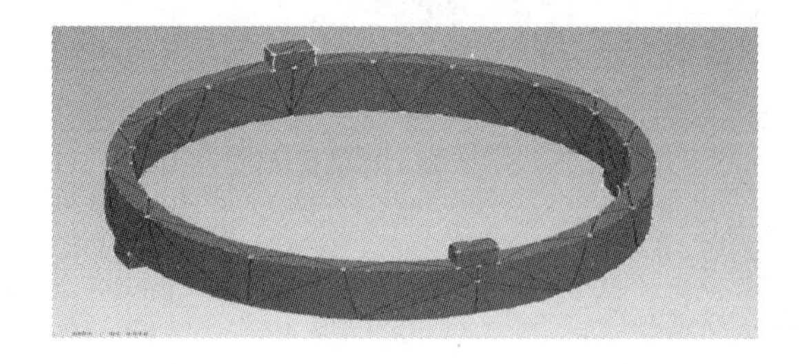

图 9.17　压缩机十字架部件有限网格划分

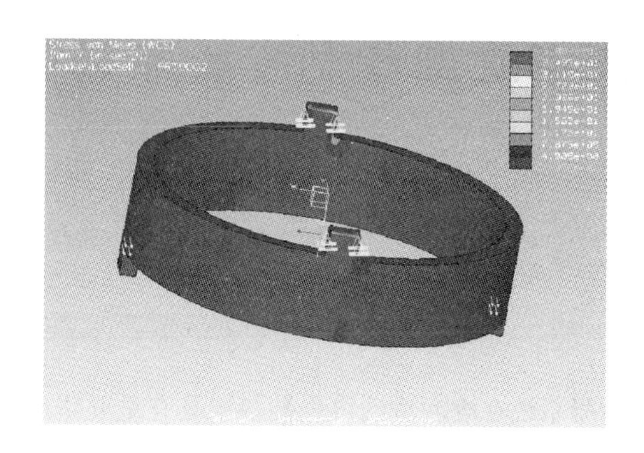

图 9.18　压缩机十字架部件受力分析

综上所述，通过对实际工况下动涡盘的受力分析，建立了有限元分析模型，对整个载荷循环过程进行应力和变形分析，并由此得到了涡旋压缩机动涡盘在实际工况时，惯性载荷、气体力载荷作用下的应力分布特点及变形规律，并得到如下结论：

（1）基于泛函通用涡旋型线的特殊涡旋型线基于良好的啮合特性，符合涡旋型线的理论要求。

（2）通过 PRO/ENGINEER 对涡旋制冷压缩机部件进行三维建模和仿真分析，检查仿真分析结果显示此装配体不存在干涉现象，证明压缩机部件建模的正确性。

（3）在虚拟仿真中采用定频和变频两种外部驱动模式情况，分析涡旋制冷压缩机关键部件的位置、速度、加速度等量，可以通过分析得出两种驱动下各自的运动特点。

（4）建议在实际生产生活中涡旋压缩应采用变频技术，可以进一步降低制冷、空调装置的能耗，提高舒适性。

10 通用涡旋型线制冷压缩机仿真分析

鉴于强制冷凝系统在废润滑油再生装备中具有重要作用，制冷压缩机替代传统冷却系统是新的趋势。涡旋式制冷压缩机与其它类型的压缩机相比，具有运动部件少、结构紧凑、低振动、低噪音、高效率和高可靠性，较高的容积效率和绝热效率等特点。涡旋式制冷压缩机整机性能是压缩领域的研究热点，涡旋制冷压缩机的整机性能的提高有多种途径。本章取泛函通用涡旋型线的特殊涡旋型线，通用涡旋型线是集成了现有函数类涡旋型线的一种，以此型线为基础研究涡旋制冷压缩机性能。对基于特殊涡旋型线的涡旋压缩机建模，可利用 MATLAB 软件编程，通过程序 woxiandian 得到关于切向角参数的相应空间坐标。接着利用 PRO/ENGINEER 软件中的 PART 模块生成相应的静、动涡旋盘和其他关键部件，然后在 PRO/ENGINEER 的 ASSEMBLY 模块下进行装配，在设定的变频与定频两种驱动模式下对 PRO/ENGINEER 中的机构模块中进行仿真分析，通过仿真分析涡旋压缩机关键部件的速度与加速度、位移等变化趋势，分析得出变频驱动下压缩机的工况优势，对了解和研究涡旋压缩机特性，提高涡旋压缩机的整机性能有重大意义。

10.1 涡旋制冷压缩机运动仿真检查

在 PRO/ENGINEER 软件中，在装配体上建立曲柄滑块机构，利用机构模块，对装配体进行动态模拟，如图 10.1 所示。在动态模拟的过程中各部件之间真实于原有模型的运动关系，部件间设置相应的运动副。通过仿真检查零件之间不存在干涉，并且在动态模拟的过程中运转正常。

图 10.1　涡旋压缩机运动仿真图

10.2　变频和定频两种驱动模式分析

涡旋压缩机在实际应用中经常处于定频和变频两种外部驱动情况，为此有必要在上述两种情况下分析涡旋压缩机关键部件的位置、速度、加速度等情况。通过分析得出两种驱动下各自的特点。

10.2.1　变频模式研究

装配体在 PRO/ENGINEER 软件的机构模块中进行运动学分析，设定装配体为变频驱动模式，在此模式下压缩机各个关键部件的速度、加速度、位移分析结果如图 10.2~图 10.7 所示。

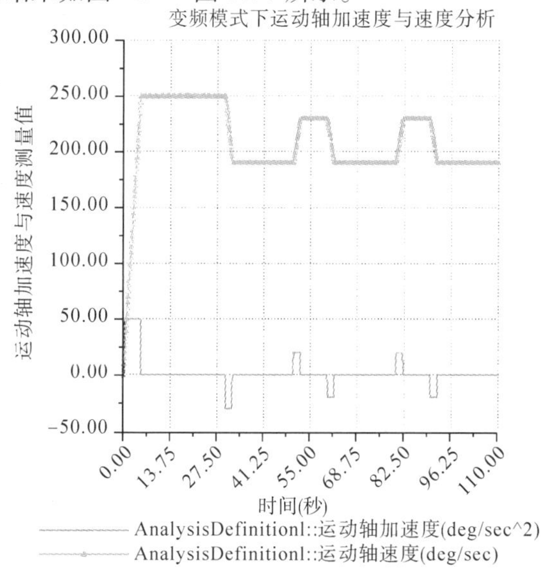

图 10.2　轴承加速度与速度曲线图

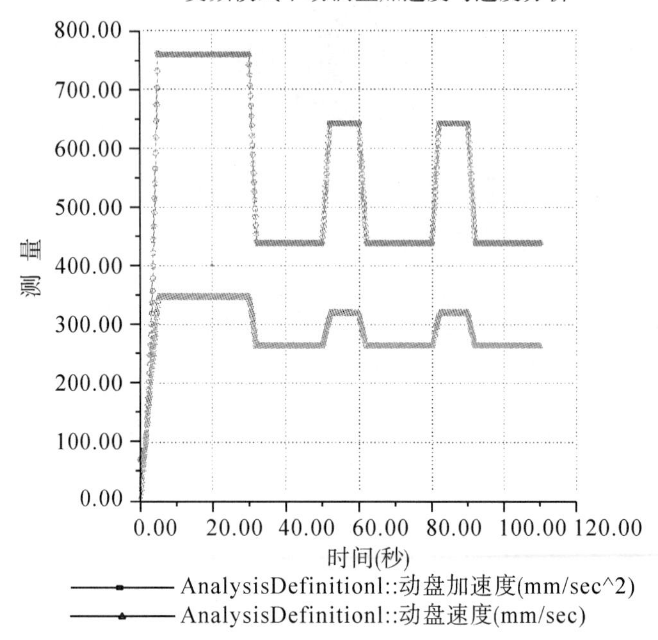

图 10.3　动涡盘的速度与加速度测量图

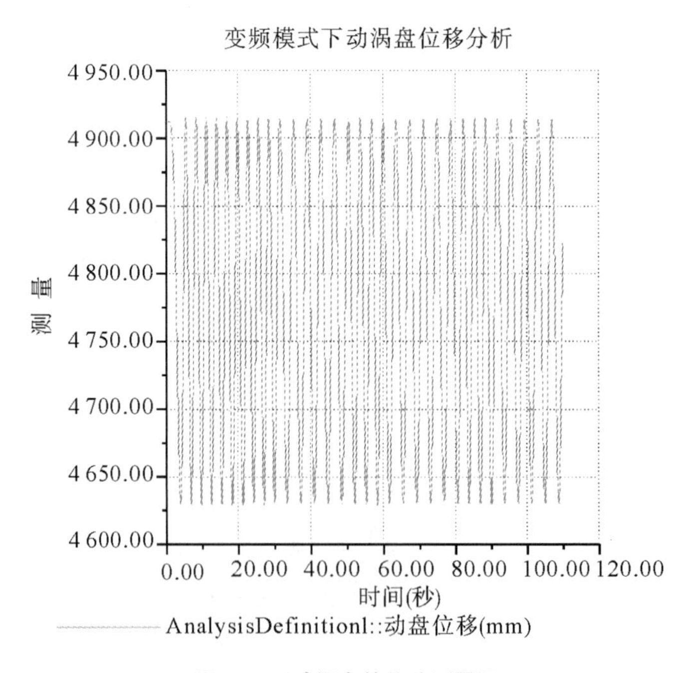

图 10.4　动涡盘的位移测量图

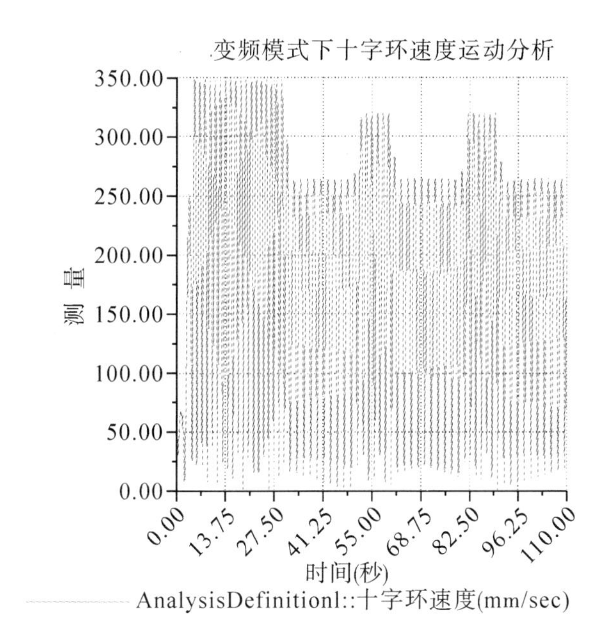

图 10.5　压缩机十字环部件速度曲线图

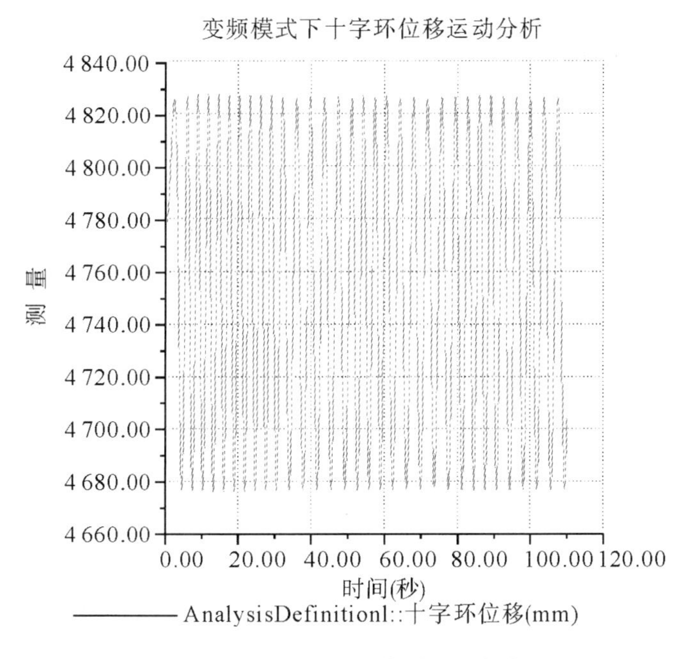

图 10.6　压缩机十字环部件位移曲线图

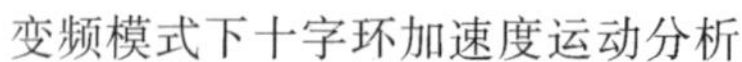

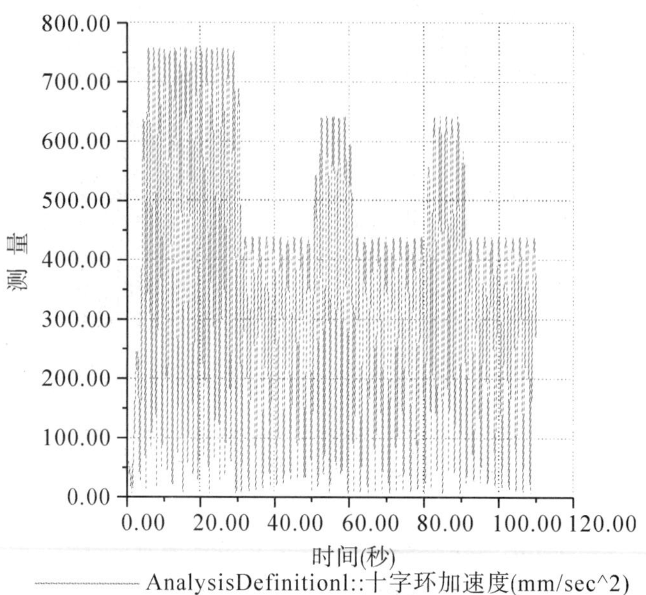

图 10.7　压缩机十字环部件加速度曲线图

通过分析上述各关键部件的加速度与速度、位移等测量图，可以看出涡旋压缩机在变频模式下动涡盘、十字环、轴承等的运动特点。如动涡盘在此模式下加速度、速度会在工作状态下维持一定的速度值，从动涡盘的位移测量图可以看出动涡盘在工作状态下呈现出有规律的周期往复运动。观察其它几个关键部件的测量图，我们就可以从上述各分析图中得出涡旋压缩机在变频模式下的特点。

10.2.2　定频模式研究

装配体在 PRO/ENGINEER 的机构模块中进行运动学分析，设定装配体为定频驱动模式，在此模式下压缩机各个关键部件的速度、加速度、位移分析结果如图 10.8~图 10.12 所示。

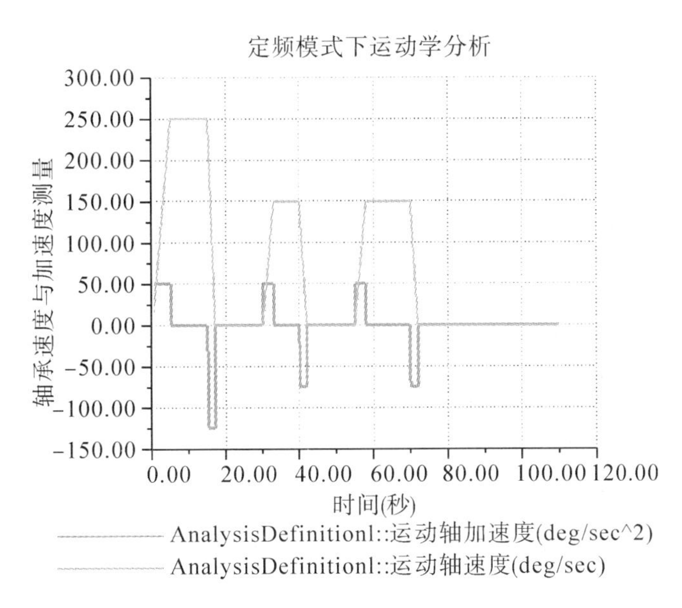

图 10.8　轴承速度与加速度图

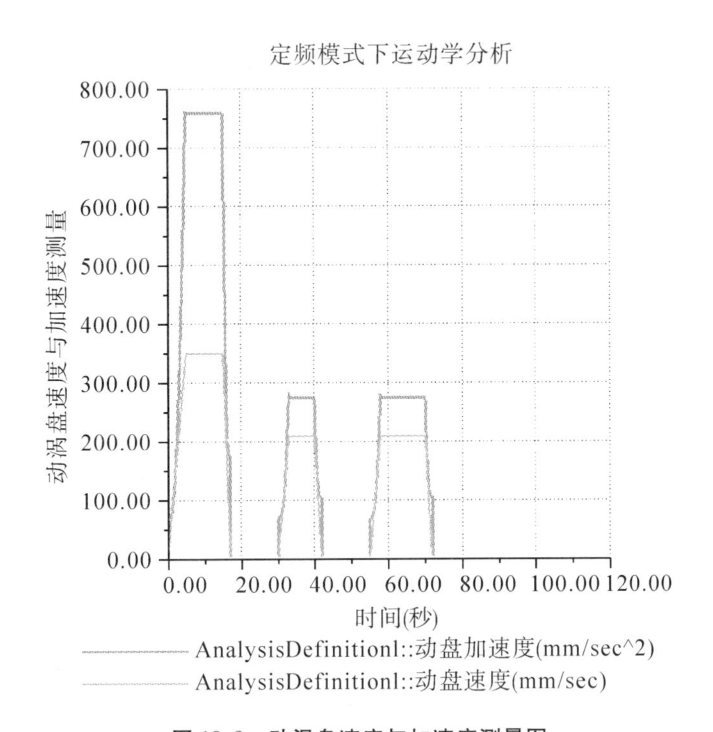

图 10.9　动涡盘速度与加速度测量图

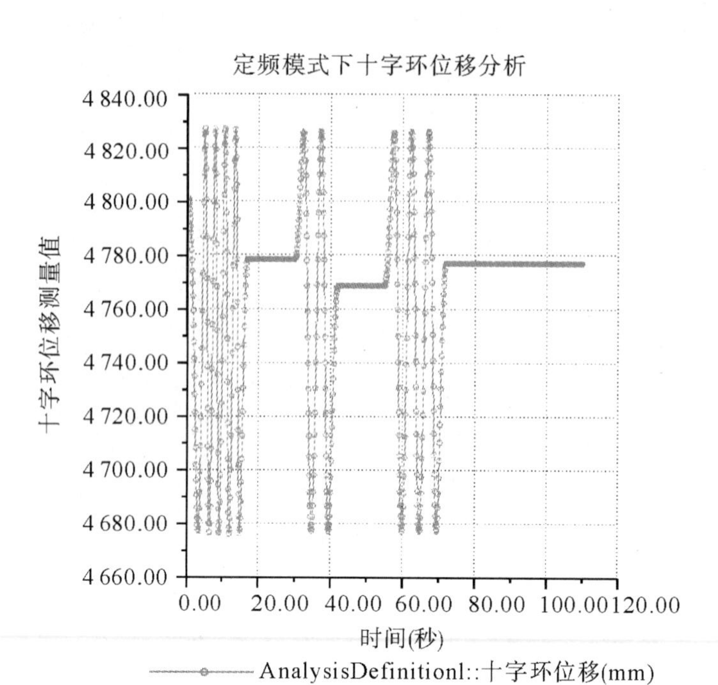

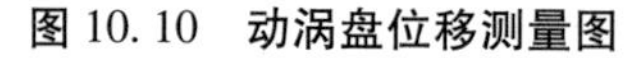

图 10.10　动涡盘位移测量图

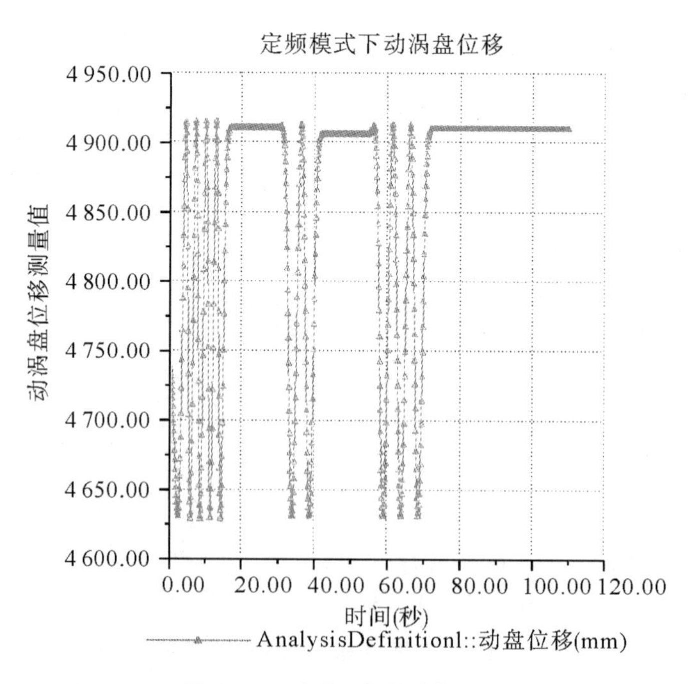

图 10.11　十字环加速度与速度

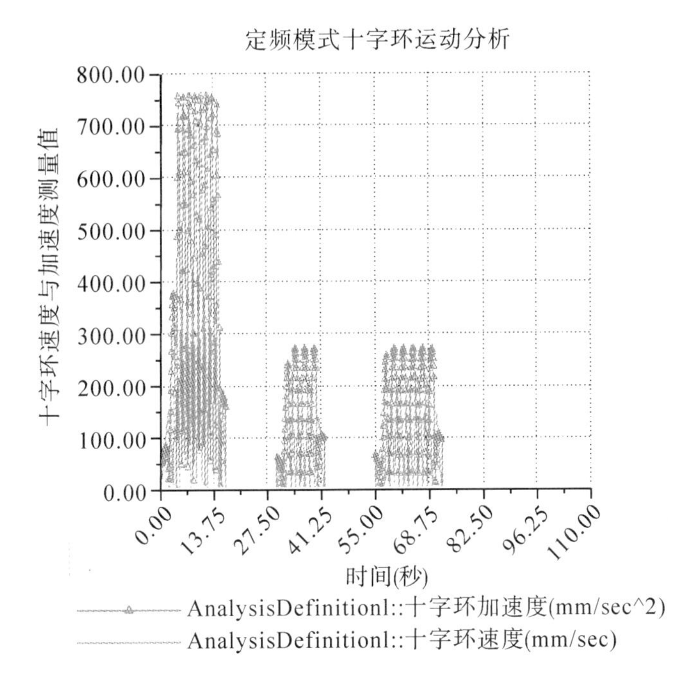

图 10.12　十字环位移图

10.3　本节小结

通过分析上述各关键部件的加速度与速度、位移等测量图，可以看出涡旋压缩机在定频模式下动涡盘、十字环、轴承等的运动特点。如动涡盘在定频模式下某些时段速度值维为零，某些时段位移值维持在一定的速度值，从动涡盘的位移测量图可以看出动涡盘在工作状态下呈现出规律的周期往复运动，但在某些时段值没有变化，则说明此时动涡盘处于静止状态。观察其它几个关键部件的测量图，我们就可以从上述各分析图得出涡旋压缩机在定、变频模式下的特点，并得出如下结论：

（1）基于泛函通用涡旋型线的特殊涡旋型线有良好的啮合特性，符合涡旋型线的理论要求。

（2）通过 PRO/ENGINEER 对涡旋制冷压缩机部件进行三维建模和仿真分析，检查仿真分析结果显示此装配体不存在干涉现象，证明压缩机部件建模的正确性。

（3）在虚拟仿真中采用定频和变频两种外部驱动模式情况，分析涡旋制冷压缩机关键部件的位置、速度、加速度等量。可以通过分析得出两种驱动下各自的运动特点。

（4）建议在实际生产生活中涡旋压缩应采用变频技术，可以进一步降低制冷、空调装置的能耗，提高舒适性。

11 冷凝系统的经济与环境分析

本章利用涡旋压缩机制冷设备替代传统的水冷却系统，在一定程度上会影响环境。而废油对环境的影响，压缩机制冷系统的制冷剂对环境的影响以及经济效益都将成为焦点问题。

11.1 环境分析

11.1.1 废油（能源）再生装备上的利用

据报道，中国每年消耗润滑油 6.0Mt 以上，其中 90% 及以上可以回收，废油再生的市场巨大，美国 Safety-Kleen 集团表示，采用其集团的废油再生技术，废油回收率可以达到 70%，能耗仅为从原油中提炼润滑油的 15%，经济效益很是可观，Safety-Kleen 集团还表示，如果在中国开展废油再生生产，再生可减排 4.5Mt/a CO_2。

节约油资源也是当今社会主要考虑的问题之一。然而有大量的废油存在，如果处理不当，将造成严重的能源浪费和环境污染。国内外处理废油的办法有三类：再净化（如过滤的方法）；再精制（如萃取的方法）；再炼制。目前世界上最大、最现代化的废油再生装置均采用再炼制工艺，它是包括蒸馏在内的再生工艺流程，它是再生和生产高质量废油的工艺方法。蒸馏设备冷却系统是利用传统的水流进行冷却的。然而，在水流经行冷却时不能快速冷却以及到设定温度下冷却，对收集一定范围下的产品不利。故为解决上述问题，用涡旋式流体机械即涡旋压缩机制冷系统代替传统的水流冷却，能达到快速制冷，且可以任意设定工况下的温度。它还具有结构简单紧凑、高效节能、微震低噪音以及可靠性高等一系列的优点。

故研究涡旋压缩机制冷设备是攻关废油再生技术问题的关键，也是解决现今能源紧缺的技术关键。

11.1.2 涡旋压缩机制冷系统的环境问题

涡旋压缩机也有本身的环境影响问题。人常比喻：压缩机是制冷系统的“心脏”，而制冷剂是其“血液”，道出压缩机与制冷剂的重要性。

涡旋压缩机制冷系统的环境影响主要为：能耗带来的能源短缺，制冷剂“氟”的使用破坏臭氧层形成温室效应等环境问题。

随着我国汽车工业的蓬勃发展，冰箱空调等制冷设备的日趋普及，以及医疗器械、制药、酿酒、食品、电子、电力、轻工、机械、化工等行业对压缩空气和其他涡轮增压、涡旋发动机等有需求，以共轭曲线啮合和型腔容积变化为工作原理的涡旋压缩理论被世界各国研究人员广泛研究，并应用在涡旋压缩机的设计制造中。这对提高压缩效率，减少能源消耗，降低噪音污染，抑制全球变暖而导致全球大气环流异常，避免罕见异常灾害的发生，提高人类的生存质量具有重大意义。

基于泛函的通用涡旋压缩机制冷系统，其涡旋型线是由几何共扼型线构成的，根据平面曲线弧微分固有方程理论和 Taylor 级数思想，任意函数曲线的数学表达式都可以将其展开为切向角参数 φ 的级数的弧函数形式；反之，只要曲率半径 ρ（φ）是关于切向角参数 φ 的递增函数，均可通过切向角参数 φ 的级数的弧函数形式来表征任意共扼函数曲线。同时，三角函数、指数函数、对数函数等均可用幂级数函数来表达。根据现有涡旋型的级数表达形式的共有特性构成的共扼曲线可取函数类的级数表达式：

$$F(x,\ y) = c_1 f_1(x,\ y) + c_2 f_2(x,\ y) + \cdots + c_n f_n(x,\ y) \quad (11.1)$$

它集成了单一型线的优点，可在不同约束条件下，运用优化的思想得到综合各目标函数最好的型线方程，本书以能效比为目标函数，利用通用涡旋型线几何理论研究其参数变化。

家用空调的制冷剂一直使用 HCFC，随着对该冷媒限制日期的来临，家用空调领域已经找到相应的替代制冷剂，并得到认可。目前首选的 HCFC 冷媒替代品为 HFC 制冷剂中的 R407C 及 R410A 冷媒。

11.2 经济效益分析

人类赖以生存的石油资源，在地球上的储量非常有限，随着工业技术的快速发展和开采能力的提高，有限的石油资源紧缺现象越来越明显，人类一方面要节约石油能源，另一方面要保护环境，避免排放废油造成环境污染。

从废油的污染环境角度来看，目前环境工程学科的治理技术主要是三废治理，即针对废水、废气、废渣的处理处置技术。虽然对含油废水的处理已有较多研究，但以废油本身为处理对象的研究还较少，对工业废油的处理处置技术研究还须深入。由于人们对使用过的油液缺乏正确的认识，特别是目前的工业油液再生设备大多是吨级以上的设备，而对于较少量的油液往往随意扔弃或作为燃料燃烧，这些都最终会造成水和大气等环境的污染。据统计，一桶（约 20L）废油流入湖海，能污染近 0.35 平方千米的水面。在污染的水域，由于油膜覆盖在水面上，阻止了水中的溶解气体与大气的交换，水中的溶解氧被生物及污染物消耗后得不到补充，使水中的含氧量明显下降。如果将废弃的油液进行焚烧，也会造成严重的环境污染。因为燃烧废油时，变质的烃类酸性氧化物及众多的金属及其氧化物随烟尘进入大气中，造成空气污染。

从废油回收的潜在经济价值角度来看，废油回收利用也具有重大的经济价值，常用的液压油，机械油，内燃机油，汽轮机油等润滑油都是从石油中提炼出来的。我国润滑油产量约占石油产品总量的 2%，每年在 400 万吨以上。润滑油在生产、运输、储存及使用过程中会浸入水分、空气和杂质等污染物，从而加速油品氧化和生成酸使油品发生乳化、浑浊而变质，降低油品的使用性能。其实废油并不废，用过的润滑油中真正变质的只是其中的很小一部分的烃类。如果利用再生技术将这些变质组分除去，生产出高质量的基础油，然后采取与天然油同样的添加剂配方，生产出高质量的高档油品，这样对于解决我国目前日益枯竭的石油能源问题大有裨益。资料报道，如果我国的污染润滑油回收 50%的话，实际上相当于建了 12 个炼油厂，或相当于节约了一个中等的石油基地。因此对废油进行回收和资源化处理，存在巨大的经济效益，在我们国家年石油产出总量一定情况下，相当于增加了石油产量，对保障国家能源安全有重大意义。

本书研究的制冷关键设备涡旋压缩机的涡旋型线通用形式是基于泛函理论级数思想，利用弧函数、控制方程、能效比、压缩比、体积利用率等推导其几何性质，以此建立优化数学模型，确定约束条件以及能效比为目标函数，得到约束条件下的最优化涡旋压缩机结构参数模型。可知，在优化变量约束条件：

①涡旋圈数 N：$2<N<5$。

②公转半径 r：$20\text{mm}<h<50\text{mm}$。

③涡旋壁厚厚度 t：$0.5\text{mm}<t<5\text{mm}$。

④涡旋体大盘直径 D：80mm。

采用制冷工质为 R134a，在制冷循环系统中，进入压缩机的 R134a 的初始状态为 $P_s = 0.607\text{MPa}$，$T_0 = 35℃$，电机功率为 4kw，电机效率为 0.90，主轴转速 47r/s。优化得 eer = 0.280 15，即能效比为 $EER = 1/eer = 3.569\ 5$。其对应的型线方程为 $s_3(\varphi) = 0.133\ 0\varphi + 0.391\ 9\varphi^2 + 0.008\ 5\varphi^3$，公转半径 $Ror = 2.462\ 5$，型线圈数 $N = 4.141\ 8$，涡旋盘高度 $h = 50$。

比较相同情况下的优化前能效比提升

$$\eta = \frac{3.569\ 5 - 2.788}{2.788} \times 100\% = 28.03\%$$

即优化后的涡旋压缩机在相同制冷情况下，优于结构参数优化前的涡旋压缩机 28.03%。经济效益提升 28.03 个百分点，能源消耗上更优。

参考文献

[1] 废润滑油回收与再生利用技术导则（GB/T17145—1997）.

[2] King C Tudson. Separation Processes [M]. New York：Mcgraw Uill Bookcompany，2006.

[3] Rushton A，WardA S，Holdich R G. 固液两相过滤及分离技术[M]. 北京；化学工业出版社，2005.

[4] 张贤明，曹华玲，李川. 工业废油污染程度的熵权灰色关联模糊评价 [J]. 环境工程，2007，25（3）：82-84.

[5] 丁明玉. 现代分离方法与技术 [M]. 北京：化学工业出版社，2006.

[6] 王毓敏，王恒. 润滑材料与润滑技术 [M]. 北京：化学工业出版社，2005.

[7] 吕兆岐，谢泉. 润滑油品研究与应用指南 [M]. 北京：中国石化出版社，2007.

[8] 郑发正，谢凤. 润滑剂性质与应用 [M]. 北京：中国石化出版社，2006.

[9] 戴钧樑，戴立新. 废润滑油再生 [M]. 北京：中国石化出版社，2007.

[10] 张贤明，潘诗浪，陈彬，吴峰平. 油水乳化液破乳动力学研究进展 [J]. 流体机械，2010，38（6）：33-40.

[11] 何大钧. 工业废油的净化再生 [M]. 北京：机械工业出版社，2001.

[12] 张贤明，邓菊丽，李川等. 油液污染度测试技术研究进展 [J]. 机械设计与制造，2009（11）：266-268.

[13] 李连生. 流体机械及压缩机技术的现状与发展 [J]. 通用机械 2003（9）：2-4.

[14] 夏克盛，魏钟南. 世界压缩机发展趋势 [J]. 制冷技术，2001 (1)：48-53.

[15] 陈进，王立存，李世六. 通用涡旋型线理论研究与深入分析 [J]. 机械工程学报，2006，42 (5)：11-15.

[16] 王立存，陈进. 基于多学科设计优化的通用涡旋型线形状优化 [J]. 华中科技大学学报，2008，36 (3)：12-15.

[17] 朱明善，王鑫. 制冷剂的过去、现状和未来 [J]. 制冷学报，2002 (1)：14-20.

[18] L. Wang Y. Zhao L. Li G. Bu P. Shu Research on oil-free hermetic refrigeration scroll compressor Proceedings of the Institution of Mechanical Engineers [J]. Journal of power and energy，2007，221 (7)：1049.

[19] 屈宗长，李元鹤，王开宁，王迪生. 转速对涡旋压缩机性能的影响 [J]. 陕西工学院学报 1997，13 (4)：35-37.

[20] 刘四虎，熊则男，朱均. 两种结构型式涡旋压缩机性能对比试验研究 [J]. 流体机械，1996 (6)：52-53.

[21] 樊灵，屈宗长，靳春梅. 涡旋压缩机型线研究的概述 [J]. 机械工程学报，2000，36 (09)：1-4+10.

[22] 陈楠. 大冷量斯特林制冷机用动磁式直线压缩关键部件及整机性能研究 [D]. 上海交通大学，2007.

[23] 李文华，褚红艳. 涡旋压缩机球形防自转机构的分析 [J]. 压缩机技术，2007 (4)：12-15.

[24] 刘涛，任冠林，柳会敏等. 组合型线涡旋压缩机的动力学模型 [J]. 科学技术与工程. 19 (7)：5055-5057.

[25] 刘兴旺，王华，刘振全等. 一种变频涡旋压缩机的径向密封机构 [J]. 压缩机技术. 2007 (4)：1-3.

[26] 王珍，赵之海，杨春立等. 涡旋压缩机振动噪声特性的应用研究 [J]. 压缩机技术. 2005 (5)：17-19.

[27] 杨骅，屈宗长. 涡旋压缩机泄漏研究综述 [J]. 流体机械. 2003，11 (31)：23-26.

[28] 王立存，陈进，李世六，何景熙. 基于泛函的涡旋型线共轭啮合研究 [J]. 机械工程学报，2007 (3)：50-53.

[29] 王立存. 通用涡旋型线集成设计理论与方法研究 [D]. 重庆大

学，2007.

［30］李连生．涡旋压缩机［M］．北京：机械工业出版社，1998.

［31］王作洪，刘振全，李海生，等．基于遗传算法的动静涡旋盘优化设计［J］．液体机械，2006，34（2）：53-56.

［32］王立存．通用涡旋型线集成设计理论与方法研究［D］．重庆大学，2007.

［33］李连生，束鹏程，郁永章等．涡旋型线对涡旋式压缩机性能的影响［J］．西安交通大学学报 1997.2，31（2）：45-50.

［34］陈进，张永栋，宋立权．基于多目标遗传算法的涡旋型线形状优化［J］．机械工程学报．2004（1）：172-175.

［35］唐云岚，赵青松，高妍方，等．Pareto 最优概念的多目标进化算法综述［J］．计算机科学，2008，35（10）：25-27.

［36］陈国强．废油再生装备冷凝涡旋压缩机型线形状变化规律及仿真研究［D］．重庆工商大学，2011.

［37］牟瑛．油处理设备冷凝系统涡旋压缩机性能优化研究［D］．重庆工商大学，2011.

［38］张贤明，刘阁，李川，黄朗，陈彬．工业废油处理技术［M］．北京：化学工业出版社，2012.

［39］刘阁，张贤明．环境工程中的过滤与分离技术［M］．北京：化学工业出版社，2012.